COURS D'ÉTUDES SCIENTIFIQUES

A L'USAGE DES CANDIDATS

AU BACCALAURÉAT ÈS SCIENCES ET AUX ÉCOLES DU GOUVERNEMENT

ÉLÉMENTS

DE

GÉOMÉTRIE

DESCRIPTIVE

SUIVIS DE NOTIONS DE GÉOMÉTRIE COTÉE

PAR

J. DUFAILLY

PROFESSEUR AU COLLÈGE STANISLAS

SIXIÈME ÉDITION

Contenant les matières exigées pour l'admission à l'École
de Saint-Cyr.

PARIS

LIBRAIRIE CH. DELAGRAVE

15, RUE SOUFFLOT, 15

1882

ÉLÉMENTS

DE

GÉOMÉTRIE DESCRIPTIVE

Sceaux. — Imprimerie Charaire et fils.

GÉOMÉTRIE DESCRIPTIVE

(LIGNE DROITE ET PLAN)

PREMIÈRE PARTIE

NOTIONS PRÉLIMINAIRES.

1. La géométrie descriptive a pour but de résoudre les questions qui embrassent les trois dimensions de l'étendue à l'aide
de constructions effectuées sur un seul plan.

2. On atteint ce but en employant la méthode des projections. Cette méthode consiste essentiellement à substituer, à la
considération directe des figures de l'espace, celle de leurs projections sur deux plans qui se coupent et que l'on suppose ensuite rabattus l'un sur l'autre.

3. Les deux plans que l'on choisit pour y projeter les figures
de l'espace sont perpendiculaires l'un sur l'autre : on les nomme
plans de projection. L'un est horizontal et porte le nom de *plan
horizontal*, l'autre s'appelle le *plan vertical*. Leur intersection
est dite *la ligne de terre*.

Les plans de projection sont supposés indéfinis ; ils forment
entre eux quatre dièdres qui embrassent tout l'espace. L'un de
ces dièdres, celui dans lequel l'observateur est supposé placé, est
le *dièdre antérieur supérieur* ou 1er *dièdre ;* de l'autre côté du
plan vertical on rencontre le *dièdre postérieur supérieur* ou

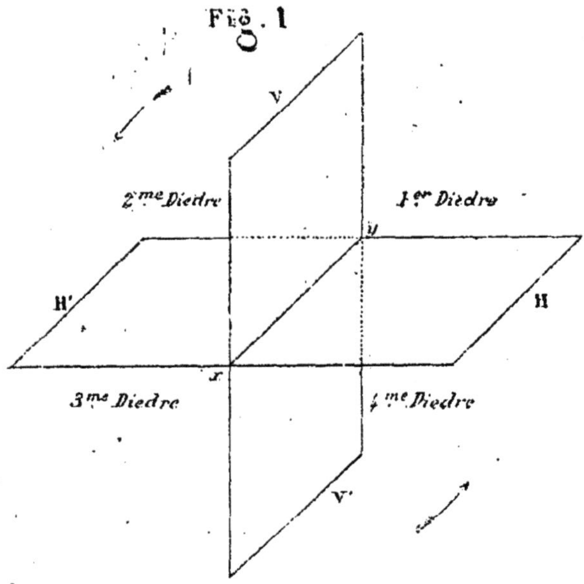

Fig. 2.

Partie supérieure du plan vertical et partie postérieure
du plan horizontal.

x———————————y

Partie antérieure du plan horizontal et partie inférieure
du plan vertical:

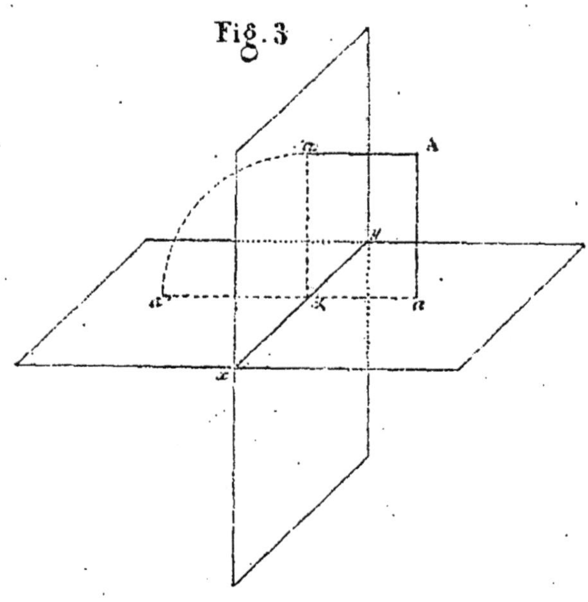

2ᵉ *dièdre*, et au-dessous le *dièdre postérieur inférieur* ou 3ᵉ *dièdre ;* enfin en avant et au-dessous du 1ᵉʳ *dièdre* est placé le *dièdre antérieur inférieur* ou 4ᵉ *dièdre* (*fig.* 1).

4. Si l'on imagine que le plan vertical tourne autour de la ligne de terre pour se rabattre sur le plan horizontal dans le sens indiqué par les flèches, la figure obtenue après le rabattement porte le nom d'*épure*. C'est sur cette figure, qui ne comprend plus que deux dimensions, longueur et largeur, que l'on effectue sur les données d'un problème les constructions nécessaires pour le résoudre.

La partie d'une épure située au-dessus de la ligne de terre représente la partie supérieure du plan vertical et cachée sous celle-ci, la partie postérieure du plan horizontal. Au-dessous de la ligne de terre on trouve la partie antérieure du plan horizontal et cachée sous celle-ci la partie inférieure du plan vertical (*fig.* 2).

DU POINT.

5. Définition. On nomme *projection d'un point* sur un plan le pied de la perpendiculaire abaissée du point sur le plan.

6. Théorème. *La position d'un point dans l'espace est déterminée lorsque l'on connaît sa projection sur le plan horizontal et sa projection sur le plan vertical.*

En effet si les points a, a' (*fig.* 3) sont les projections horizontale et verticale d'un point A de l'espace, ce point sera nécessairement situé à la rencontre de deux perpendiculaires élevées en a et a', l'une au plan horizontal, l'autre au plan vertical.

7. Théorème. *Dans une épure, les projections d'un point de l'espace sont situées sur une même perpendiculaire à la ligne de terre.*

En effet, soit (*fig.* 3) A un point de l'espace : projetons-le horizontalement en a et verticalement en a' [1]. Par les droites Aa,

---

1. Les perpendiculaires Aa, Aa' se nomment *les projetantes* du point A.

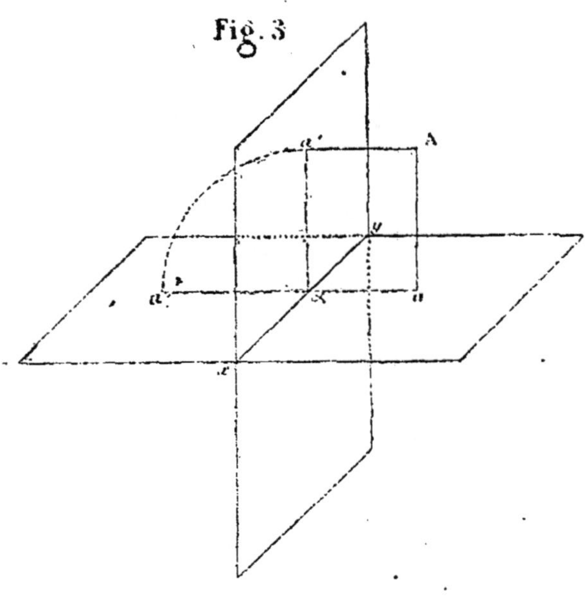

Fig. 3

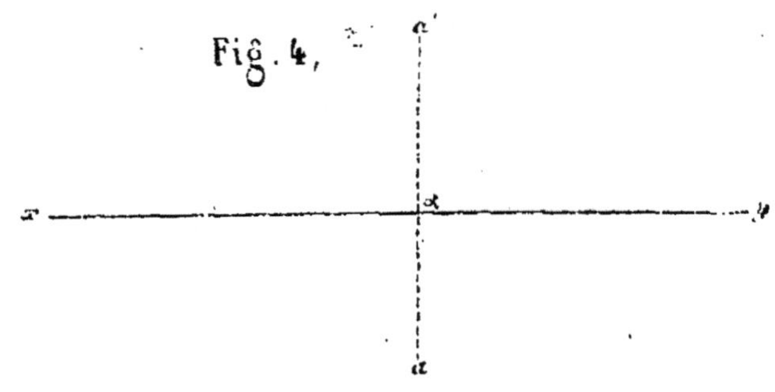

Fig. 4,

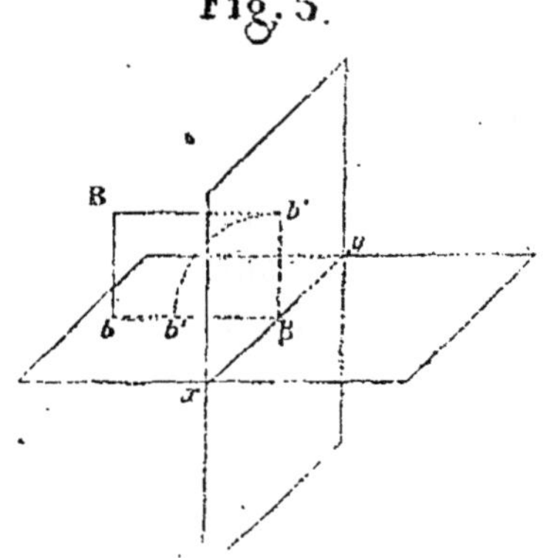

Fig. 5.

Fig. 5 bis.

Aa', faisons passer un plan, il coupera les plans de projection suivant deux droites $a\alpha$, $a'\alpha$. Ce plan A$a\alpha a'$ mené par les perpendiculaires Aa, Aa' est perpendiculaire sur chacun des plans de projection et par suite sur leur intersection xy. Celle-ci est donc perpendiculaire sur les droites αa, $\alpha a'$. Par suite, lorsqu'on fera tourner le plan vertical pour le rabattre sur le plan horizontal, la ligne $\alpha a'$, restant toujours perpendiculaire sur xy, se placera sur le prolongement de αa, de sorte que dans l'épure (*fig.* 4) a et a' seront sur une même droite perpendiculaire à la ligne de terre, ce qu'il fallait démontrer.

8. Réciproquement, *si dans une épure deux points situés, l'un sur le plan horizontal, l'autre sur le plan vertical, se trouvent placés sur une même perpendiculaire à la ligne de terre, ces deux points peuvent être regardés comme les projections d'un même point de l'espace.*

En effet, soient (*fig.* 4) a, a' deux points satisfaisant à la condition énoncée : supposons les plans de projection relevés (*fig.* 3). La droite $\alpha a'$ reste perpendiculaire à xy. Si donc on imagine un plan passant par cette droite et la ligne $a\alpha$, il sera perpendiculaire sur xy et par suite sur chacun des plans de projection. En élevant en a une perpendiculaire sur le plan horizontal, et en a' une perpendiculaire sur le plan vertical, ces deux lignes seront situées dans le plan $a'\alpha a$ et se couperont en un point A ayant pour projections les points a et a'; ce qu'il fallait démontrer.

9. Théorème. *La distance d'un point de l'espace à l'un quelconque des plans de projection est égale à la distance de sa projection de nom contraire à la ligne de terre.*

En effet (*fig.* 3), dans le rectangle A$a'\alpha a$, on a . A$a = a'\alpha$ et A$a' = a\alpha$.

10. Épure d'un point dans différentes positions. On a vu dans ce qui précède que les projections d'un point du 1er dièdre sont situées de part et d'autre de la ligne de terre, la projection verticale au-dessus, la projection horizontale au-dessous. En rapprochant des figures 5, 6, 7, les figures 5 *bis*, 6 *bis*, 7 *bis*, on reconnait aisément que :

Lorsqu'un point B de l'espace est dans le 2e dièdre, ses projections b, b' se trouvent dans l'épure toutes deux situées au-dessus de la ligne de terre;

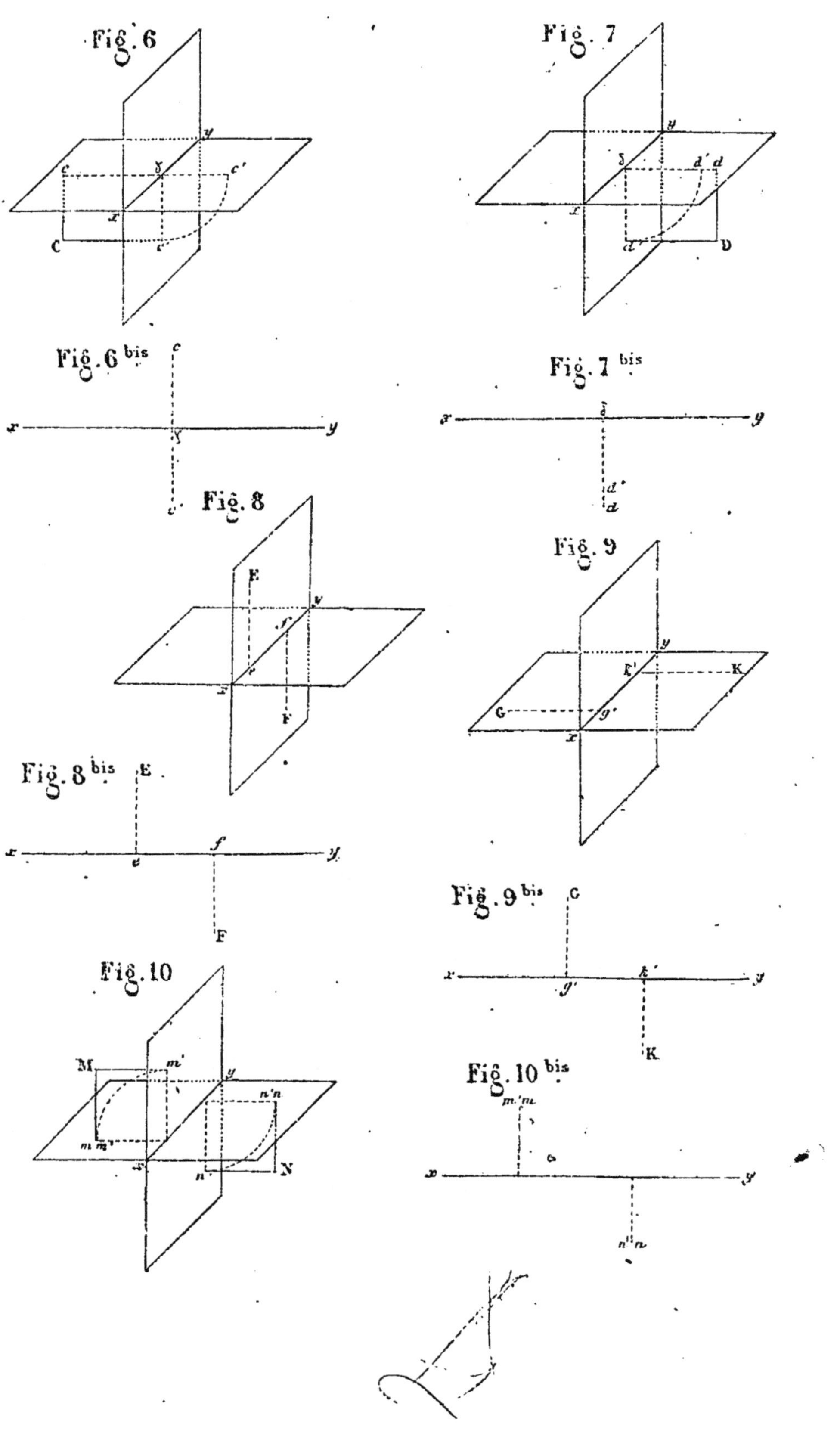

Fig. 6
Fig. 7
Fig. 6 bis
Fig. 7 bis
Fig. 8
Fig. 9
Fig. 8 bis
Fig. 9 bis
Fig. 10
Fig. 10 bis

Lorsqu'un point C est dans le 3ᵉ dièdre, sa projection horizontale c est au-dessus de la ligne de terre, et sa projection verticale c', au-dessous;

Lorsqu'un point D est dans le 4ᵉ dièdre, ses deux projections d, d' sont au-dessous de la ligne de terre;

Lorsqu'un point est situé sur l'un des plans de projection, il a sa projection de nom contraire sur la ligne de terre et il est à lui-même sa projection sur le plan qui le contient. Exemple · les points E, F, G, K, *fig.* 8, 8 *bis*, 9, 9 *bis*.

Un point de la ligne de terre est évidemment à lui-même sa projection horizontale et sa projection verticale.

Cas particulier. Un point situé sur le plan bissecteur des 2ᵉ et 4ᵉ dièdres, étant placé à égale distance des plans de projection, a ses projections à égale distance de la ligne de terre. Ces deux projections se trouvent donc dans l'épure réunies au même point, soit au-dessus, soit au-dessous de la ligne de terre, suivant que le point appartient au 2ᵉ ou au 4ᵉ dièdre (*fig.* 10 et 10 *bis*).

11. *Remarques.* Dans ce qui précède, nous avons désigné les points de l'espace par des majuscules et leurs projections par les minuscules correspondantes en accentuant les lettres qui représentent les projections verticales : c'est une règle générale à laquelle nous nous conformerons constamment. De plus, dans tout ce qui va suivre, nous représenterons, en traits pleins, seulement les lignes visibles pour un observateur placé dans le dièdre antérieur supérieur ou premier dièdre. Les autres lignes, cachées par le rabattement l'un sur l'autre des plans de projection que nous supposons non transparents, seront marquées en traits ponctués.

Enfin, dans les problèmes, les données et les résultats seront seuls représentés par des traits pleins ou ponctués dans leurs parties visibles ou invisibles; nous indiquerons par une suite de traits discontinus les lignes auxiliaires et de construction.

Nous ajouterons que l'on désigne souvent par les mots *éloignement* et *cote* les distances d'un point de l'espace au plan vertical et au plan horizontal de projection. — Il résulte du théorème (9) que le point A (*fig.* 4) a pour éloignement $a\alpha$ et pour cote $a'\alpha$; de même l'éloignement du point B (*fig.* 5 *bis*) est $b\beta$ et la cote $b'\beta$, etc.

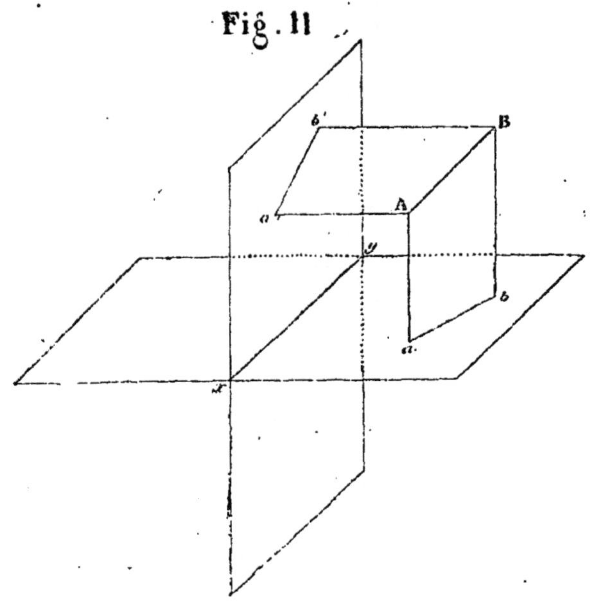

Fig. 11
b'
B
a
A
y
b
a'
x

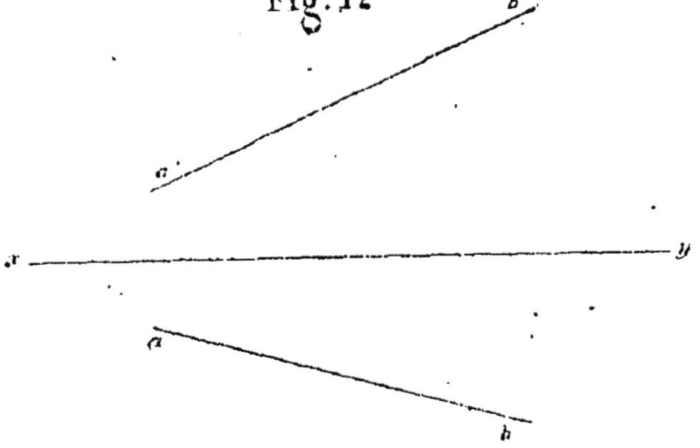

Fig. 12
b'
a'
x
y
a
b

DE LA LIGNE DROITE.

12. Définition. On nomme *projection d'une ligne* sur un plan le lieu géométrique des pieds des perpendiculaires abaissées de ses différents points sur le plan.

On démontre en géométrie élémentaire que la projection d'une ligne droite sur un plan est une ligne droite. — Il faut excepter le cas où la droite est perpendiculaire au plan de projection ; alors sa projection se réduit à un point qui n'est autre que celui où elle rencontre le plan.

Lorsqu'une droite de longueur déterminée est parallèle à un plan, elle s'y projette en vraie grandeur.

13. Théorème. *La position d'une droite dans l'espace est déterminée lorsque l on connaît sa projection sur le plan horizontal et sa projection sur le plan vertical.*

En effet, soient (fig. 11) ab, $a'b'$, les projections horizontale et verticale d'une droite ; si l'on conçoit par ab, et $a'b'$ deux plans, l'un perpendiculaire au plan horizontal, l'autre perpendiculaire au plan vertical, ces deux plans devront contenir l'un et l'autre la droite de l'espace qui sera ainsi leur intersection AB.

Les plans menés par ab et $a'b'$ se nomment : le premier, le plan projetant horizontalement, l'autre, le plan projetant verticalement la droite AB.

14. Théorème. *Deux droites situées l'une sur le plan horizontal, l'autre sur le plan vertical, peuvent être regardées comme les projections d'une droite de l'espace, pourvu qu'elles ne soient pas perpendiculaires toutes deux à la ligne de terre en des points différents.*

En effet, par les lignes ab, $a'b'$ situées comme l'énoncé l'indique (fig. 12), concevons deux plans, le premier perpendiculaire au plan horizontal, le second perpendiculaire au plan vertical. Ces deux plans se couperont suivant une droite dont les projections seront ab, $a'b'$; car s'ils ne se coupaient pas, ils seraient parallèles, et comme le premier est perpendiculaire au plan horizontal, le second le serait également ; or il est déjà perpendiculaire au plan vertical, il le serait donc aussi sur la ligne de

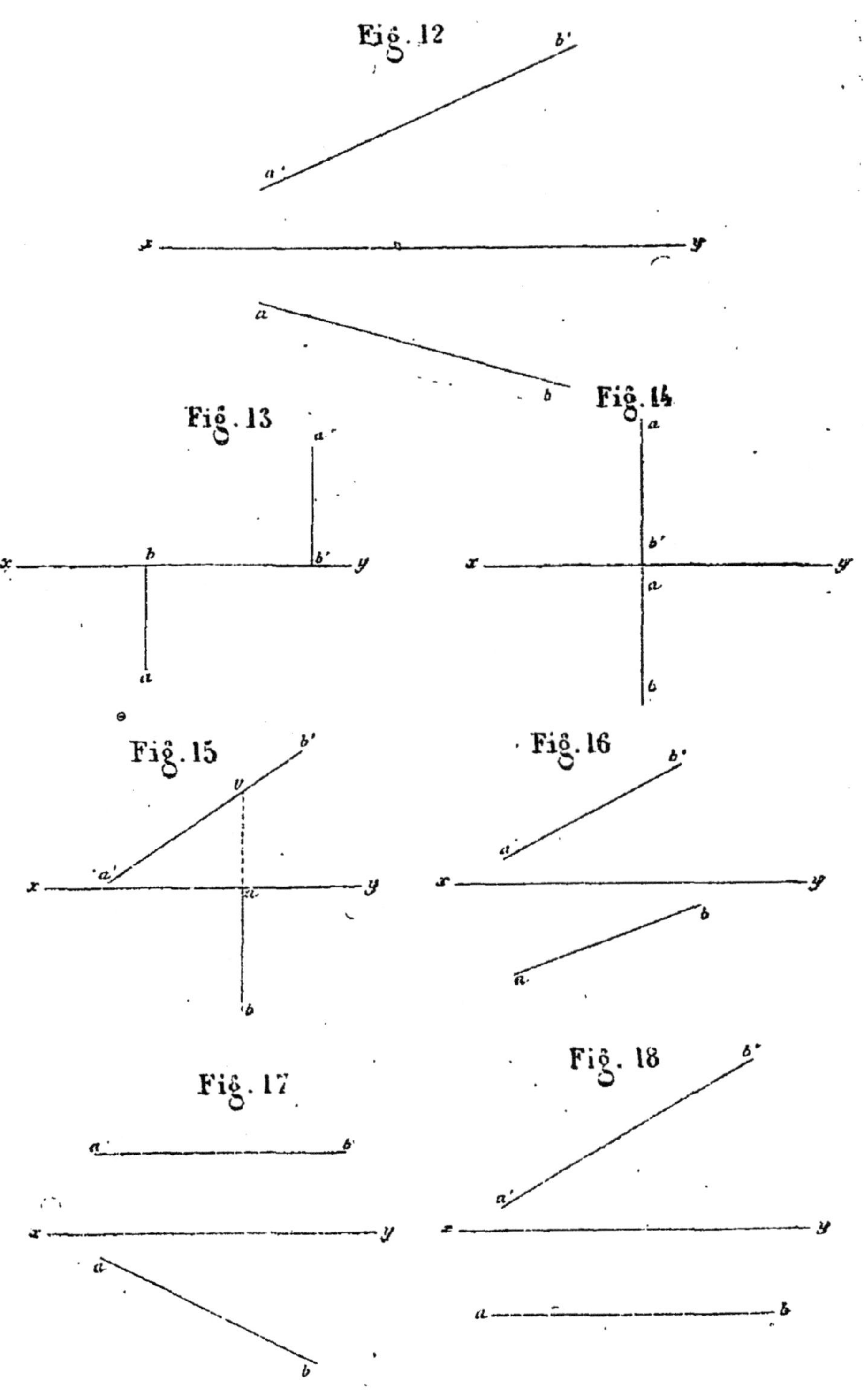

Fig. 12
b'
a'
x y
a
b
Fig. 13
a'
x b b' y
a
Fig. 14
a
b'
x y
a
b
Fig. 15
b'
v
x a' a y
b
Fig. 16
b'
a
x y
b
a
Fig. 17
a b'
x y
a
b
Fig. 18
b'
a'
x y
a b

terre, et $a'b'$ serait perpendiculaire sur xy. Pour une raison semblable, ab serait aussi perpendiculaire sur xy. Donc enfin, ab et $a'b'$ seraient toutes deux perpendiculaires sur xy, ce qui est contre l'hypothèse.

Remarque 1. Lorsque deux droites ab, $a'b'$, situées l'une dans le plan horizontal, l'autre dans le plan vertical (*fig.* 13), sont perpendiculaires en des points différents de la ligne de terre, les plans conduits par ces lignes perpendiculairement aux plans de projection sont parallèles. On voit ainsi que les droites ne sauraient être les projections d'une droite de l'espace.

Remarque 2. Lorsque deux droites ab, $a'b'$ (*fig.* 14), situées l'une dans le plan horizontal, l'autre dans le plan vertical, sont perpendiculaires au même point de la ligne de terre, les plans menés par ces droites perpendiculairement aux plans de projection se confondent en un seul. Toutes les droites situées dans ce plan unique ont pour projections ab, $a'b'$; il y a donc ici indétermination. Le plan perpendiculaire à la ligne de terre se nomme *plan de profil*.

Remarque 3. Lorsque la droite ab du plan horizontal est perpendiculaire à la ligne de terre (*fig.* 15) et que la droite $a'b'$ du plan vertical lui est oblique, les plans menés par ces droites perpendiculairement aux plans de projection se coupent suivant une droite dont ab est bien la projection horizontale, mais dont la projection verticale est non pas $a'b'$, mais bien le point v où ab prolongée rencontre $a'b'$. En effet, la droite de l'espace est alors perpendiculaire au plan vertical.

Une remarque tout à fait semblable est applicable au cas où $a'b'$ serait perpendiculaire et ab oblique à la ligne de terre.

15. Épure d'une droite dans différentes positions. Dans une épure une droite quelconque est représentée par ses deux projections ab, $a'b'$ (*fig.* 16).

Lorsqu'une droite est parallèle au plan horizontal (*fig.* 17), sa projection verticale $a'b'$ est parallèle à la ligne de terre. En effet, tous les points de la droite étant situés à égale distance du plan horizontal, toutes leurs projections verticales doivent être à égale distance de la ligne de terre. La réciproque est vraie. Quant à la projection horizontale ab, elle est parallèle à la droite de l'espace.

De même, lorsqu'une droite est parallèle au plan vertical

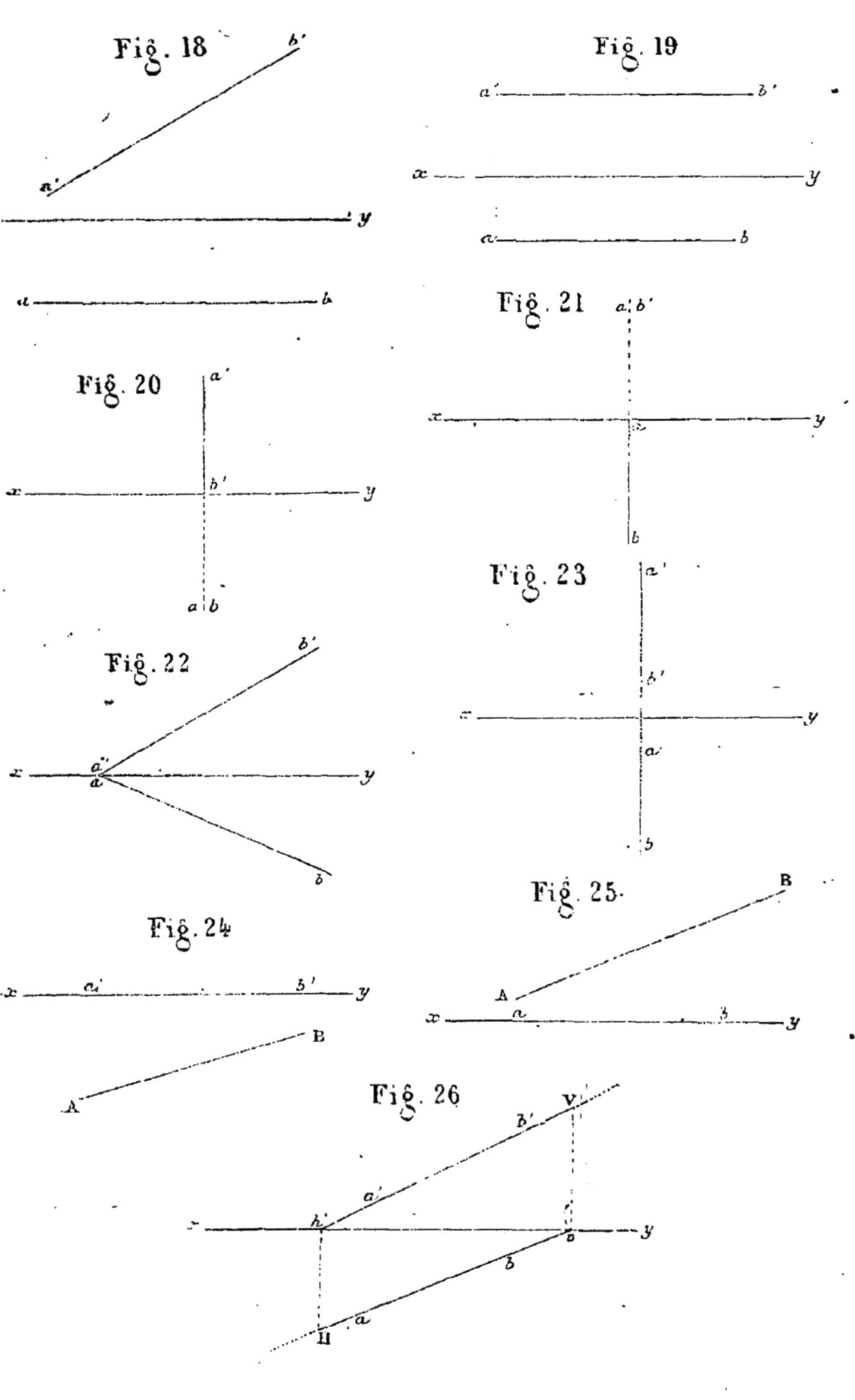

elle porte alors le nom de *ligne de front* (*fig.* 18), sa projection horizontale *ab* est parallèle à la ligne de terre. La réciproque est vraie.

Lorsqu'une droite est parallèle à la ligne de terre, elle est parallèle à chacun des plans de projection et ses deux projections *ab*, *a'b'* (*fig.* 19) sont parallèles à la ligne de terre. La réciproque est vraie.

Lorsqu'une droite est perpendiculaire au plan horizontal (*fig.* 20), sa projection sur ce plan est un point et sa projection verticale *a'b'* est perpendiculaire à la ligne de terre. De même une droite perpendiculaire au plan vertical (*fig.* 21) a pour projection verticale un point *a'b'* et pour projection horizontale une droite *ab* perpendiculaire à la ligne de terre. Les réciproques sont vraies.

Lorsqu'une droite rencontre la ligne de terre (*fig.* 22), ses deux projections *ab*, *a'b'* s'y rencontrent. La réciproque est vraie.

Lorsqu'une droite est située dans un plan perpendiculaire à la ligne de terre (plan de profil), ses projections *ab*, *a'b'* sont sur une même perpendiculaire à la ligne de terre (*fig.* 23). Alors la droite n'est pas déterminée. On peut pour fixer sa position dans l'espace donner les projections de deux de ses points.

Lorsqu'une droite est dans l'un des plans de projection, elle est à elle-même sa projection sur ce plan : sa projection sur l'autre plan est la ligne de terre (*fig.* 24 et 25).

16. Définition. On nomme *traces* d'une droite les points où cette droite rencontre les plans de projection.

17. Problème 1. *Étant données les projections d'une droite, trouver ses traces.*

Soient (*fig.* 26) *ab*, *a'b'* les projections d'une droite. La trace horizontale de cette droite se trouve sur *ab* et elle est à elle-même sa projection horizontale; quant à sa projection verticale, elle doit se trouver sur *a'b'* et aussi sur la ligne de terre : on l'obtiendra donc en prolongeant *a'b'* jusqu'à sa rencontre en *h'* avec *xy*. Il suffit alors pour avoir la trace horizontale cherchée d'élever en *h'* une perpendiculaire sur *xy*. Le point H où cette perpendiculaire rencontre *ab* est la trace horizontale de la droite AB. On obtient de même la trace verticale de la droite en V à la rencontre de *a'b'* avec la perpendiculaire élevée à *xy* au point *v* où la droite *ab* rencontre *xy*.

On voit donc que, pour déterminer les traces d'une droite don-

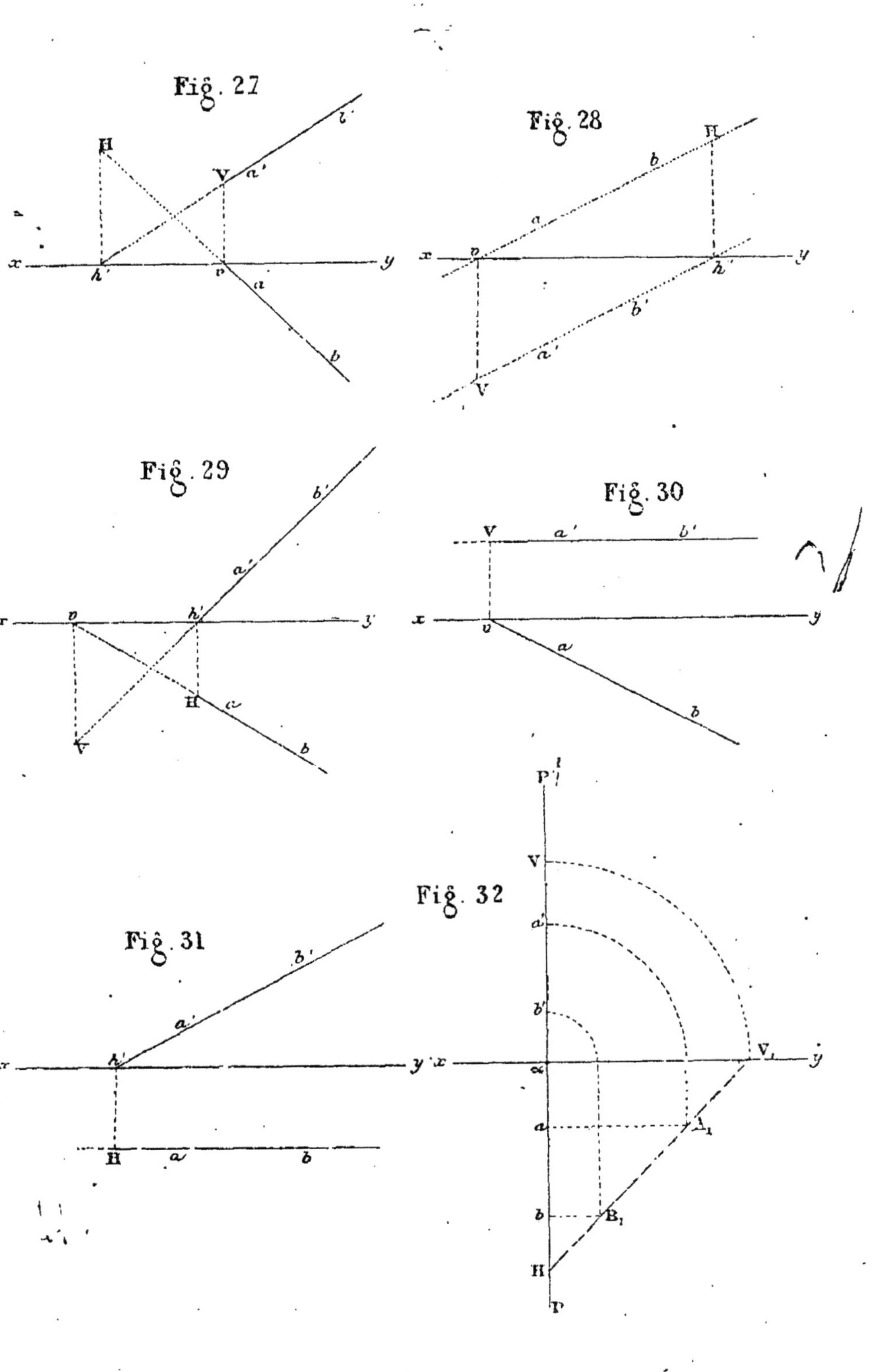

Fig. 27

Fig. 28

Fig. 29

Fig. 30

Fig. 31

Fig. 32

née par ses projections, il faut prolonger ces projections jusqu'à leurs rencontres avec la ligne de terre et élever en ces points de rencontre des perpendiculaires à cette ligne ; les traces demandées sont à l'intersection des perpendiculaires avec les projections de la droite.

Les figures 27, 28, 29, donnent les dispositions affectées par l'épure suivant que la portion de la droite de l'espace comprise entre ses traces traverse le 2ᵉ, le 3ᵉ ou le 4ᵉ dièdre.

Remarques. Lorsque la droite est parallèle à l'un des plans de projection, elle n'a qu'une trace qui se détermine comme on vient de l'indiquer (*fig.* 30 et 31). Lorsque la droite est perpendiculaire à l'un des plans de projection, elle n'a qu'une trace qui se confond avec sa projection sur ce plan. Lorsqu'elle rencontre la ligne de terre, ses deux traces sont au point où ses projections rencontrent xy.

Cas particulier. *La droite est dans un plan de profil.*

Soient (*fig.* 32) (a,a') (b,b') les projections de deux points de la droite dont on veut les traces. Le plan de profil qui la contient a pour trace horizontale αP et pour trace verticale $\alpha P'$ [1]. Imaginons que l'on fasse tourner ce plan autour de sa trace horizontale et de gauche à droite pour le rabattre sur le plan horizontal. Les points A, B de la droite de l'espace sont situés à l'extrémité de perpendiculaires élevées en a et b au plan horizontal, la première d'une longueur égale à $\alpha a'$, l'autre d'une longueur égale à $\alpha b'$; ils viendront après le rabattement se placer en A_1 et B_1 à l'extrémité des perpendiculaires aA_1, bB_1, élevées sur αP et prises respectivement égales à $\alpha a'$ et $\alpha b'$ à l'aide de la construction indiquée sur la figure. La droite AB est donc rabattue suivant la ligne $A_1 B_1$ qui rencontre αP en H et la ligne de terre en V_1. Si maintenant on suppose que le plan de profil se relève pour reprendre sa position dans l'espace, le point H situé sur l'axe de rotation reste immobile, tandis que le point V_1 vient se placer sur $\alpha P'$ à une distance $\alpha V = \alpha V_1$. On a donc en H la trace horizontale de la droite donnée et en V sa trace verticale.

---

1. On nomme *traces* d'un plan les intersections de ce plan avec les plans de projection.

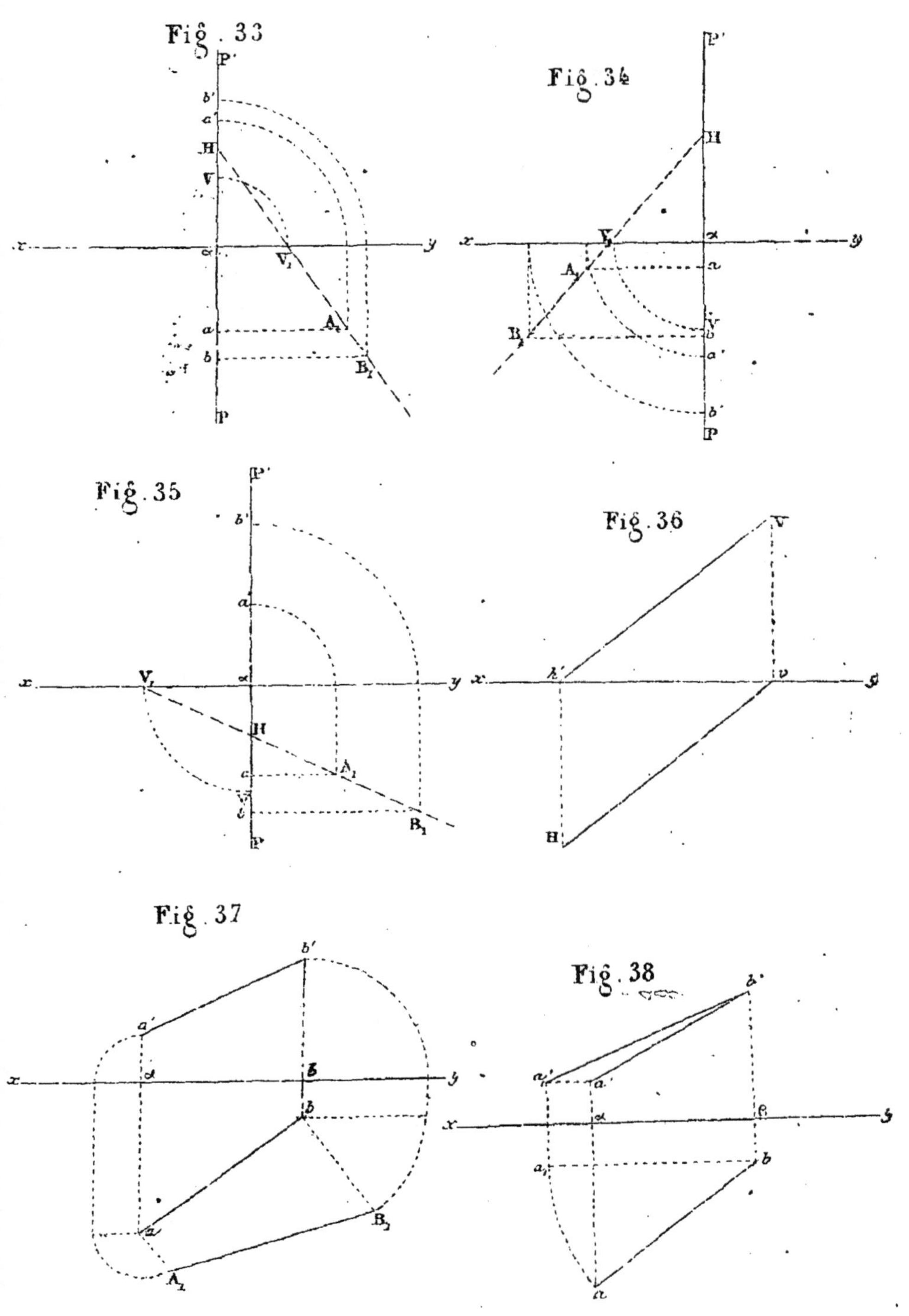

Fig. 33
Fig. 34
Fig. 35
Fig. 36
Fig. 37
Fig. 38

Les figures 33, 34, 35 donnent les dispositions affectées par les lignes de l'épure lorsque la portion de la droite comprise entre ses deux traces traverse les 2e, 3e ou 4e dièdres.

18. Problème 2. *Étant données les traces d'une droite, construire ses projections.*

Soient (*fig.* 36) V et H les traces d'une droite. Le point V se projette horizontalement en *v* sur la ligne de terre, et le point H se projette verticalement en *h'* sur la ligne de terre. Les projections de la droite s'obtiendront donc en joignant d'un côté *v*H et de l'autre *h'*V.

19. Problème 3. *Étant donnés deux points par leurs projections, trouver leur distance, c'est-à-dire la vraie grandeur de la droite qui les joint.*

Soient (*fig.* 37) (a, a'), (b, b') les deux points donnés : ab, $a'b'$ sont les projections de la ligne AB qui les joint dans l'espace. Cette ligne AB est le 4e côté d'un trapèze abAB dont les côtés parallèles aA, bB sont les projetantes des points A, B. Si l'on fait tourner ce trapèze autour de ab pour le rabattre sur le plan horizontal, les droites aA, bB prendront les positions aA$_1$ bB$_1$ perpendiculaires sur ab : joignant A$_1$B$_1$, on aura la distance demandée. — La figure indique les constructions à l'aide desquelles on a pris aA$_1 = \alpha a'$ et bB$_1 = \beta b'$.

On peut encore obtenir la distance demandée au moyen du procédé dont l'indication suit et qu'il faut préférer au précédent.

Supposons (*fig.* 38) que le plan projetant horizontalement la droite AB tourne autour de la projetante Bb jusqu'à ce qu'il devienne parallèle au plan vertical; la projection horizontale ab deviendra parallèle à la ligne de terre et le point a viendra se placer en a_1, à une distance du point b égale à ab. La projection verticale du point A viendra donc prendre position sur la perpendiculaire élevée en a_1, à la ligne de terre, à une distance de xy égale à $\alpha a'$, car dans le mouvement de rotation la distance du point A au plan horizontal reste la même. En menant donc par le point a' une parallèle à xy jusqu'à la rencontre de la perpendiculaire élevée en a_1 sur xy, on aura au point a'_1 de rencontre la projection verticale du point A après la rotation. Actuellement donc la ligne AB a pour projection verticale $a'_1 b'$; mais

Fig. 39 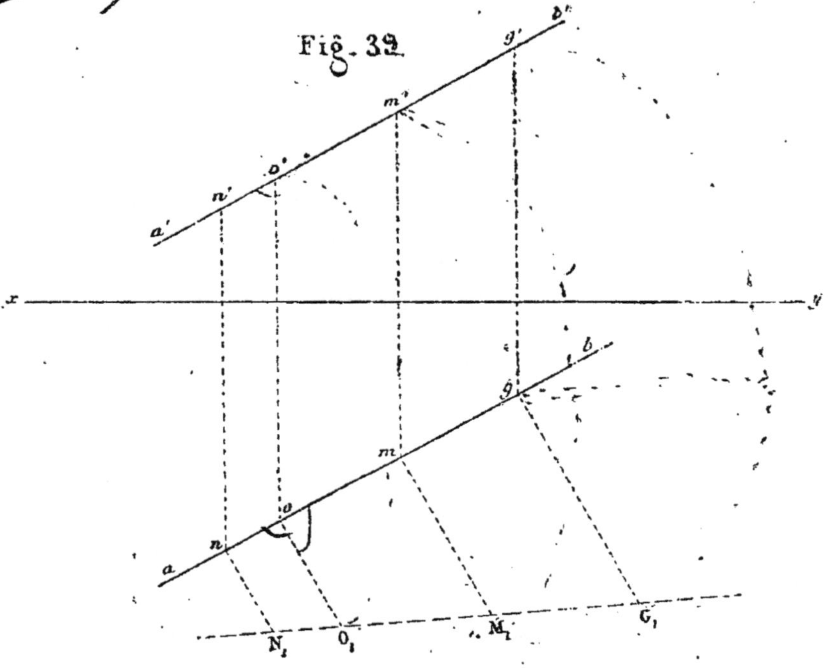
Fig. 40

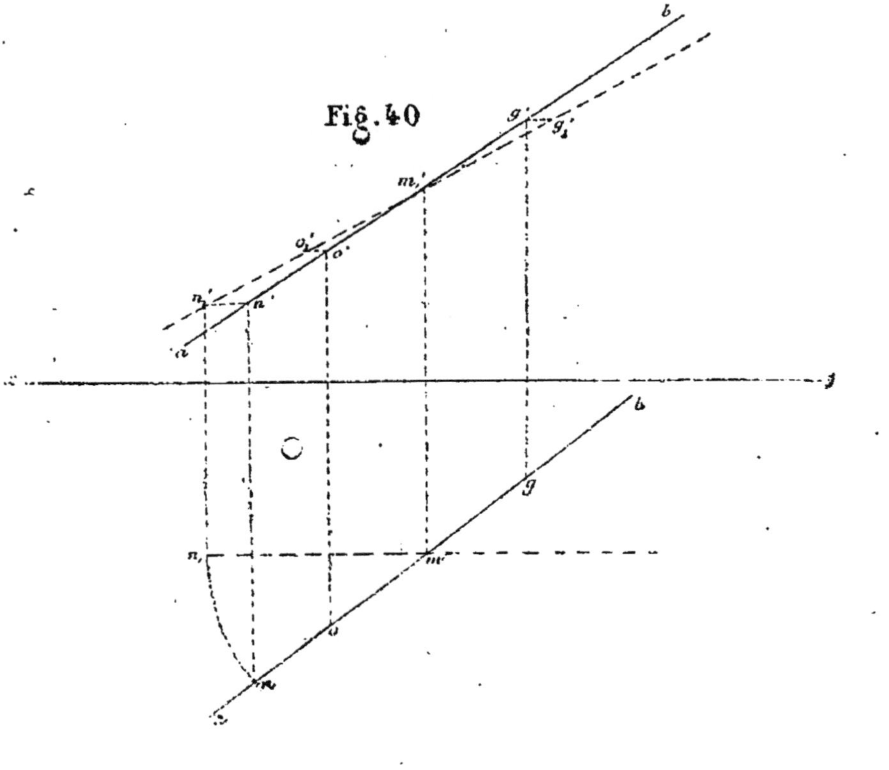

elle se projette alors en vraie grandeur puisqu'elle est parallèle au plan vertical. Donc $a'_1 b'$ est la distance demandée.

20. Problème 4. *Étant données les projections d'une droite et celles d'un de ses points, déterminer les projections d'un second point de la droite distant du premier d'une longueur donnée.*

Soient (*fig.* 39) $(ab, a'b')$ et (m, m') la droite et le point donnés. Ayant pris sur la droite un second point quelconque (n, n'), on déterminera comme ci-dessus (1er procédé) le rabattement $M_1 N_1$ de la ligne de l'espace sur le plan horizontal. Prenant ensuite $M_1 O_1$ égale à la longueur donnée, on aura en O_1 le point demandé rabattu. On obtiendra ensuite ses projections o, o' en abaissant Oo perpendiculaire sur mn, puis oo' perpendiculaire sur la ligne de terre jusqu'à la rencontre de $a'b'$.

La longueur donnée pouvant être portée de part et d'autre du point M, il y a un second point (g, g') répondant à la question.

On peut encore, pour résoudre le problème, employer la méthode qui suit.

On commence (*fig.* 40) par amener la droite à être parallèle au plan vertical en faisant tourner son plan projetant horizontalement autour de la projetante Mm. Pour cela, on prend sur la droite un point quelconque (n, n'), et l'on fait la construction du problème 3 (second procédé). On prend ensuite sur la nouvelle projection verticale $m'n'_1$ de la droite et à partir du point m' une longueur $m'o'_1$ égale à la longueur donnée ; menant $o'_1 o'$ parallèle à xy jusqu'à la rencontre de $m'n'$ et abaissant $o'o$ perpendiculaire sur xy jusqu'à la rencontre de ab, on a en o et o' les projections du point demandé.

On obtient par une construction semblable un second point (g, g') satisfaisant à la question.

Remarque. Il est clair que pour résoudre ce problème et le précédent on pourrait, au lieu du plan horizontal, choisir le plan vertical pour y opérer des constructions analogues à celles qui ont été indiquées.

21. Problème 5. *Étant données les projections d'une droite, trouver les angles que fait cette droite avec les plans de projection.*

On sait qu'on nomme angle d'une droite et d'un plan l'angle formé par la droite avec sa projection sur le plan. Soient donc

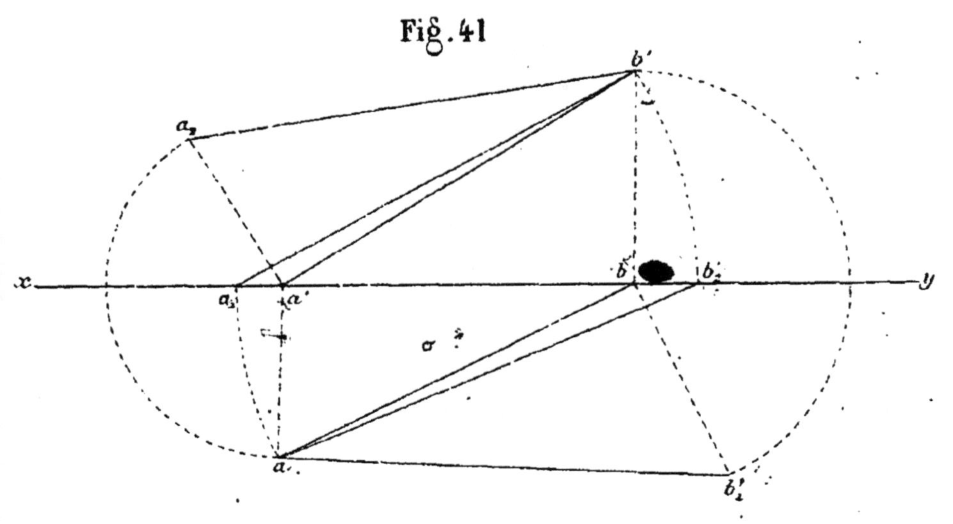

Fig. 41

Fig. 42

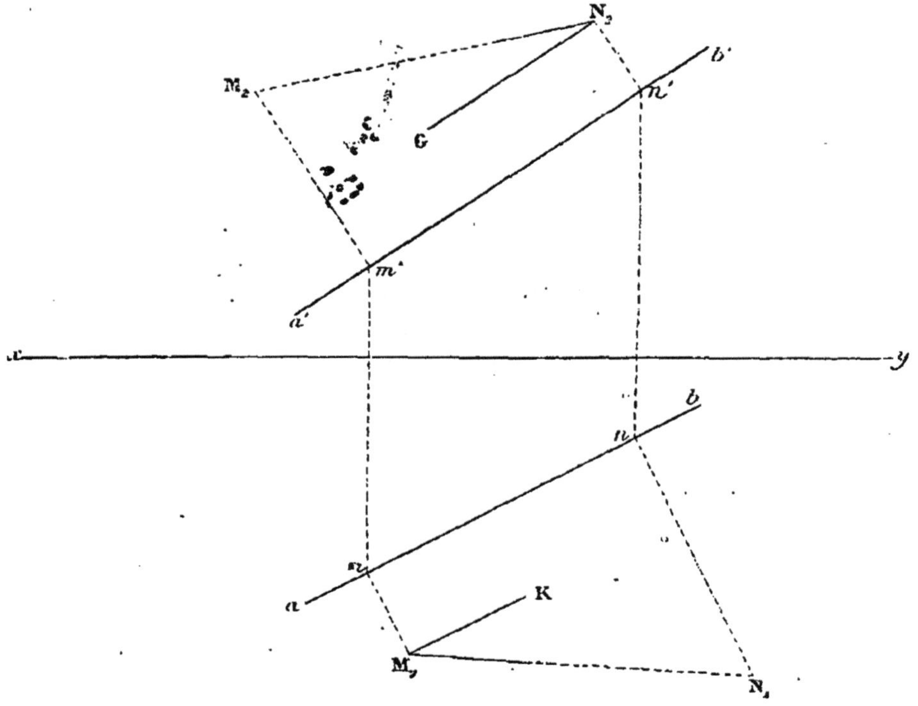

$(ab, a'b')$ les projections d'une droite (*fig.* 41); déterminons les traces a et b' de cette droite. Elle forme dans l'espace avec les lignes ab et bb' un triangle rectangle dont elle est l'hypoténuse et dont l'angle en a est celui qu'elle fait avec le plan horizontal. Si l'on fait tourner ce triangle autour de ab pour le rabattre sur le plan horizontal, le côté bb' prendra la position bb'_1 perpendiculaire sur ab et l'hypoténuse sera rabattue en ab'_1 : on aura donc en bab'_1 l'angle de la droite donnée avec le plan horizontal. On trouve encore cet angle en faisant tourner le triangle de l'espace abb' autour de bb' pour l'amener dans le plan vertical où il prend la position de $b'a_1b$.

La droite donnée forme également avec aa' et $a'b'$ un triangle rectangle dont l'angle en b' est celui qu'elle fait avec le plan vertical. Ce triangle rectangle étant rabattu sur le plan vertical ou amené sur le plan horizontal, on a l'angle cherché en $a_2b'a'$ ou en ab'_2a'.

Remarque. L'angle que fait la droite avec sa projection verticale est moindre que celui qu'elle forme avec $b'b$. Or ce dernier rabattu en b'_1 est complémentaire de l'angle de la droite avec le plan horizontal; donc la somme des angles formés par la droite donnée avec les plans de projection est inférieure à 90°.

Cas particuliers. 1° *Les traces de la droite ne sont pas dans les limites de l'épure.*

On peut alors (*fig.* 42) prendre deux points (m, m') (n, n') à volonté sur la droite donnée $(ab, a'b')$ et déterminer le rabattement de celle-ci successivement sur les deux plans de projection en faisant tourner les deux plans projetants l'un autour de ab, l'autre autour de $a'b'$. Le rabattement est M_1N_1 sur le plan horizontal : en menant M_1K parallèle à la projection ab, on forme l'angle KM_1N_1, égal à celui que fait la droite donnée avec le plan horizontal. Le rabattement sur le plan vertical en M_2N_2; menant N_2G parallèle à $a'b'$, on a en M_2N_2G un angle égal à celui que la droite fait avec le plan vertical.

Les angles demandés peuvent être encore obtenus en faisant tourner successivement les plans projetants la droite donnée, de manière à les amener, chacun, à être parallèles à l'un des plans de projection.

2° *La droite rencontre la ligne de terre.* On prend alors (*fig.* 43)

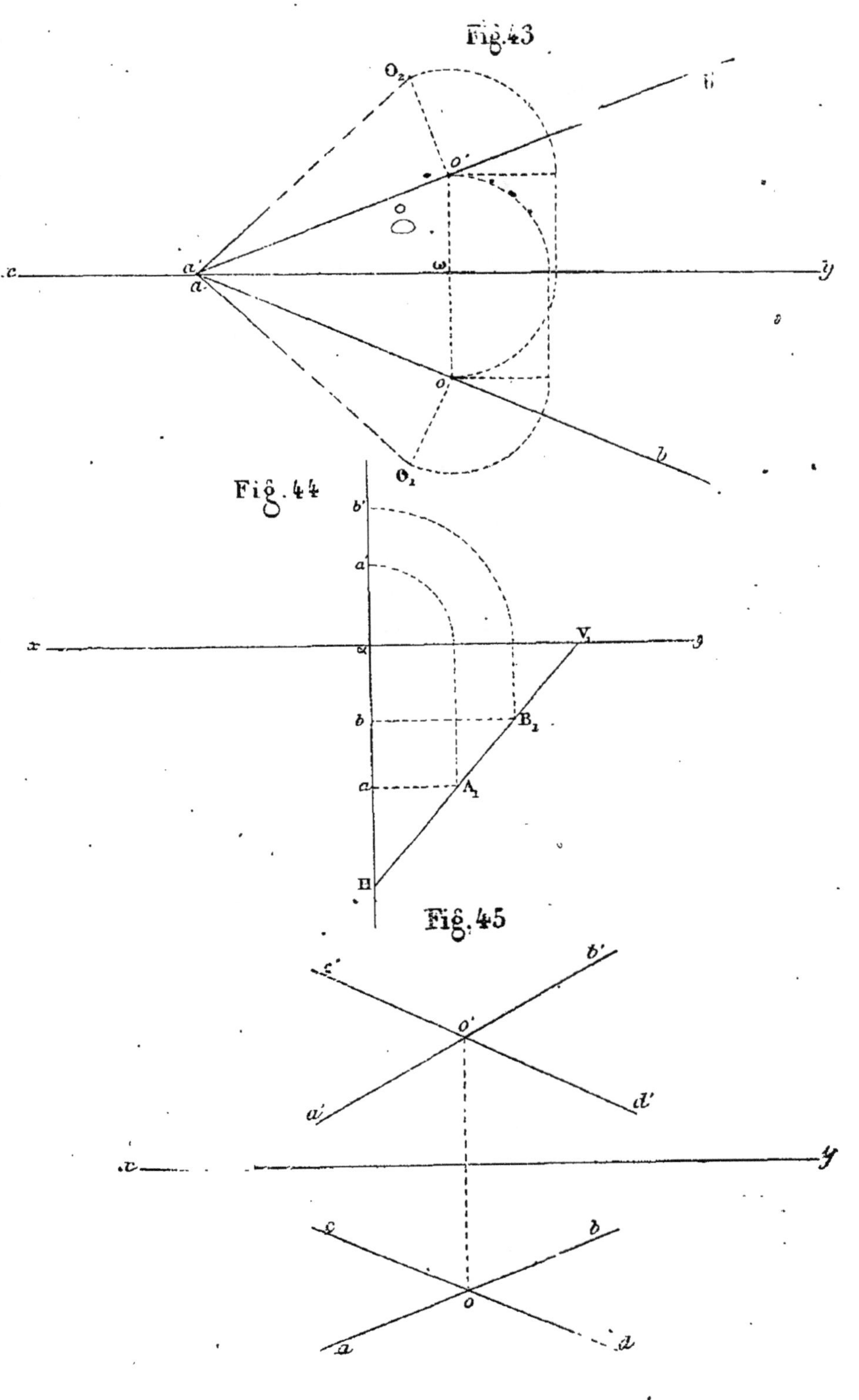

Fig.43

Fig.44

Fig.45

un point quelconque (o, o') sur la droite donnée $(ab, a'b')$, et l'on rabat le triangle de l'espace aOo sur le plan horizontal en le faisant tourner autour de ao : le point o vient se placer en O_1 sur la perpendiculaire oO_1 à la projection ab et à une distance $oO_1 = \omega o'$. Le triangle est ainsi rabattu en aO_1o et l'angle de la droite avec le plan horizontal est oaO_1.

Par une construction semblable on obtient en $o'a'O_2$ l'angle de la droite avec le plan vertical.

3° *La droite est dans un plan de profil.* Ayant déterminé le rabattement de la droite donnée $(ab, a'b')$ comme dans le cas particulier du problème 1, on reconnaît (*fig.* 44) que les deux angles cherchés sont les angles aigus du triangle αHV_1.

Dans ce cas, et c'est le seul, la somme des angles d'une droite avec les plans de projection est égale à 90°. Dans toutes les autres positions, cette somme est moindre que 90°.

4° *La droite est parallèle à l'un des plans de projection.* L'angle qu'elle fait avec l'autre plan est alors égal à l'angle que fait sa projection sur le plan auquel elle est parallèle avec la ligne de terre.

22. Droites qui se coupent. Théorème. *Lorsque deux droites se coupent, leurs projections de même nom se coupent et les deux points d'intersection sont situés sur une même perpendiculaire à la ligne de terre.*

En effet, le point commun aux deux droites qui se coupent doit avoir ses projections placées sur celles de même nom des deux droites. Donc ces projections se coupent, et les points d'intersection étant les projections d'un même point de l'espace sont situés sur une même perpendiculaire à la ligne de terre.

La réciproque est vraie, car si les projections d'un point sont situées en même temps sur celles de deux droites, le point est commun à ces deux droites.

La figure 45 est l'épure de deux droites $(ab, a'b')$, $(cd, c'd')$ qui se coupent en un point (o, o').

Remarque. Lorsque l'une des deux droites considérées est située dans un plan de profil, elle ne coupe pas nécessairement l'autre, bien que leurs projections satisfassent à l'énoncé du théorème.

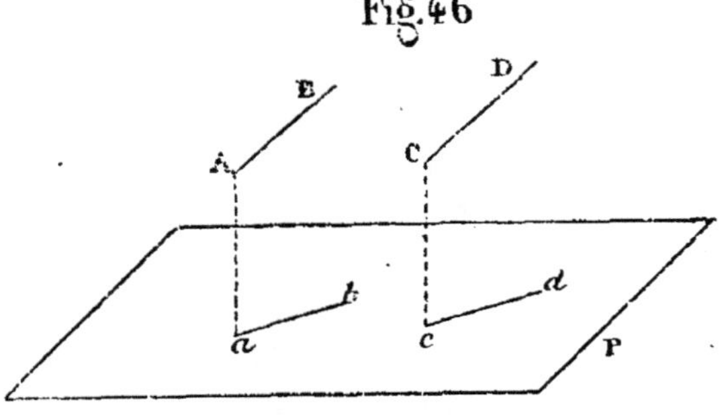

Fig.46

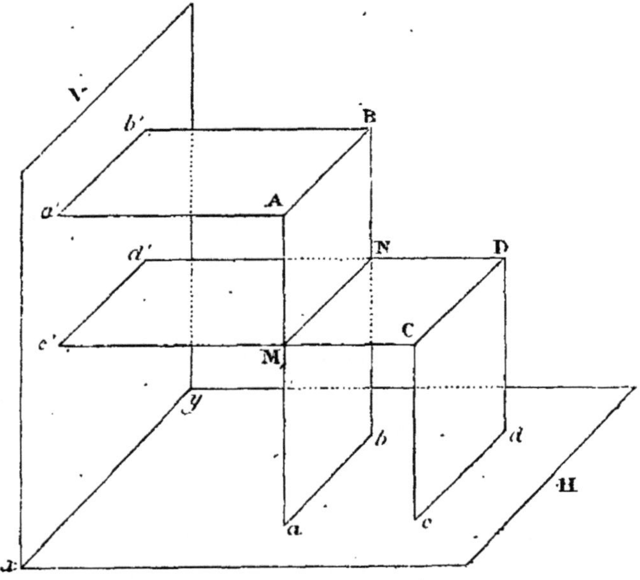

Fig.47

Fig.48

23. Droites parallèles. Théorème. *Lorsque deux droites sont parallèles, leurs projections de même nom sont parallèles.*

En effet, projetons sur le plan P les deux parallèles AB, CD (*fig.* 46); les deux plans projetants BA*ab*, DC*cd* sont parallèles et par suite leurs intersections *ab*, *cd* par un troisième P sont parallèles.

La réciproque est fausse lorsqu'il s'agit des projections de deux droites sur un seul plan. En effet, *ab* par exemple est non-seulement la projection de la droite AB, mais encore de telle droite que l'on voudra située dans le plan BA*ab*.

La réciproque est vraie lorsque les projections horizontales des deux droites sont parallèles ainsi que leurs projections verticales.

En effet, soient (*fig.* 47) *ab*, *cd* les projections horizontales de deux droites, *a'b'*, *c'd'* leurs projections verticales; supposons *ab* et *cd* parallèles, ainsi que *a'b'* et *c'd'*; menons les plans projetants qui déterminent les droites AB, CD, et soit MN l'intersection du plan AB*ab* avec le plan CD*c'd'*. Les deux droites MN, CD sont parallèles comme intersection de deux plans parallèles par un troisième; pour la même raison, les deux droites AB, MN sont parallèles. Donc AB et CD, toutes deux parallèles à MN, sont parallèles entre elles.

La réciproque n'est pas nécessairement vraie lorsque les droites sont chacune dans un plan de profil. — Dans ce cas les droites sont parallèles lorsqu'il y a proportion entre les distances de leurs traces à la ligne de terre.

24. Droites perpendiculaires entre elles. Théorème. *Lorsque deux droites sont perpendiculaires, leurs projections sur un même plan sont perpendiculaires, pourvu que l'une des droites soit parallèle au plan de projection.*

Il est d'abord évident que si les droites sont toutes deux parallèles au plan de projection, leur angle se projettera en vraie grandeur, et, par suite, leurs projections seront perpendiculaires. — Supposons maintenant que BAC étant un angle droit, le côté AB seul (*fig.* 48) soit parallèle au plan P; projetons le sommet A en *a*, et concevons les deux plans BA*a*, CA*a* : ils coupent le plan P suivant les droites *ab*, *ac*, qui sont les projections des lignes AB, AC. Or la ligne *ab* est parallèle à AB, donc AB est perpendiculaire sur A*a*, et comme elle l'est déjà par hypothèse sur AC, elle est perpendiculaire au plan CA*ca*. Sa parallèle *ab* est donc aussi

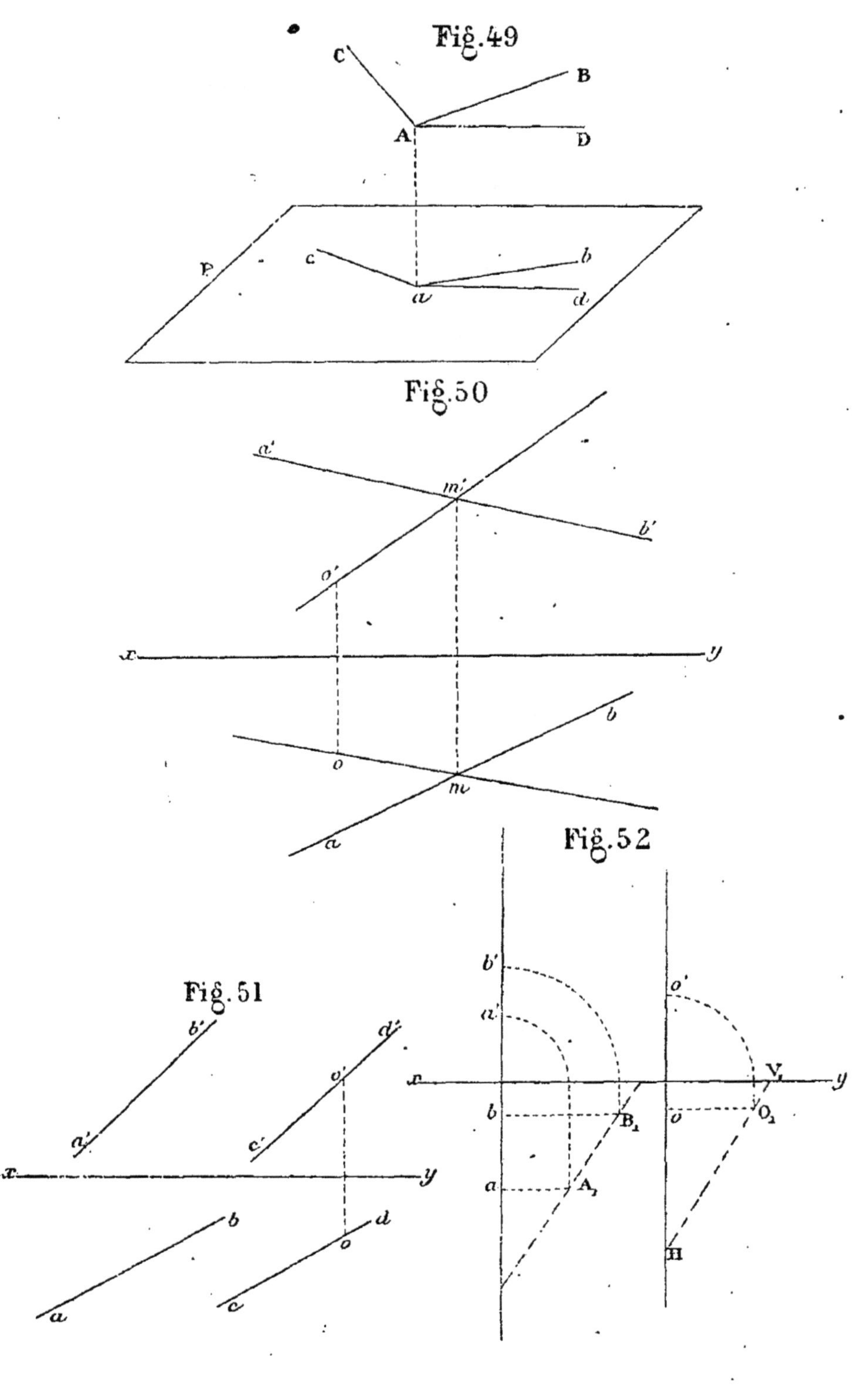

Fig.49

Fig.50

Fig.51

Fig.52

perpendiculaire à ce plan et par suite à la droite *ac*. L'angle *bac*, projection de l'angle BAC, est donc un angle droit.

Le parallélisme d'un des côtés de l'angle droit avec le plan de projection est une condition nécessaire pour que l'angle des projections soit droit.

Supposons, en effet (*fig.* 49), que les lignes AB, AC, perpendiculaires entre elles, ne soient ni l'une ni l'autre parallèles au plan P, et menons AD perpendiculaire à AC et parallèle au plan P. L'angle CAD se projette suivant un angle droit *cad*, d'après ce qu'on vient de voir. — Or AB ne saurait se projeter suivant *ad*, car si *ad* était sa projection, les deux lignes AB, AD seraient situées dans un même plan perpendiculaire à AC et aussi perpendiculaire sur le plan P, de telle sorte que AC serait parallèle au plan P, ce qui est contre l'hypothèse. La projection de l'angle CAB est donc un angle *cab* différent de *cad*, c'est-à-dire différent d'un angle droit.

25. Problème 6. *Mener par un point une droite qui rencontre une droite donnée.*

Soient (o, o'), $(ab, a'b')$ le point et la droite donnés (*fig.* 50). Il suffit de prendre un point quelconque (m, m') sur la droite et de le joindre au point donné, la droite $(om, o'm')$ ainsi obtenue répond à la question. — Le problème est évidemment indéterminé.

26. Problème 7. *Mener par un point une droite parallèle à une droite donnée.*

Soient (o, o'), $(ab, a'b')$ le point et la droite donnés (*fig.* 51). Il suffit de mener par les projections du point des droites respectivement parallèles aux projections de la droite donnée. On a ainsi les projections cd, $c'd'$ de la droite demandée (23).

Cas particulier. *La droite donnée est située dans un plan de profil.*

Soient (o, o'), $(ab, a'b')$ le point et la droite donnés, cette dernière déterminée par les projections (a, a'), (b, b') de deux de ses points (*fig.* 52). Ayant rabattu la droite en A_1B_1, comme on l'a fait dans le cas particulier du problème 1, on imaginera un plan de profil passant par le point (o, o') et l'on déterminera la position O_1 que prend le point O lorsque le plan de profil tourne autour de sa trace horizontale pour se rabattre sur le plan horizontal. — Par le point O_1 on mènera HV_1 parallèle à A_1B_1 ;

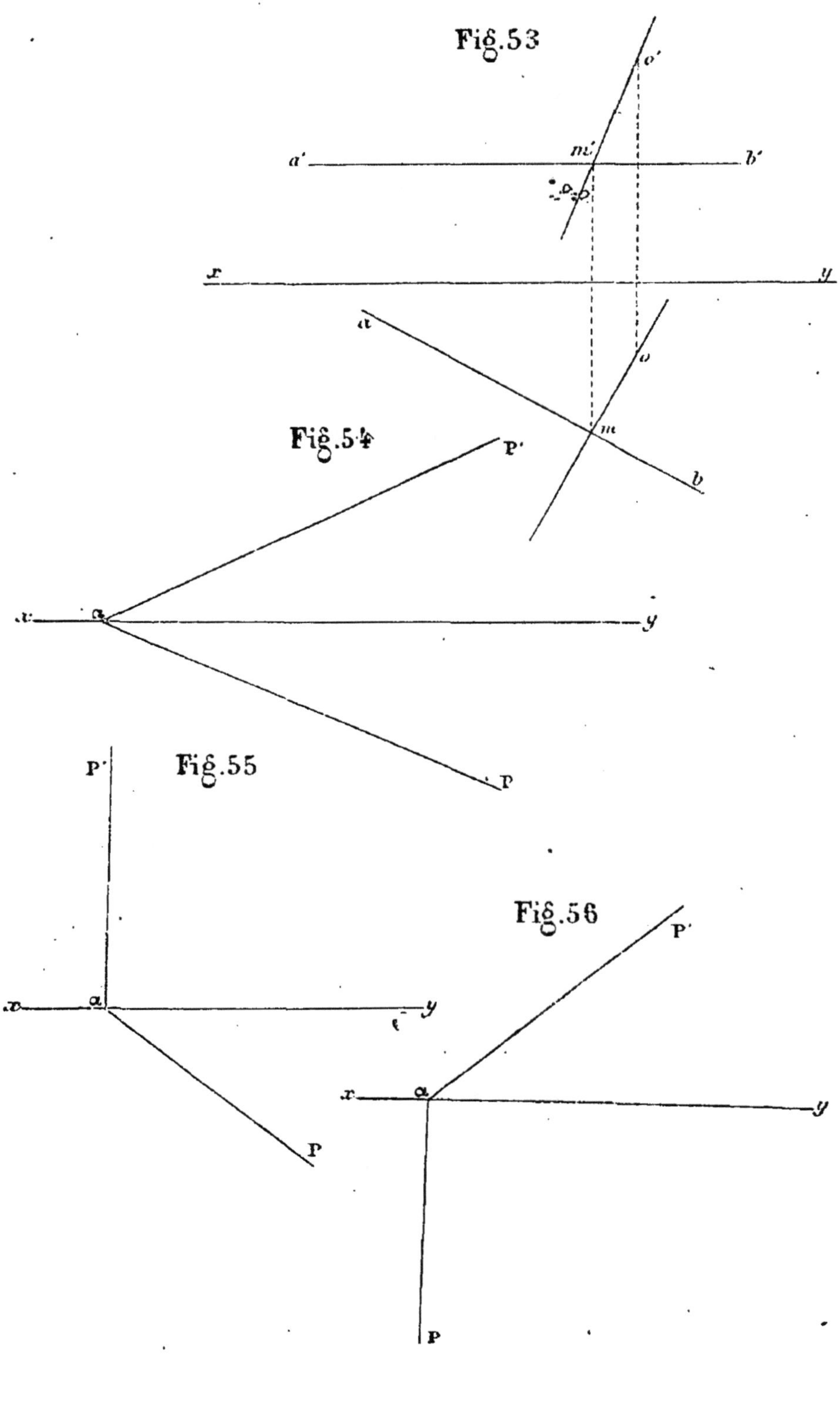

Fig.53
Fig.54
Fig.55
Fig.56

HV, sera la parallèle demandée rabattue sur le plan horizontal. Cette parallèle est donc déterminée, puisque l'on connaît sa trace horizontale H et l'un de ses points (o, o').

27. Problème 8. *Mener par un point une perpendiculaire sur une droite, celle-ci étant donnée parallèle à l'un des plans de projection.*

Soient (o,o') le point donné *(fig. 53)* et $(ab, a'b')$ la droite donnée parallèle au plan horizontal. On abaissera *om* perpendiculaire sur *ab*, et l'on aura ainsi la projection horizontale de la perpendiculaire demandée (24). On obtiendra la projection verticale en élevant *mm'* perpendiculaire sur *xy* jusqu'à la rencontre de *a'b'* en *m'* et en joignant *o'm'*.

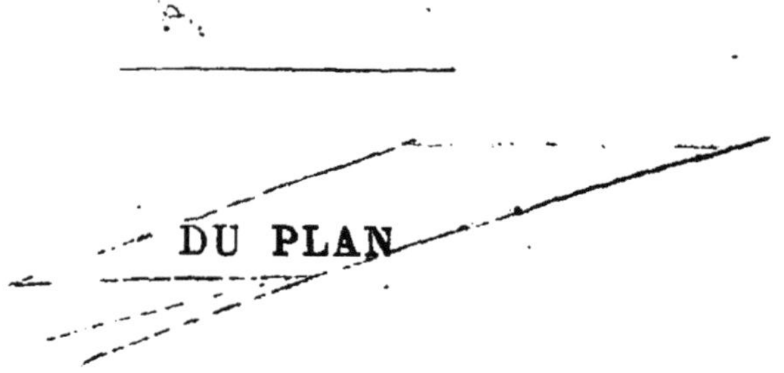

28. Représentation du plan. Un plan se représente dans une épure au moyen de ses *traces* : on nomme ainsi ses intersections avec les plans de projection.

Lorsqu'un plan n'est pas parallèle à la ligne de terre, ses traces s'y rencontrent au même point. En effet, le point où le plan rencontre la ligne de terre appartient à la fois aux deux plans de projection : il est donc commun aux deux traces du plan.

29. Épure d'un plan dans différentes positions. Un plan situé d'une manière quelconque et rencontrant la ligne de terre est représenté sur une épure par deux droites obliques à la ligne de terre et s'y rencontrant au même point *(fig. 54).*

Lorsqu'un plan est perpendiculaire au plan horizontal, sa trace verticale est perpendiculaire sur la ligne de terre *(fig. 55)*. — Lorsqu'il est perpendiculaire au plan vertical, sa trace horizontale est perpendiculaire sur la ligne de terre *(fig. 56)*. — Les réciproques sont vraies.

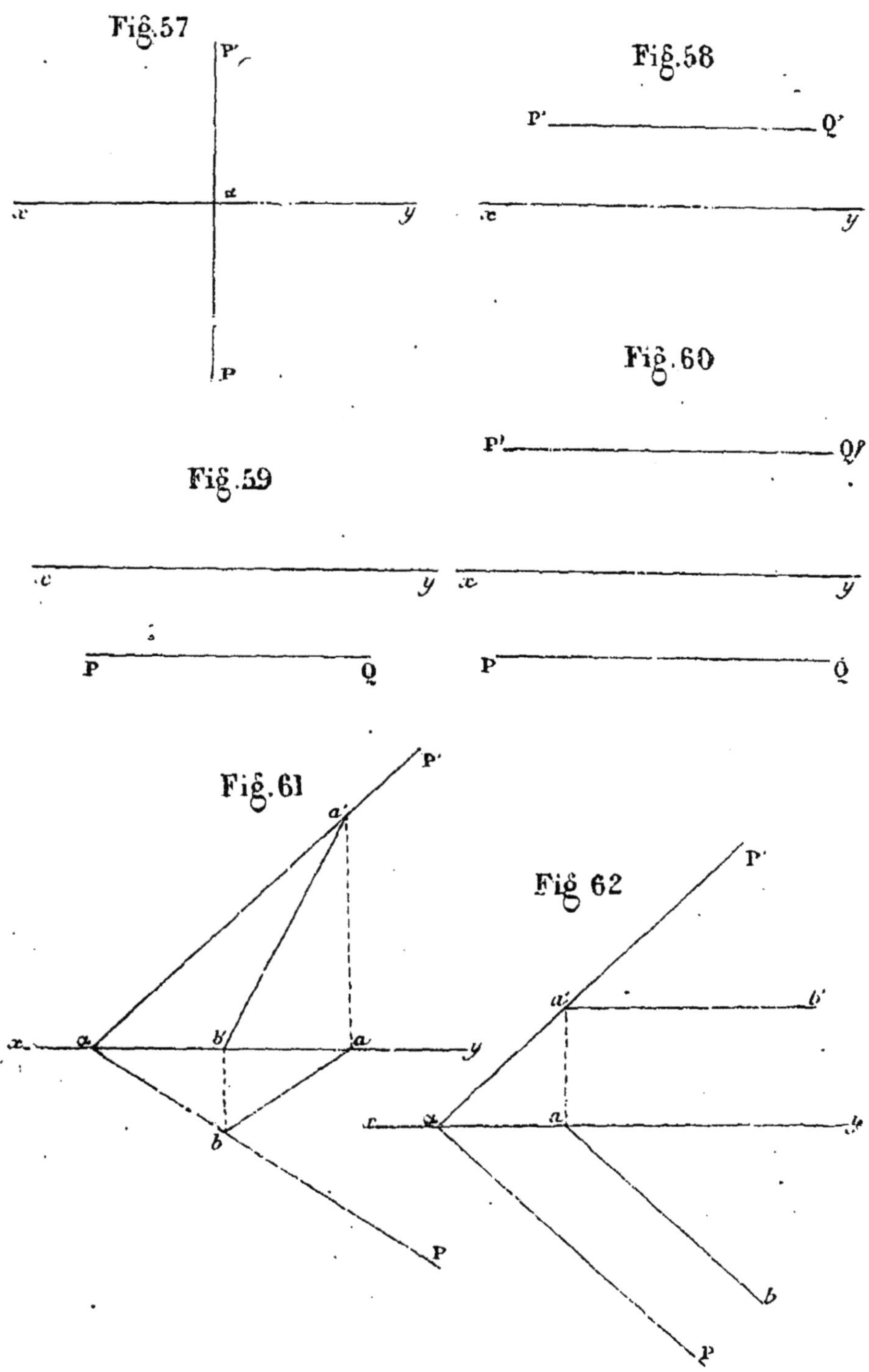

Fig.57
P'
x
y
P
Fig.58
P'
Q'
x
y
Fig.60
P'
Q'
Fig.59
x
y
P
Q
x
y
P
Q
Fig.61
P'
a'
x
a
b'
a
y
b
P
Fig 62
P'
a'
b'
c
x
a
b
b
P

Lorsqu'un plan est perpendiculaire à la ligne de terre, ses traces sont elles-mêmes perpendiculaires sur la ligne de terre (*fig.* 57). — La réciproque est vraie.

Lorsqu'un plan est parallèle au plan horizontal ou au plan vertical, il n'a plus qu'une trace verticale ou horizontale, laquelle est parallèle à la ligne de terre (*fig.* 58 et 59). — Les réciproques sont vraies. Un plan parallèle au plan vertical se nomme *plan de front*.

Lorsqu'un plan est parallèle à la ligne de terre sans l'être à l'un des plans de projection, ses traces sont parallèles à la ligne de terre (*fig.* 60). La réciproque est vraie.

Lorsqu'un plan passe par la ligne de terre, ses deux traces sont la ligne de terre elle-même. Il faut alors, pour déterminer la position du plan, donner les projections de l'un de ses points ou encore l'angle qu'il fait avec l'un des plans de projection.

30. Droite située dans un plan. Une ligne droite située dans un plan a ses traces situées sur celles du plan. En effet, la droite, étant dans le plan, ne peut rencontrer les plans de projection qu'en des points appartenant au plan, c'est-à-dire qu'en des points des traces de ce plan.

La réciproque est vraie, car, si les traces d'une droite sont placées sur celles d'un plan, la droite, ayant deux points dans ce plan, y est contenue tout entière.

La *fig.* 61 est l'épure d'une droite (ab, $a'b'$) située dans un plan P'αP.

31. Horizontale d'un plan. Toute droite menée dans un plan parallèlement à la trace horizontale de ce plan est parallèle au plan horizontal et se nomme *une horizontale du plan* dans lequel elle est menée. Une telle droite se projette verticalement suivant une parallèle à la ligne de terre, puisqu'elle est parallèle au plan horizontal, et horizontalement suivant une droite parallèle à elle-même et par suite parallèle à la trace horizontale du plan.

La *fig.* 62 est l'épure d'une horizontale (ab, $a'b'$) d'un plan P'αP.

Réciproquement, toute droite d'un plan ayant sa projection verticale parallèle à la ligne de terre a sa projection horizontale parallèle à la trace horizontale du plan et est une horizontale de ce plan.

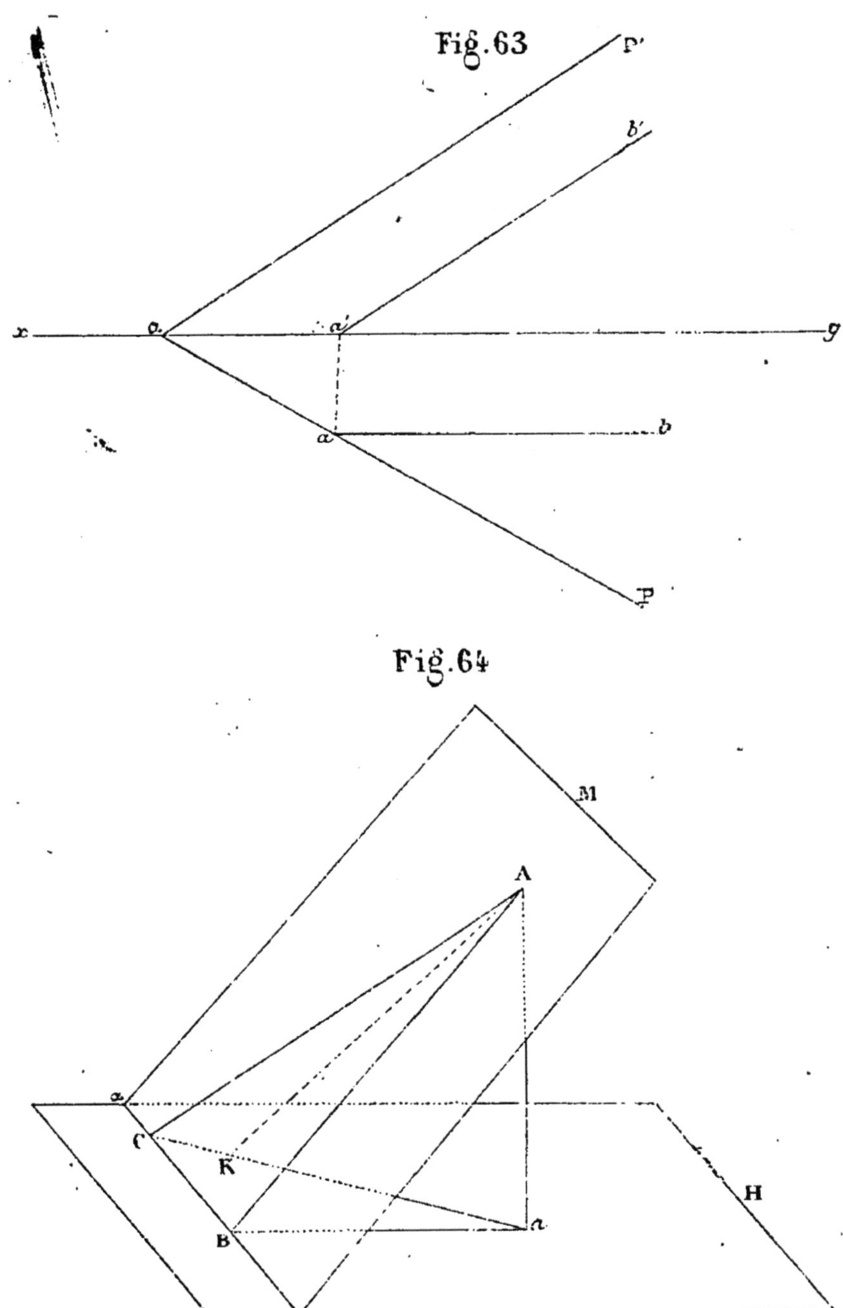

Fig.63
P'
b'
x
o
a'
g
a
b
P
Fig.64
M
A
a
C
K
B
a
H
P

Remarque. Une droite menée dans un plan parallèlement à la trace verticale de ce plan est parallèle au plan vertical et se nomme *une ligne de front* du plan ; elle a sa projection verticale parallèle à la trace verticale du plan et sa projection horizontale parallèle à la ligne de terre. Telle est la droite (*ab, a'b'*) (*fig.* 63).

32. Ligne de plus grande pente d'un plan. On nomme ainsi une ligne menée dans un plan perpendiculairement à la trace horizontale de ce plan. Une telle ligne a sa projection horizontale perpendiculaire sur la trace horizontale du plan en vertu du théorème des trois perpendiculaires.

La ligne de plus grande pente d'un plan jouit de la propriété de former avec sa projection horizontale un angle plus grand que celui formé par toute autre droite du plan avec sa projection horizontale.

Soit en effet (*fig.* 64) AB perpendiculaire sur la trace horizontale αP du plan M, et soit AC une autre droite du plan M. Projetons ces deux droites en *a*B, *a*C, la ligne *a*C oblique sur αP est plus grande que la perpendiculaire *a*B ; on peut donc prendre *a*K = *a*B et joindre AK. Les deux triangles AB*a*, AK*a* sont égaux ; donc l'angle AB*a* = AK*a*. Or ce dernier, extérieur au triangle ACK, est plus grand que l'angle ACK ; donc l'angle AB*a* est plus grand que l'angle AC*a*, ce qu'il fallait démontrer.

Réciproquement, toute droite d'un plan ayant sa projection horizontale perpendiculaire sur la trace horizontale du plan est ligne de plus grande pente de ce plan.

33. Problème 1. *Étant données les traces d'un plan, construire les projections d'une droite située dans ce plan.*

Il suffit, pour résoudre le problème qui est évidemment indéterminé, de prendre un point sur la trace verticale du plan, un autre sur la trace horizontale, et de construire les projections de la droite ayant pour traces ces points (18). On peut encore, lorsque le plan donné, situé d'une manière quelconque par rapport aux plans de projection, rencontre la ligne de terre, prendre un point sur sa trace verticale et construire les projections de l'horizontale passant par ce point (31).

34. Problème 2. *Étant données les traces d'un plan et l'une des projections d'une droite située dans ce plan, construire l'autre projection.*

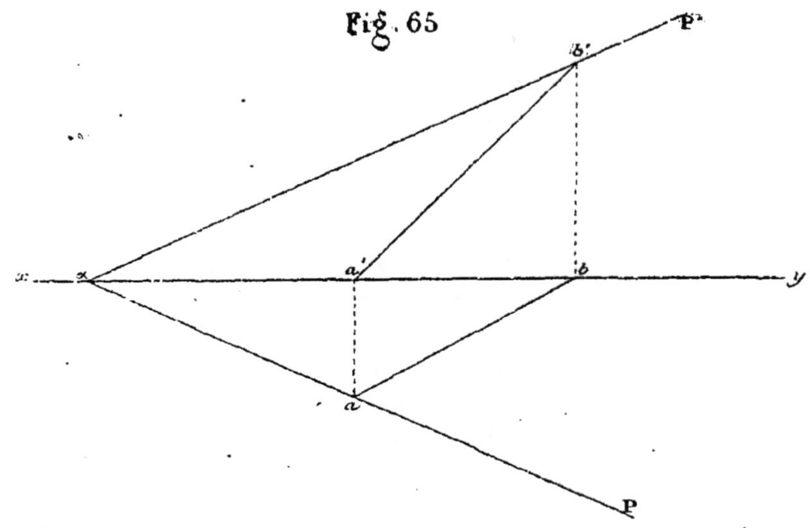

Fig. 65
P
b'
x
a'
b
y
a
P

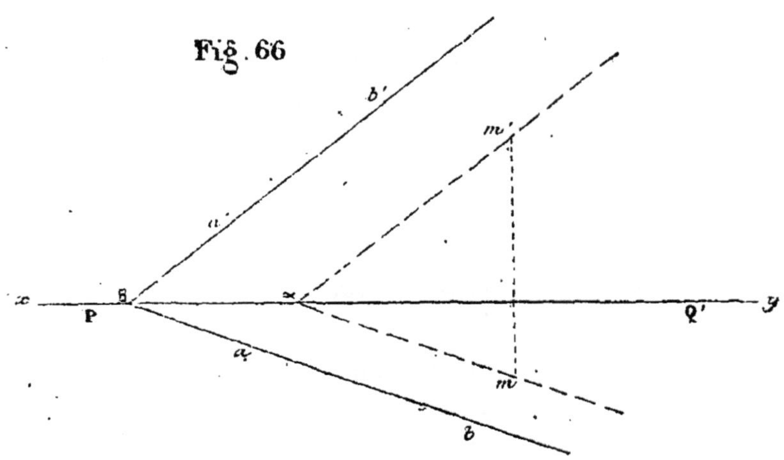

Fig. 66
b'
a
m'
x
b
P
y
Q'
a
m
b

Soient PαP′ un plan et *ab* la projection horizontale d'une droite de ce plan (*fig.* 65). Cette droite a pour trace horizontale le point *a*, lequel se projette verticalement sur *xy* en *a′*. D'autre part, le point *b* où *ab* rencontre *xy* est la projection horizontale de la trace verticale de la droite ; cette trace est donc en *b′* au point où la trace αP′ est rencontrée par la perpendiculaire élevée en *b* à la ligne de terre. La projection verticale cherchée est donc *a′b′*.

Cas particulier. *Le plan donné passe par la ligne de terre.*

Soient (*fig.* 66), PQ′, (*m, m′*) un plan passant par la ligne de terre, et *ab* la projection horizontale d'une droite située dans ce plan. Ayant mené *m*α parallèle à *ab* et ayant joint α*m′*, on a en *m*α, α*m′* les projections d'une droite du plan donné ; on n'aura donc qu'à mener par le point β, où *ab* rencontre *xy*, la droite *a′b′* parallèle à α*m′* pour avoir la projection verticale demandée.

35. Problème 3. *Étant données les traces d'un plan, déterminer les projections d'un point situé dans ce plan.*

Il suffit de construire les projections d'une droite du plan et de prendre ensuite un point sur cette droite.

Cas particulier. *Le plan est perpendiculaire à l'un des plans de projection.*

Tous les points de la trace de même nom que le plan de projection auquel le plan donné est perpendiculaire sont les projections des points de ce plan. On n'aura donc qu'à élever en l'un des points de cette trace une perpendiculaire de longueur quelconque sur la ligne de terre : l'extrémité de cette perpendiculaire sera la seconde projection du point cherché.

36. Problème 4. *Étant données les traces d'un plan et l'une des projections d'un point de ce plan, trouver l'autre projection.*

Ayant mené par la projection donnée une droite que l'on considère comme la projection de même nom d'une droite du plan passant par le point, on déterminera (34) l'autre projection de cette droite. Élevant ensuite par le point donné une perpendiculaire sur la ligne de terre, on aura la projection demandée à la rencontre de cette perpendiculaire avec la seconde projection de la droite.

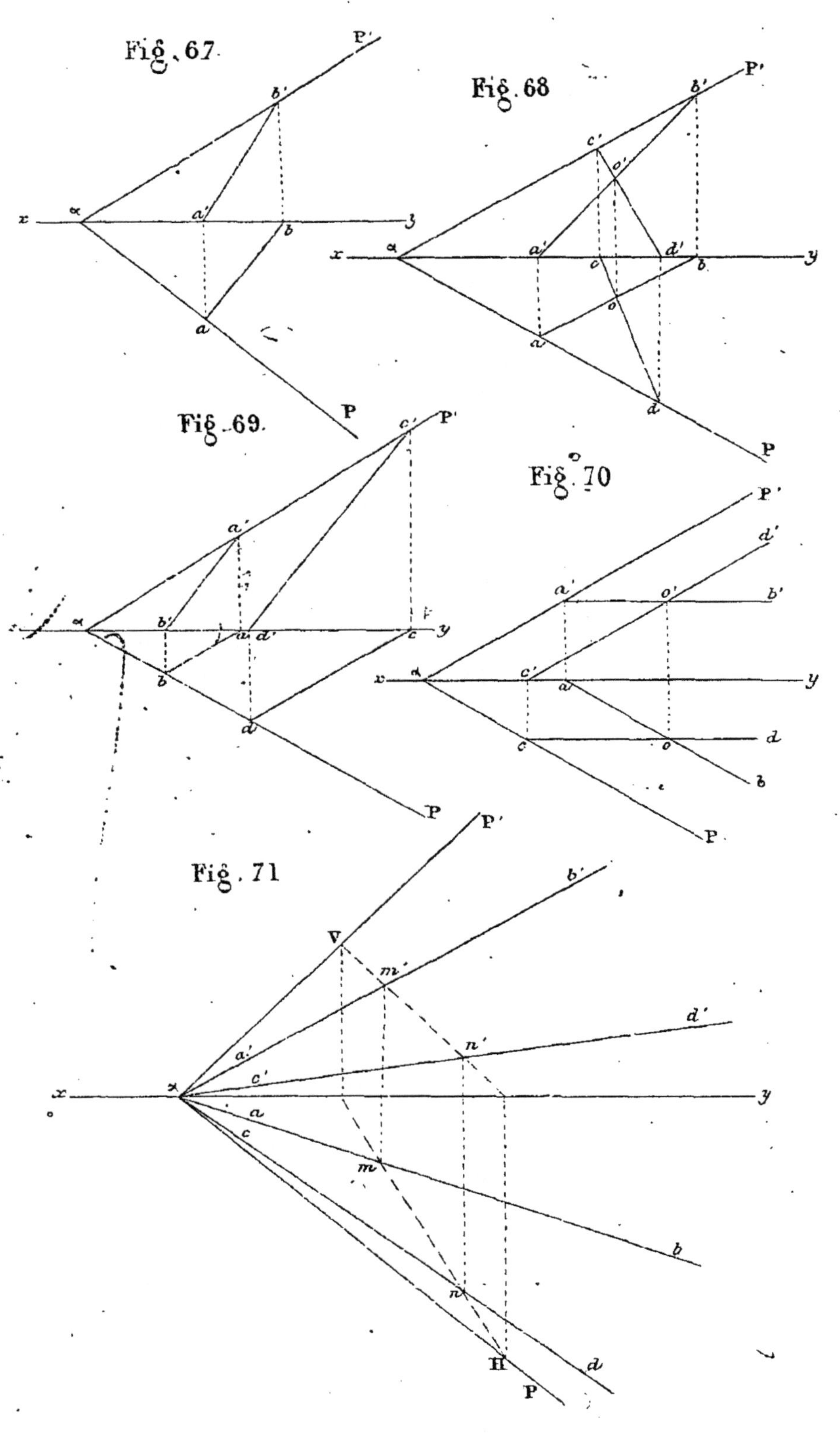

Fig. 67.
Fig. 68
Fig. 69.
Fig. 70
Fig. 71

Remarque. Le problème est indéterminé lorsque, le plan étant perpendiculaire à l'un des plans de projection, la projection donnée est située sur la trace de même nom que le plan de projection auquel le plan donné est perpendiculaire. Il est également indéterminé lorsque le plan est un plan de profil.

37. Problème 5. *Construire les traces d'un plan connaissant les projections de la ligne de plus grande pente de ce plan.*

Soit $(ab, a'b')$ la ligne de plus grande pente d'un plan (*fig.* 67). Pour obtenir les traces de ce plan, on n'a qu'à mener par la trace horizontale a de la droite la droite αP perpendiculaire sur ab, et qu'à joindre le point α, où elle rencontre xy, à la trace verticale b' de la droite donnée.

38 Problème 6. *Construire les traces d'un plan passant par deux droites qui se coupent ou par deux droites parallèles.*

Soient (*fig.* 68 et 69) $(ab, a'b')$, $(cd, c'd')$ les droites données. Ayant déterminé leurs traces, on joint entre elles celles de même nom. Les lignes αP', αP ainsi obtenues sont les traces du plan demandé. Elles doivent ou être parallèles à la ligne de terre ou s'y rencontrer au même point.

Cas particuliers. 1° *Les deux droites qui se coupent sont l'une parallèle au plan horizontal, l'autre parallèle au plan vertical.*

Soient $(ab, a'b')$, $(cd, c'd')$ les lignes données (*fig.* 70) : on n'a plus alors qu'une trace de chaque espèce. Par l'une d'elles, c par exemple, on mène αP parallèle à ab et l'on joint $\alpha a'$. Le plan demandé est P'αP. La ligne αP' doit être parallèle à $c'd'$.

2° *Les deux droites se coupent au même point de la ligne de terre.*

Soient $(ab, a'b')$, $(cd, c'd')$ les lignes données (*fig.* 71) : on construit les projections d'une troisième droite $mn, m'n'$ qui coupe les deux premières, et l'on détermine les traces horizontale et verticale de cette droite. Les joignant au point α, on a en αH, αV les traces du plan demandé.

3° *Les deux droites qui se coupent sont l'une parallèle à la ligne de terre, l'autre quelconque.*

Dans ce cas (*fig.* 72), on détermine les traces de la droite quel-

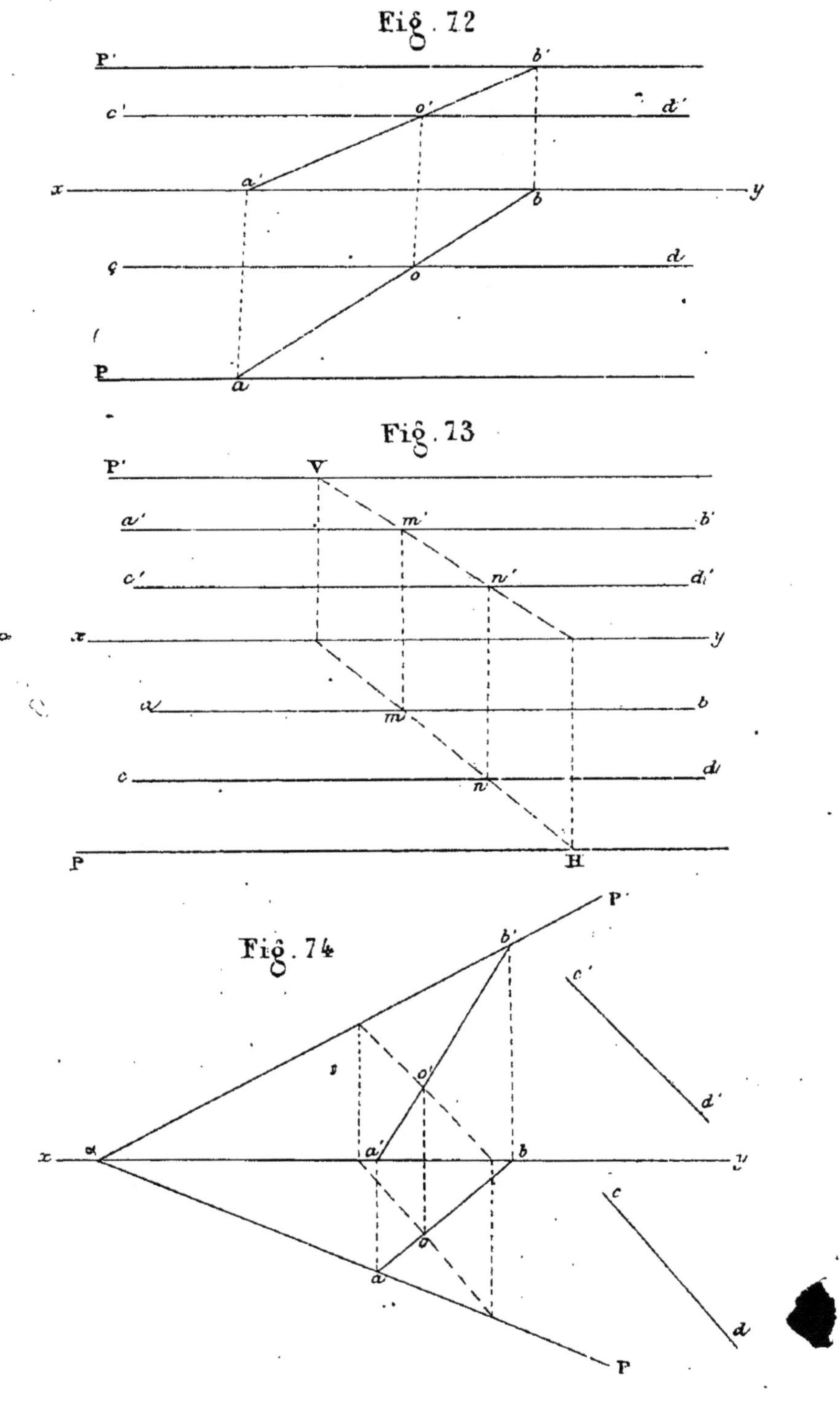

Fig. 72

Fig. 73

Fig. 74

conque (*ab, a'b'*) et l'on mène par ces traces des parallèles P, P' à la ligne de terre, qui sont les traces du plan demandé.

4° *Les deux droites sont parallèles à la ligne de terre.*

Dans ce cas (*fig.* 73) on construit les projections d'une troisième droite (*mn, m'n'*) qui coupe les deux premières, et l'on détermine ses traces par lesquelles on mène des parallèles P, P', à la ligne de terre. Ces parallèles sont les traces du plan demandé.

Remarques. Lorsque l'on veut faire passer un plan par une seule droite, le problème est indéterminé. On n'a pour le résoudre qu'à chercher les traces de la droite et qu'à joindre ensuite ces deux traces à un point quelconque de la ligne de terre.

Si la droite donnée est parallèle à la ligne de terre ou rencontre celle-ci, on mènera par un de ses points une seconde droite, et la question sera ainsi ramenée à faire passer un plan par deux droites qui se coupent.

Parmi les plans en nombre infini passant par une droite, il faut remarquer ses plans projetants. Le plan projetant horizontalement a pour trace horizontale la projection horizontale de la droite, et pour trace verticale une perpendiculaire à la ligne de terre. De même le plan projetant verticalement a pour trace verticale la projection verticale de la droite et pour trace horizontale une perpendiculaire à la ligne de terre. Lorsque l'une des projections de la droite est parallèle à la ligne de terre, le plan projetant correspondant est parallèle à l'un des plans de projection.

39. Problème 7. *Construire les traces d'un plan passant par un point et une droite.*

On mène par le point une droite qui rencontre la première ou qui lui soit parallèle, et l'on est ainsi ramené au problème 6 (38).

40. Problème 8. *Construire les traces d'un plan passant par trois points donnés non en ligne droite.*

On mène deux droites par les points donnés et l'on est ramené au problème 6.

41. Problème 9. *Construire les traces d'un plan passant par une droite donnée et parallèle à une seconde droite donnée.*

Soient (*ab, a'b'*), (*cd, c'd'*) les droites données (*fig.* 74). Par un point (*o, o'*) de la première, on mène une parallèle à la seconde,

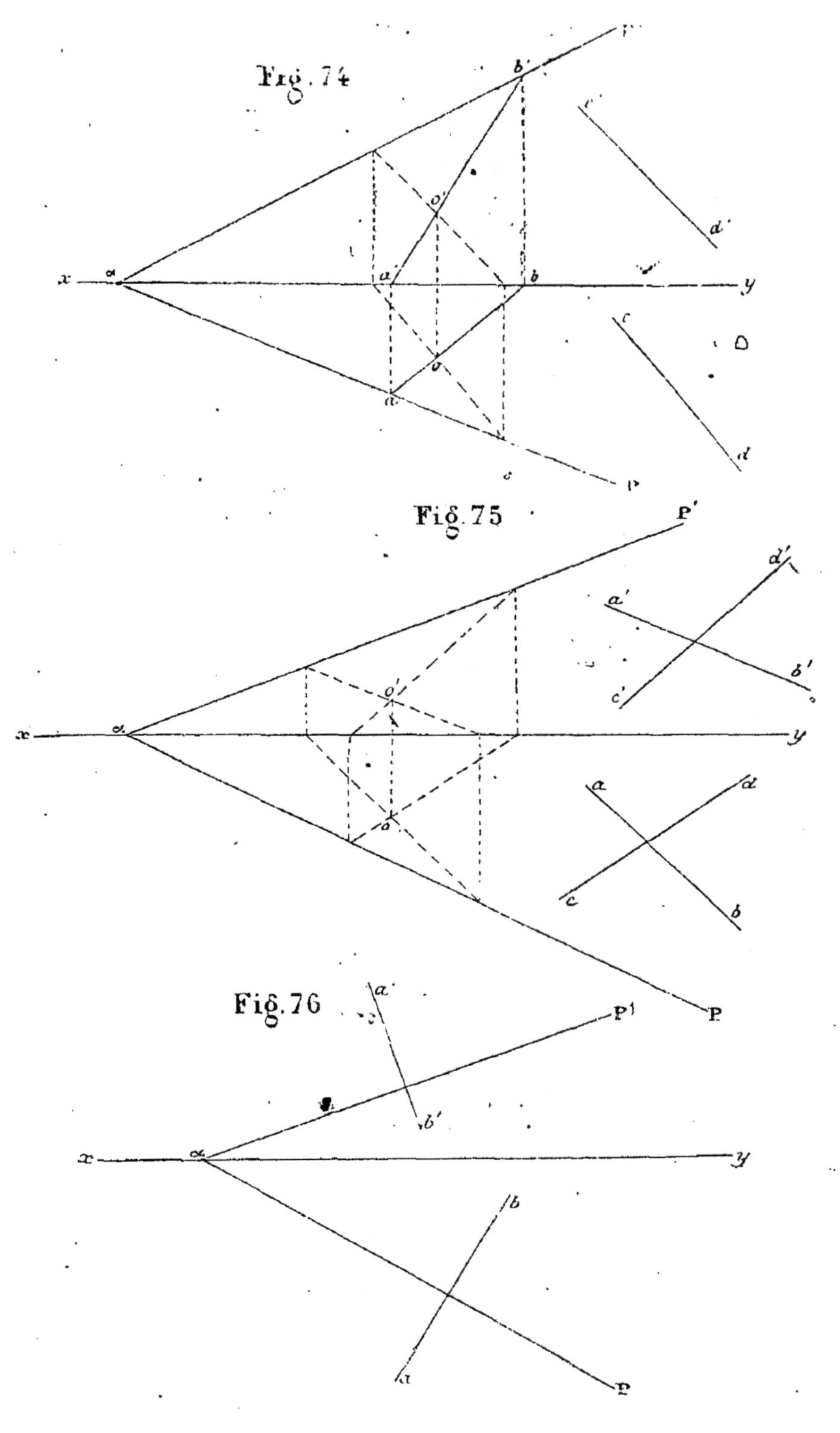

Fig. 74
x
y
a
b
c
d
Fig. 75
x
y
P'
a'
b'
c'
d'
a
b
c
d
o
Fig. 76
x
y
a
b'
P'
P
b
a
P

et l'on fait passer un plan par les deux droites qui se coupent. Ce plan P'αP est le plan demandé.

42. Problème 10. *Construire les traces d'un plan passant par un point donné et parallèle à deux droites données.*

Soient $(ab, a'b')$, $(cd, c'd')$ les deux droites et (o, o') le point donné (*fig.* 75). Ayant mené par le point deux droites respectivement parallèles aux droites données, on n'a plus qu'à faire passer par ces deux parallèles un plan P'αP, lequel est le plan demandé.

43. Droite perpendiculaire sur un plan. Théorème. *Les projections d'une droite perpendiculaire sur un plan sont perpendiculaires sur les traces de même nom de ce plan.*

En effet, soient (*fig.* 76) ab, $a'b'$ les projections d'une droite de l'espace AB perpendiculaire sur le plan P'αP. Le plan projetant horizontalement la droite est perpendiculaire sur le plan P'αP, puisqu'il passe par une droite perpendiculaire à ce plan ; il est donc perpendiculaire à la fois à deux plans, le plan horizontal et le plan P'αP, par suite il est perpendiculaire à leur intersection αP : donc cette droite est perpendiculaire sur ab. On démontrerait de même que la droite $a'b'$ est perpendiculaire sur αP'.

Réciproquement, soient (*fig.* 76) ab perpendiculaire sur αP et $a'b'$ perpendiculaire sur αP'. Je dis que la droite ayant pour projections ab et $a'b'$ est perpendiculaire sur le plan P'αP. En effet, le plan mené par ab perpendiculairement au plan horizontal est perpendiculaire sur αP et par suite sur le plan P'αP. De même le plan mené par $a'b'$ perpendiculairement au plan vertical est perpendiculaire sur le plan P'αP. Donc l'intersection de ces deux plans, c'est-à-dire la droite AB de l'espace, est perpendiculaire au plan P'αP, ce qu'il fallait démontrer.

Remarque. Lorsqu'un plan est parallèle à la ligne de terre, une droite peut avoir ses projections perpendiculaires sur les traces du plan sans être pour cela perpendiculaire à celui-ci. En effet, dans ce cas, toutes les droites contenues dans un plan de profil quelconque ont leurs projections perpendiculaires sur les traces du plan.

44. Problème 11. *Mener par un point donné une perpendiculaire sur un plan donné.*

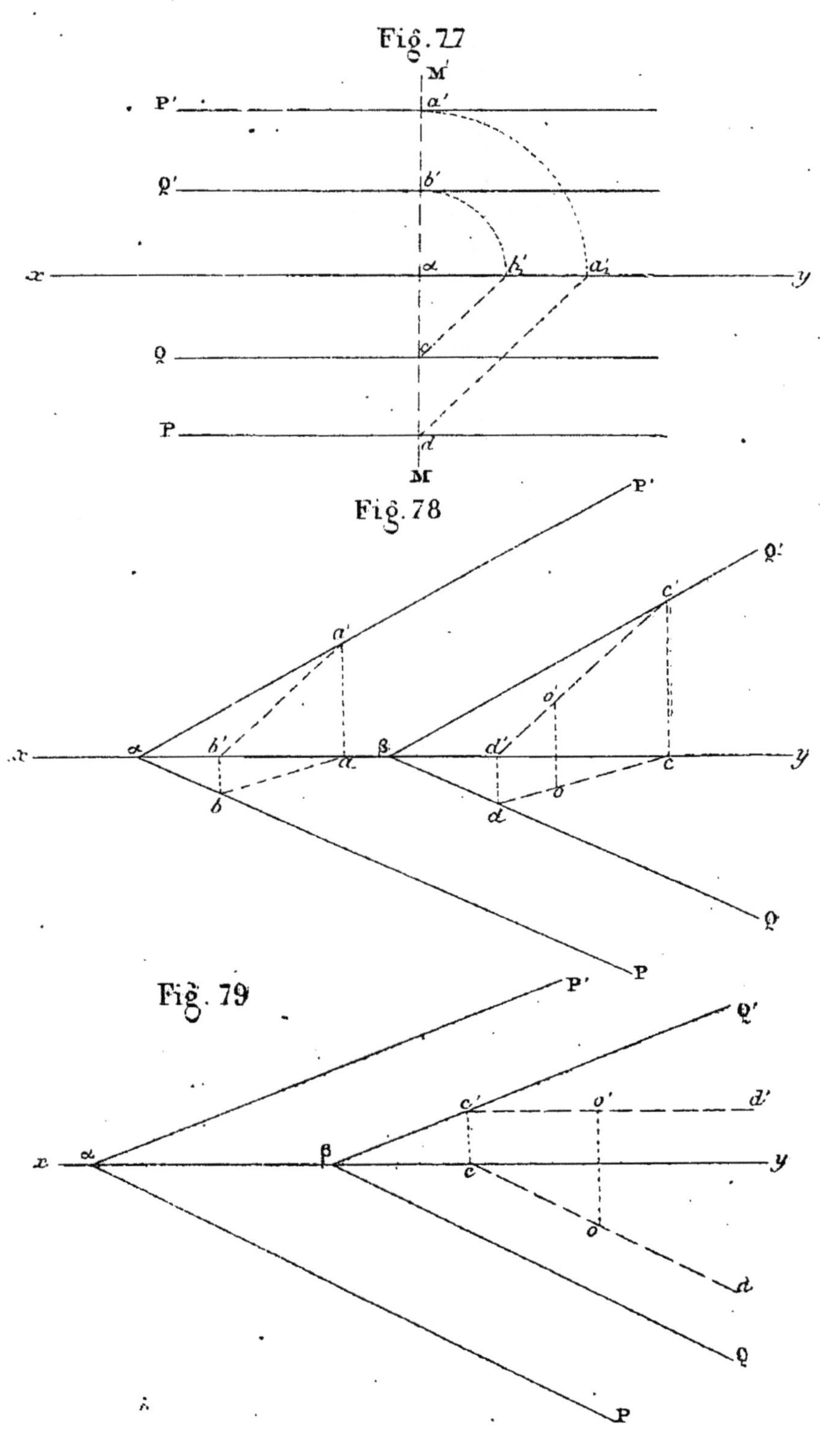

Fig. 77

Fig. 78

Fig. 79

D'après ce qui précède, il suffit, pour résoudre le problème, d'abaisser des projections du point donné des droites respectivement perpendiculaires sur les traces correspondantes du plan; ces droites sont les projections de la perpendiculaire demandée.

45. Plans parallèles. Théorème. *Deux plans parallèles ont leurs traces de même nom parallèles.* Ces traces sont, en effet, les intersections de deux plans parallèles par un troisième.

La réciproque est vraie, sauf pour le cas où les traces parallèles entre elles sont parallèles à la ligne de terre. Il faut alors et il suffit, pour que les plans soient parallèles, que les distances des traces de l'un d'eux à la ligne de terre soient proportionnelles aux distances des traces de même nom de l'autre à la ligne de terre.

En effet, soient (P, P'), (Q, Q') deux plans ayant leurs traces parallèles à la ligne de terre (*fig.* 77). Menons un plan de profil $M'\alpha M$. Si les plans donnés sont parallèles entre eux, le plan de profil les coupera suivant deux parallèles $da'\, cb'$. Rabattons le plan de profil sur le plan horizontal, en le faisant tourner autour de αM. Le point a' vient en a_1' et le point b' en b_1'; les intersections da', cb' sont donc rabattues en da_1', cb_1'; si elles sont parallèles et seulement dans ce cas, on a $\dfrac{\alpha d}{\alpha c} = \dfrac{\alpha a_1'}{\alpha b_1}$, ou $\dfrac{\alpha d}{\alpha c} = \dfrac{\alpha a'}{\alpha b'}$. Donc cette proportion est une conséquence du parallélisme des deux plans; et d'autre part, si elle n'existe pas, il est clair que les deux plans se rencontreront.

46. Problème 12. *Mener par un point un plan parallèle à un plan donné.*

Soient $P'\alpha P$ et (o, o') le plan et le point donnés (*fig.* 78). On mène dans le plan une droite quelconque $(ab, a'b')$, et par le point une parallèle $(cd, c'd')$ à cette droite. On cherche les traces de $(cd, c'd')$, et par ces traces on mène des parallèles $\beta Q'$, βQ aux traces de même nom du plan donné. Ces parallèles sont les traces du plan demandé.

Lorsque le plan donné rencontre la ligne de terre (*fig.* 79), on peut simplifier l'épure en menant par le point donné (o, o') une horizontale $(cd, c'd')$ du plan cherché; on détermine la trace verticale c' de cette droite, puis on mène, par le point c', $\beta Q'$ parallèle à $\alpha P'$ et ensuite βQ parallèle à αP, et l'on a ainsi les traces du plan demandé.

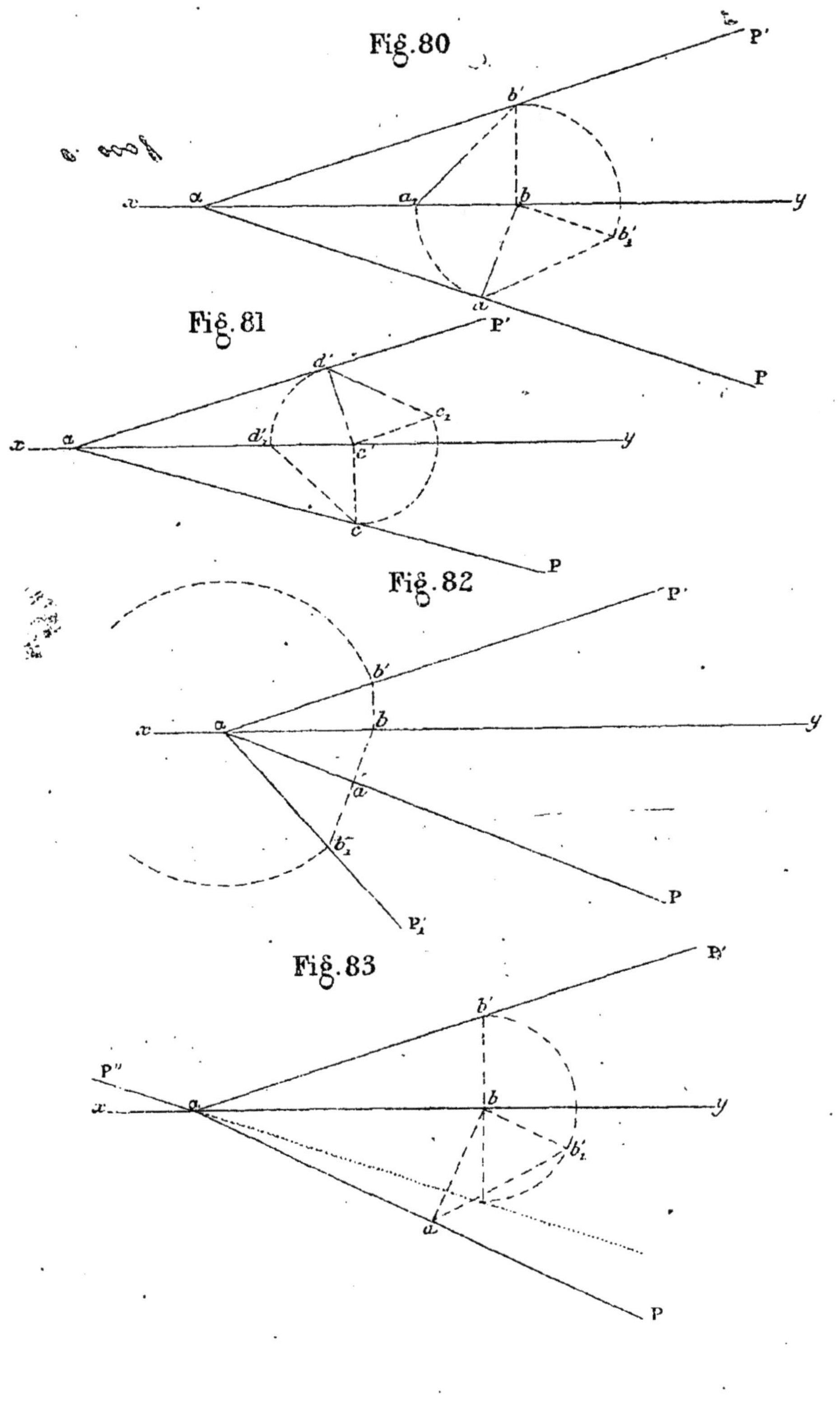

47. Problème 13. *Étant données les traces d'un plan, déterminer les angles que fait ce plan avec les plans de projection.*

Soit P'αP un plan (*fig.* 80). Menons ab perpendiculaire sur αP et bb' perpendiculaire sur la ligne de terre. Si l'on suppose le point b' joint au point a, la ligne $b'a$ de l'espace est perpendiculaire sur αP, et l'on a un triangle bab' rectangle en b, dont l'angle aigu en a mesure le dièdre αP, c'est-à-dire l'angle du plan donné avec le plan horizontal. Rabattant ce triangle, soit sur le plan horizontal en le faisant tourner autour de ab, soit sur le plan vertical en le faisant tourner autour de bb', on obtient en bab_1' ou en ba_1b' l'angle du plan avec le plan horizontal.

Une construction analogue (*fig.* 81) donne en $c'd'c_1$ ou cd_1c' l'angle du plan P'αP avec le plan vertical.

La somme des angles d'un plan avec les plans de projection est supérieure à 90° En effet, le plan forme avec les plans de projection un trièdre dont un des dièdres, celui des plans vertical et horizontal est droit. Donc comme la somme des dièdres d'un trièdre est supérieure à deux droits, la somme des angles du plan avec les plans de projection est supérieure à un droit ou 90°. — Elle vaut 90° lorsqu'il s'agit d'un plan parallèle à la ligne de terre.

Remarque. Si le plan P'αP tourne autour de αP pour se rabattre sur le plan horizontal (*fig.* 82), le point b' vient en b_1' à la rencontre de la perpendiculaire ba menée sur αP, avec un arc de cercle décrit du point α comme centre avec ab' pour rayon. La trace αP' prend donc la position αP$_1'$, et l'on a en P$_1'$αP l'angle que font dans l'espace les traces du plan donné.

48. Problème 14. *Étant donnés l'une des traces d'un plan et l'un des angles qu'il fait avec les plans de projection, trouver l'autre trace.*

1° Supposons d'abord que l'on donne la trace horizontale αP d'un plan (*fig.* 83), et l'angle que fait ce plan avec le plan horizontal. Pour déterminer la trace verticale, on abaissera ab perpendiculaire sur αP et l'on élèvera bb' perpendiculaire sur xy et bb_1', perpendiculaire sur ab. Ayant fait en a l'angle bab_1', égal à l'angle donné, on prendra $bb' = bb_1'$. Joignant enfin le point α au point b', on aura en αP' la trace verticale cherchée.

Le problème comporte une seconde solution, car la longueur bb_1' peut être portée sur bb' prolongée au-dessous de la ligne de

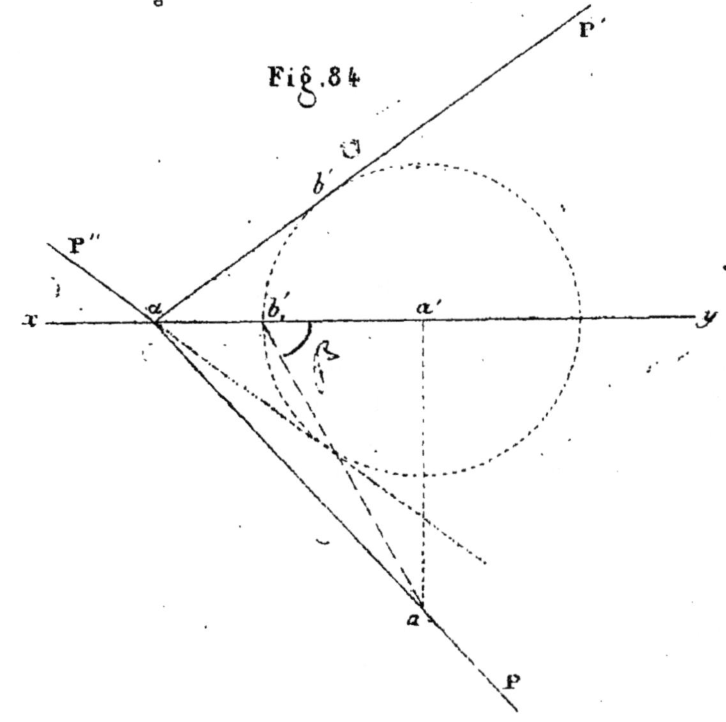

Fig. 83

Fig. 84

terre. On a ainsi un second plan $P\alpha P''$, répondant à la question.

Lorsque l'angle donné est droit. il n'y a qu'une solution que l'on obtient en élevant une perpendiculaire à la ligne de terre au point où cette dernière ligne est rencontrée par la trace horizontale donnée.

2° Supposons maintenant que l'on donne la trace horizontale αP (*fig.* 84) et l'angle que fait le plan avec le plan vertical. Ayant mené aa' perpendiculaire sur xy, on fera l'angle $a'ab_1'$ complémentaire de l'angle donné : on obtiendra ainsi en b_1' un angle égal à l'angle donné. Puis du point a' comme centre avec $a'b_1'$ comme rayon, on décrira une circonférence à laquelle on mènera une tangente par le point α. Cette tangente $\alpha P'$ est la trace demandée.

Il y a un second plan $P\alpha P''$ répondant à la question, car on peut mener du point α une seconde tangente $\alpha P''$ à la circonférence.

Dans ce qui précède, nous avons supposé implicitement l'angle donné plus grand que l'angle $y\alpha P$ de la ligne de terre et de la trace donnée. S'il lui était égal, le point b_1' se confondrait avec le point α et l'on n'aurait qu'une solution; s'il était moindre, le point α se trouverait dans l'intérieur de la circonférence, et le problème serait impossible.

MÉTHODE DES RABATTEMENTS

49. Le problème général des rabattements consiste à déterminer la position que prend une figure située dans un plan lorsque ce plan, ayant tourné autour de l'une de ses traces, s'est rabattu sur l'un des plans de projection.

Les figures planes étant limitées par des lignes et ces dernières étant déterminées par la connaissance de leurs points, nous nous occuperons seulement du rabattement d'un point.

50. Problème 1. *Étant données les traces d'un plan et les projections d'un point de ce plan, déterminer la position que prend ce point lorsque le plan, ayant tourné autour de l'une de ses traces, s'est rabattu sur le plan de projection de même nom.*

1° Le plan est perpendiculaire à l'un des plans de projection.

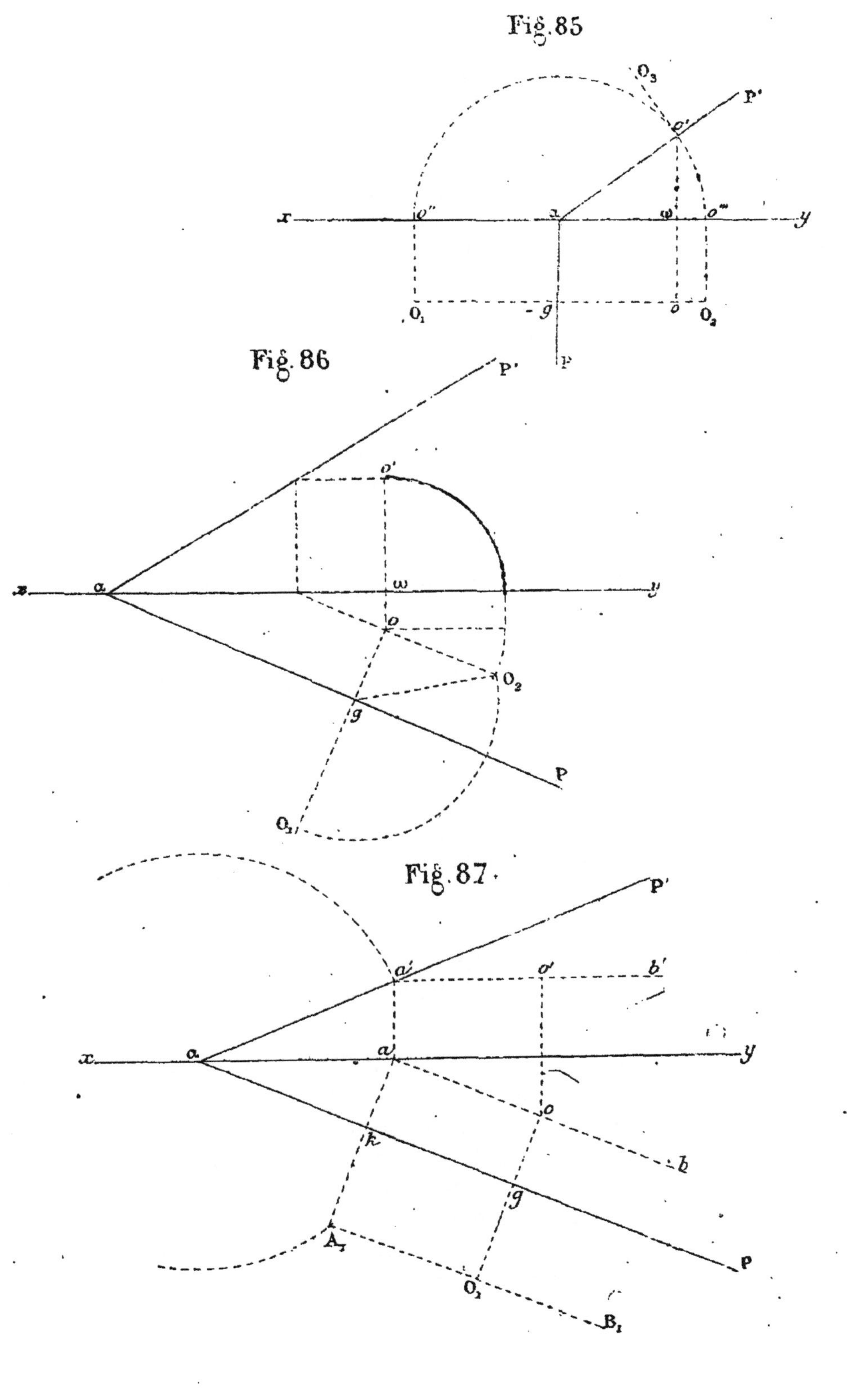

Fig. 85

Fig. 86

Fig. 87.

Soient (*fig.* 85) P'αP un plan perpendiculaire au plan vertical, et *oo'* les projections d'un point situé dans ce plan. Supposons qu'on fasse tourner le plan autour de αP pour le rabattre sur le plan horizontal. Dans ce mouvement, le point O de l'espace décrit une circonférence ayant pour rayon l'hypoténuse d'un triangle rectangle dont les côtés de l'angle droit sont la perpendiculaire *og* abaissée sur αP et la projetante *o*O. Ce triangle se projette en vraie grandeur sur le plan vertical en *o'*αω, et la circonférence décrite par le point O suivant la circonférence *o"o'o'''*. En élevant donc en *o"* ou *o'''*, suivant que le plan tourne à gauche ou à droite, une perpendiculaire sur la ligne de terre, on aura en O_1 ou O_2, points où elle rencontre *og* prolongée, la position du point rabattu.

Supposons maintenant que le plan tourne autour de αP' pour se rabattre sur le plan vertical. La projetante *o'*O se rabat suivant une perpendiculaire sur αP', et l'on a le point rabattu O_3 en prenant sur cette perpendiculaire une longueur $o'O_3 = \omega o$

2° *Le plan est oblique par rapport aux plans de projection.*

1re *Méthode.* Soient (*fig.* 86) P'αP un plan et *oo'* les projections d'un point situé dans ce plan. Imaginons que l'on fasse tourner le plan autour de αP pour le rabattre sur le plan horizontal. Si l'on abaisse *og* perpendiculaire sur αP et que l'on suppose le point O de l'espace joint au point *g*, la ligne O*g* sera perpendiculaire sur αP d'après le théorème des trois perpendiculaires et dans le rabattement elle viendra se placer sur le prolongement de *og*. Le point O rabattu sera donc situé sur cette ligne à une distance du point *g* égale à la ligne de l'espace O*g*. Cette ligne O*g* est l'hypoténuse d'un triangle rectangle *o*O*g* dont les côtés de l'angle droit sont *og* et O*o* = ω*o'*. Élevant donc en *o* sur *og* la perpendiculaire $oO_2 = \omega o'$ et joignant $O_2 g$, on a en $O_2 g$ la longueur de l'hypoténuse O*g* : il ne reste qu'à prendre $gO_1 = gO_2$, et l'on a en O_1 le point O rabattu.

2° *Méthode.* Soient toujours (*fig.* 87) P'αP le plan donné et (*o,o'*) le point dont il s'agit de déterminer le rabattement sur le plan horizontal. Ayant abaissé *og* perpendiculaire sur αP, et ayant reconnu, comme plus haut, que le rabattement du point O doit se trouver sur cette ligne, on mène l'horizontale (*ab, a'b'*) passant par le point (*o,o'*). Lorsque le plan tourne, cette ligne reste parallèle à la trace αP : elle doit donc se rabattre suivant une parallèle à cette trace. Or si l'on abaisse *ak* perpendiculaire

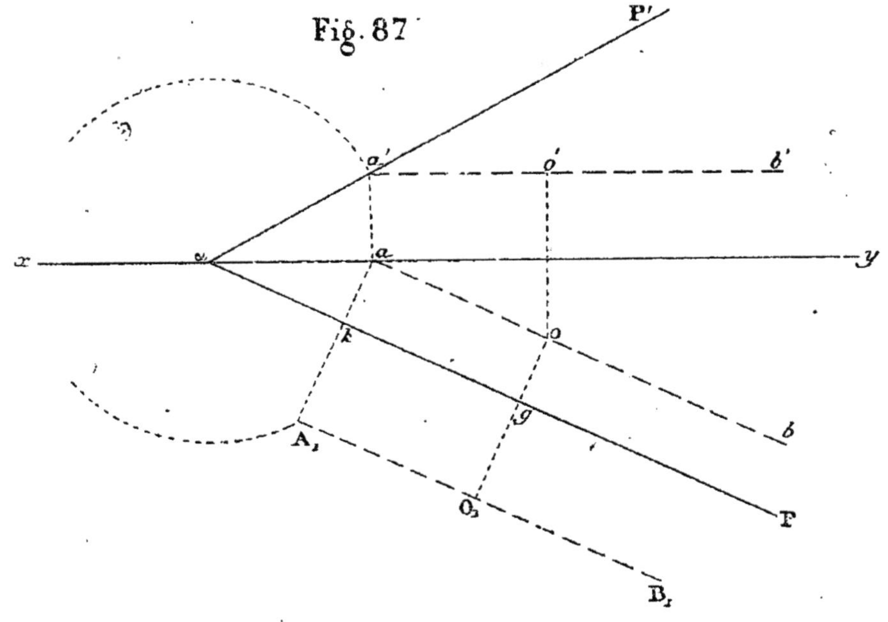

Fig. 87

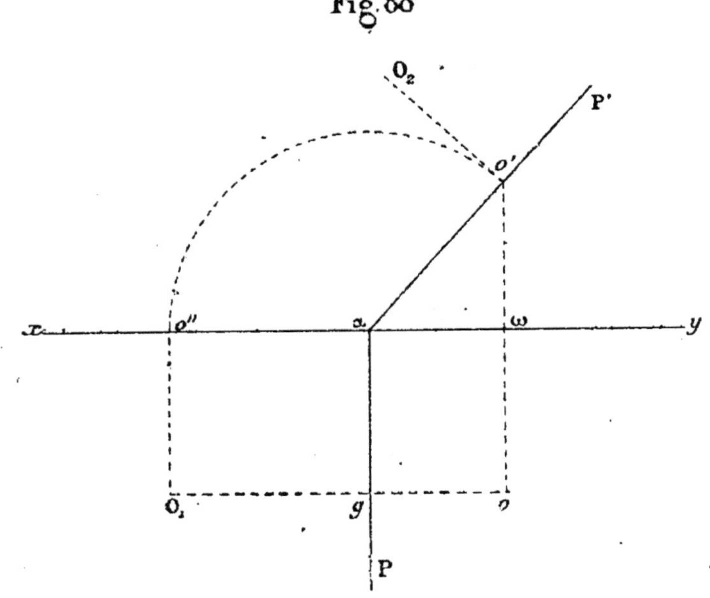

Fig. 88

sur αP et que l'on décrive du point α comme centre avec $\alpha a'$ comme rayon un arc de cercle, le point A_1 de rencontre de cet arc avec ak prolongée est le rabattement de la trace verticale a' de l'horizontale, donc $A_1 B_1$ parallèle à αP est cette horizontale rabattue, et le point O_1 où elle est rencontrée par og est le rabattement du point O.

Remarque. Le rabattement d'un point sur un plan et sa projection sur ce plan sont toujours situés sur une même perpendiculaire à l'axe de rotation. ‑ —

51. Lorsque les données d'un problème sont dans un même plan, on peut, pour résoudre le problème, rabattre ce plan sur l'un des plans de projection, puis, ayant déterminé les positions occupées par les données après le rabattement, faire sur ces données rabattues les constructions nécessaires pour obtenir les résultats et chercher ensuite les projections de ces résultats, le plan étant ramené à sa position normale. Cette méthode amène à traiter le problème qui suit, inverse du précédent.

52. Problème 2. *Étant donné les traces d'un plan et le rabattement d'un point de ce plan sur l'un des plans de projection, déterminer les projections de ce point.*

1° Le plan est perpendiculaire à l'un des plans de projection

Soient (*fig.* 88) P'αP un plan perpendiculaire au plan vertical et O_1 le rabattement d'un point de ce plan sur le plan horizontal. Pour déterminer les projections de ce point, on remarquera, après avoir abaissé $O_1 g$ perpendiculaire sur αP, que, dans le mouvement que prend le plan P'αP rabattu lorsqu'on le ramène à sa position normale, la ligne $O_1 g$ décrit un cercle dont le plan est parallèle au plan vertical de projection et qui par suite s'y projette en vraie grandeur ; la projection verticale du point rabattu en O_1 doit donc se trouver sur une circonférence décrite du point α comme centre avec un rayon $\alpha o'' = g O_1$, et comme elle doit aussi se trouver sur αP' on l'obtient au point o' de rencontre de la circonférence avec αP'. Abaissant $o'o$ perpendiculaire sur la ligne de terre jusqu'à la rencontre en o de $O_1 g$ prolongée, on a en o la projection horizontale demandée, car $O_1 o$ trace horizontale du cercle que décrit $O_1 g$ contient les projections horizontales de tous les points de ce cercle.

Si l'on donnait maintenant le rabattement O_2 du point O sur le plan vertical, il est aisé de voir que l'on aurait la projection

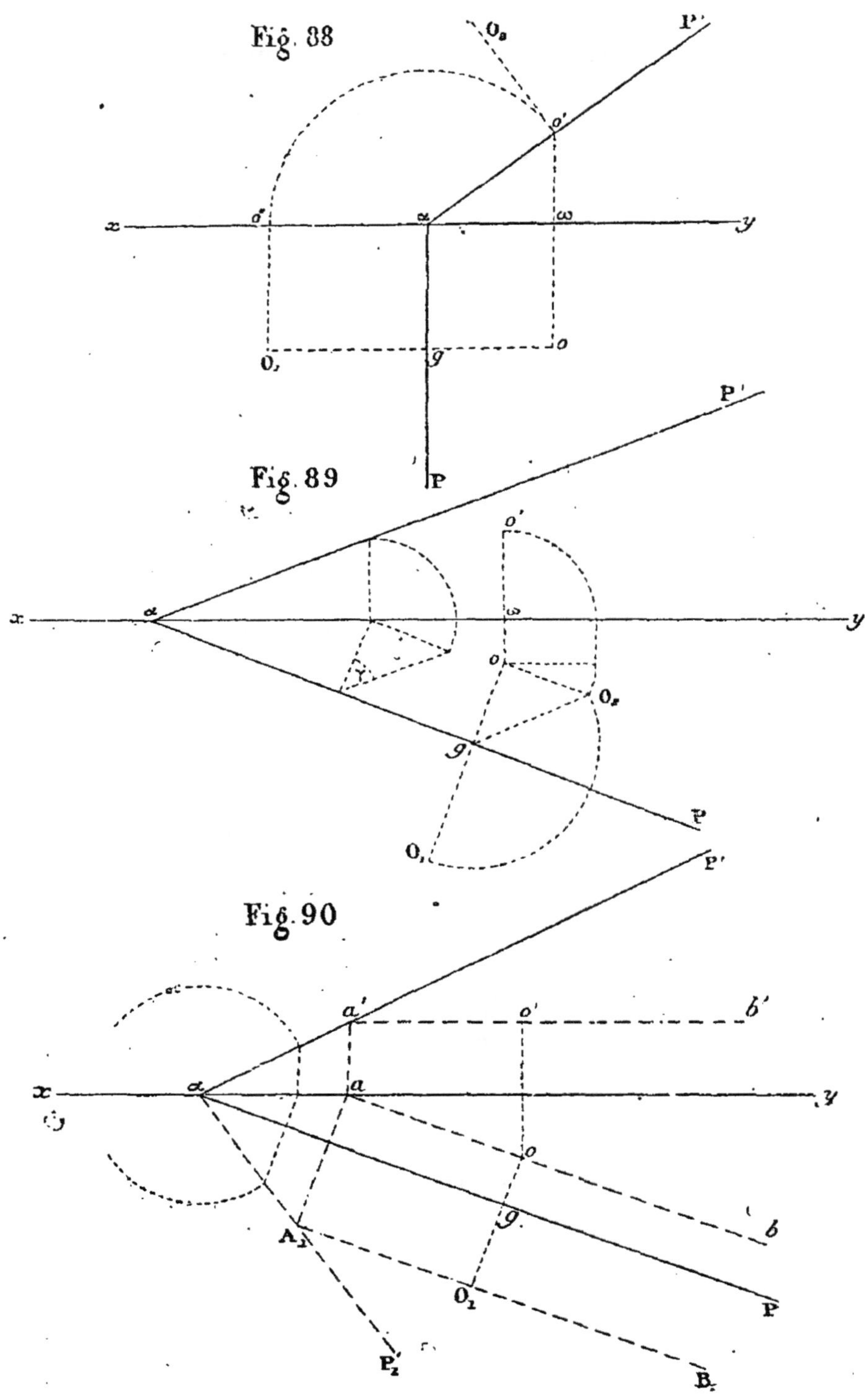

Fig. 88

Fig. 89

Fig. 90

verticale o' de ce point en abaissant une perpendiculaire du point O_2 sur $\alpha P'$ et la projection horizontale o en abaissant $o'o$ perpendiculaire sur xy et prenant $\omega o = o'O_2$.

2° *Le plan est oblique par rapport aux plans de projection.*

1re *Méthode.* Soient (fig. 89) $P'\alpha P$ un plan et O_1 le rabattement d'un point O de ce plan sur le plan horizontal : il s'agit de déterminer les projections du point O. Abaissons $O_1 g$ perpendiculaire sur αP : lorsque le plan tourne pour reprendre sa position normale, $O_1 g$ décrit un cercle dont le plan est perpendiculaire au plan horizontal, donc la trace $O_1 g$ de ce cercle contient la projection horizontale du point O. Or, lorsque le plan a repris sa position dans l'espace, $O_1 g$ est l'hypoténuse d'un triangle rectangle gOo dont l'angle aigu en g est l'angle du plan donné avec le plan horizontal. Pour construire ce triangle dont l'un des côtés de l'angle droit est la distance de la projection horizontale du point O au point g, on détermine (47) l'angle γ du plan donné avec le plan horizontal, puis on mène au point g une ligne $gO_2 = gO_1$ faisant avec $O_1 g$ prolongée un angle γ. Abaissant du point O_2 une perpendiculaire sur $O_1 g$, on a en o la projection horizontale du point O de l'espace. La projection verticale o' s'obtient en abaissant oo' perpendiculaire sur xy et prenant $\omega o' = oO_2$.

2e *Méthode.* Soient encore (fig. 90) $P'\alpha P$ le plan et O_1 un point de ce plan rabattu sur le plan horizontal. Ayant abaissé $O_1 g$ perpendiculaire sur αP, on remarquera, comme dans la première méthode, que la projection horizontale cherchée doit se trouver sur la droite $O_1 g$. On rabattra ensuite la trace verticale du plan en $\alpha P'_1$ (47. Remarque), et l'on mènera $A_1 B_1$ passant par O_1 et parallèle à αP ; cette ligne peut être considérée comme étant le rabattement d'une horizontale du plan passant par le point O. La trace rabattue de cette horizontale est A_1 et elle a pour projections les points a, a'. La connaissance de ces points permet de tracer les projections $a'b'$, ab de l'horizontale AB sur lesquelles on trouve aisément en o, o' les projections du point O.

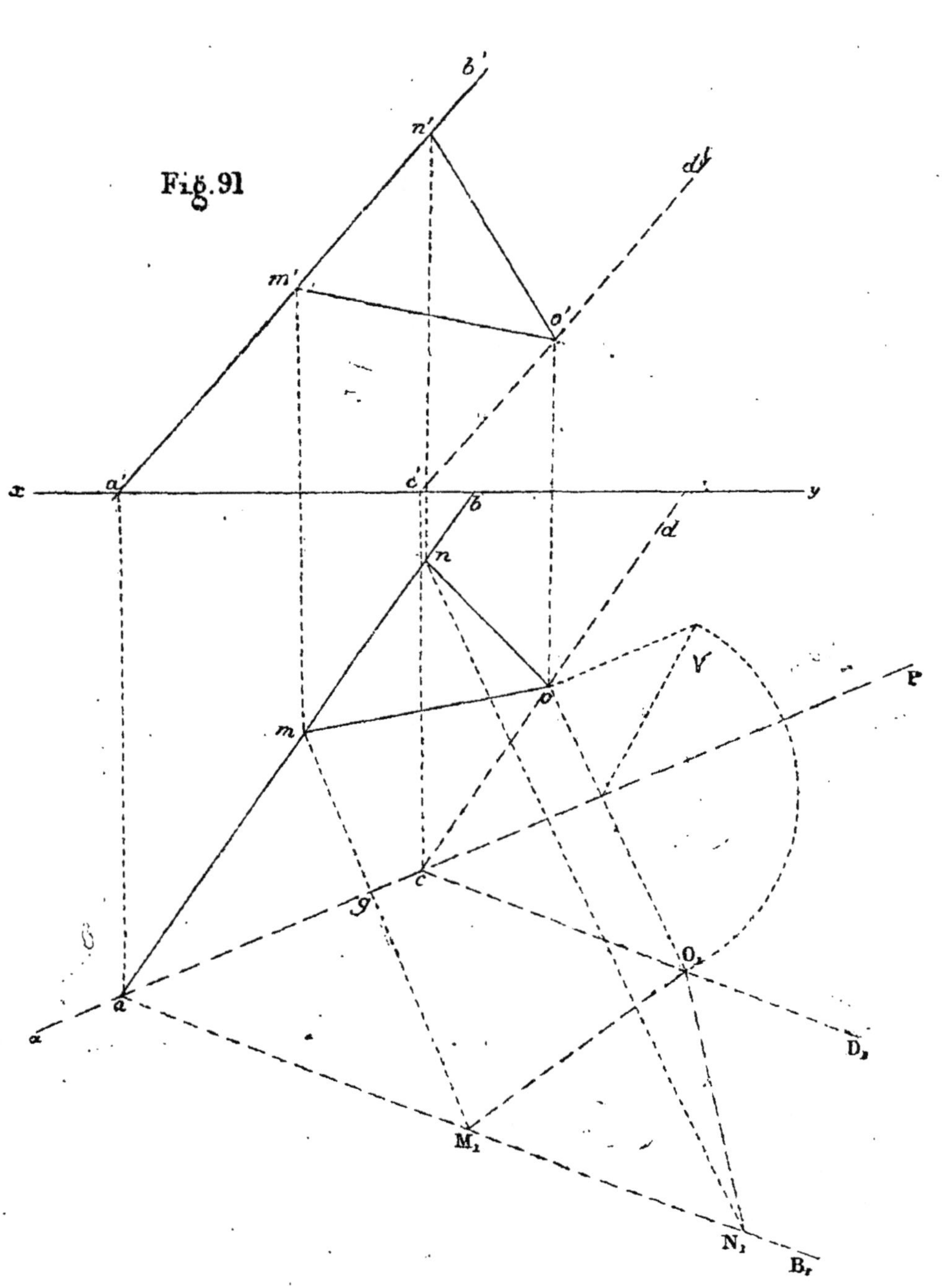

Fig. 91
x
y
a'
b'
c'
d'
m'
n'
o'
a
b
c
d
m
n
o
g
α
P
V
O₁
M₁
N₁
D₂
B₁

APPLICATIONS DE LA MÉTHODE DES RABATTEMENTS

53. Problème 1. *Étant données les projections d'une droite et celles d'un point, mener par le point une seconde droite qui rencontre la première en faisant avec elle un angle donné.*

Soient (fig. 91) $(ab, a'b')$ et (o, o') la droite et le point donnés. Par le point menons une parallèle $(cd, c'd')$ à la droite et par ces deux lignes faisons passer un plan. Ayant déterminé la trace horizontale αP de ce plan, faisons-le tourner autour de cette trace et déterminons le rabattement du point et de la droite donnés. Le point se rabat en O_1 (50. 2°). Pour obtenir le rabattement de la droite, nous remarquerons que la droite CD de l'espace se rabat suivant cO_1, car le point c situé sur l'axe de rotation ne bouge pas pendant le mouvement du plan : or la droite $(ab, a'b')$ est parallèle à CD, donc elle se rabat suivant une droite aB_1 menée par sa trace horizontale a, parallèlement à cO_1. Ces rabattements effectués, menons O_1M_1 faisant avec aB_1 un angle égal à l'angle donné ; cette ligne O_1M_1 est le rabattement de la droite demandée. Pour en obtenir les projections, nous déterminerons celles du point M_1. Pour cela il suffit d'abaisser M_1g perpendiculaire sur αP jusqu'à la rencontre en m de ab et d'élever mm' perpendiculaire sur xy jusqu'à la rencontre de $a'b'$ en m' : m et m' sont les projections du point M. Joignant $o'm'$, om, on a les projections de la droite demandée. Il y a une seconde droite $(on, o'n')$ répondant à la question lorsque l'angle donné n'est pas un angle droit.

Lorsque l'angle donné est droit il n'y a qu'une solution. Dans ce cas le problème peut s'énoncer : *abaisser d'un point une perpendiculaire sur une droite,* ou bien *déterminer la distance d'un point à une droite, le point et la droite étant donnés par leurs projections.*

Remarque. On s'est contenté de déterminer la trace horizontale du plan passant par les données de la question. Il est clair qu'on aurait pu déterminer seulement la trace verticale et opérer le rabattement sur le plan vertical, rabattement qui s'effectue à l'aide de constructions tout à fait analogues à celles qu'on emploie pour rabattre sur le plan horizontal.

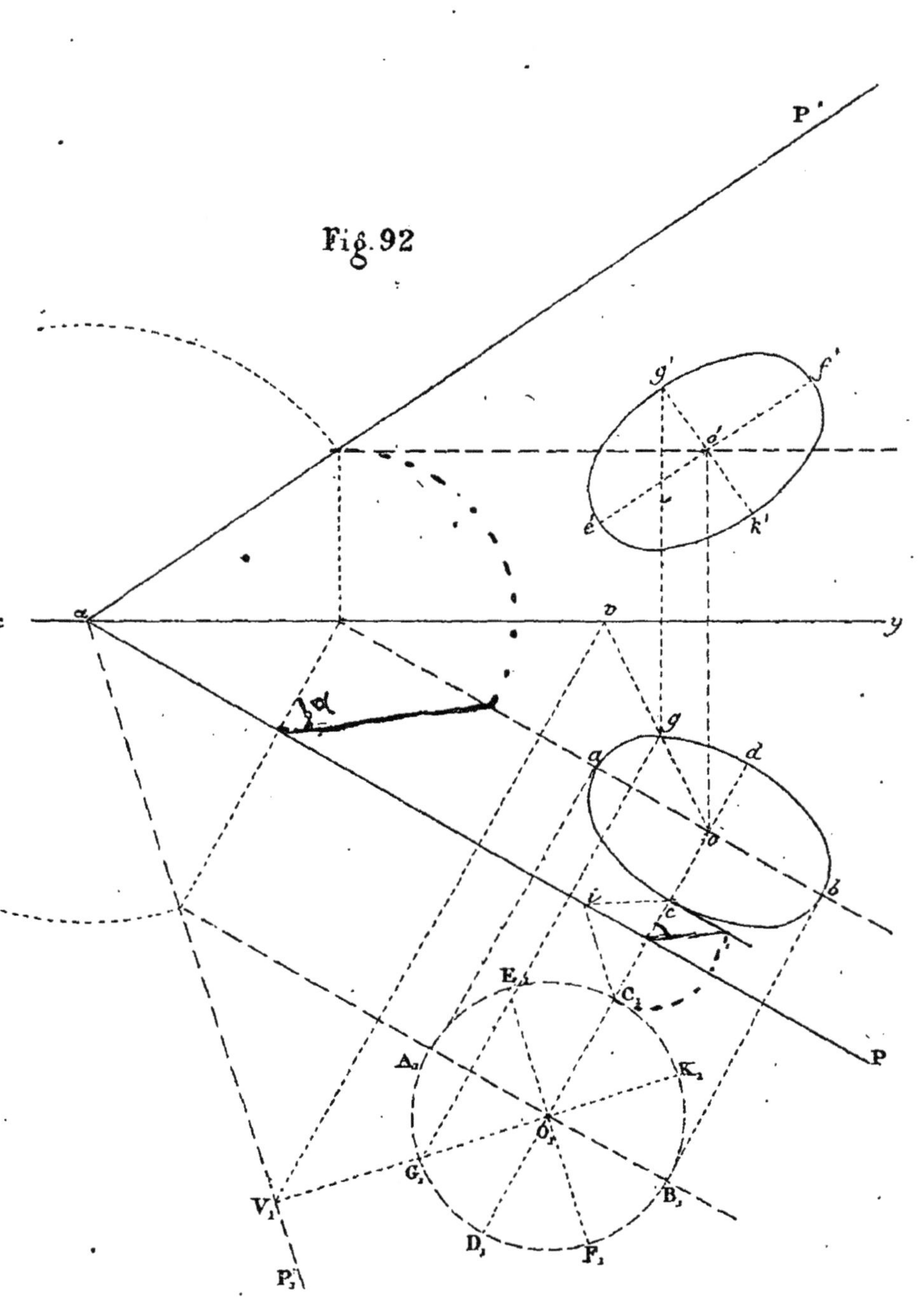

54. Problème 2. *Connaissant les projections du centre et le rayon d'un cercle situé dans un plan donné, construire les projections de ce cercle.*

Soient (fig. 92) P′αP un plan et oo' les projections du centre d'un cercle de rayon donné situé dans ce plan. On sait que la projection d'un cercle sur un plan oblique au sien est une ellipse, et, d'autre part, qu'une ellipse est déterminée, c'est-à-dire peut être construite, lorsque l'on connaît ses deux axes. Nous nous contenterons donc ici de déterminer les deux axes de chacune des ellipses suivant lesquelles le cercle se projette sur le plan horizontal et le plan vertical.

Supposons que le plan P′αP tourne autour de αP pour se rabattre sur le plan horizontal. Le point (o,o') vient en O_1 et la trace verticale du plan en $αP'_1$. Décrivons un cercle du point O_1 comme centre avec le rayon donné : ce cercle est le rabattement du cercle situé dans le plan donné. Les axes de l'ellipse suivant laquelle il se projette sur le plan horizontal sont les projections horizontales de deux diamètres, l'un A_1B_1 parallèle à αP, l'autre C_1D_1 perpendiculaire au premier. A_1B_1 se projette en vraie grandeur en ab, et C_1D_1 suivant une perpendiculaire à ab (24) partagée en son milieu par le point o, car la projection du milieu d'une droite est située au milieu de la projection de cette droite. Si l'on mène $C_1 i$ parallèle à $αP'_1$, et ic parallèle à xy, le point c où cette ligne rencontre $O_1 o$ sera la projection horizontale du point rabattu en C_1, car ic est la projection horizontale de la ligne rabattue en iC_1, laquelle est dans l'espace parallèle à αP′. Prenant donc $od = oc$, on a en cd le petit axe de l'ellipse projection du cercle sur le plan horizontal.

Les axes de la seconde ellipse, projection du cercle sur le plan vertical, sont deux droites, l'une $e'f'$ parallèle à αP′ et égale au diamètre du cercle, l'autre perpendiculaire à la première et passant comme elle par le point o'. La ligne $e'f'$ est la projection verticale d'un diamètre rabattu en E_1F_1 parallèlement à la trace verticale du plan donné et par conséquent se projetant verticalement en vraie grandeur. Le petit axe dont il reste à déterminer la grandeur est la projection du diamètre perpendiculaire à EF rabattu en G_1K_1. Pour obtenir cette projection, on prolongera G_1K_1 jusqu'en V_1 à sa rencontre avec $αP'_1$. Le point V_1 étant le rabattement d'un point de la trace verticale du plan P′αP, ce point se projette en v sur xy. Joignant ov et abaissant

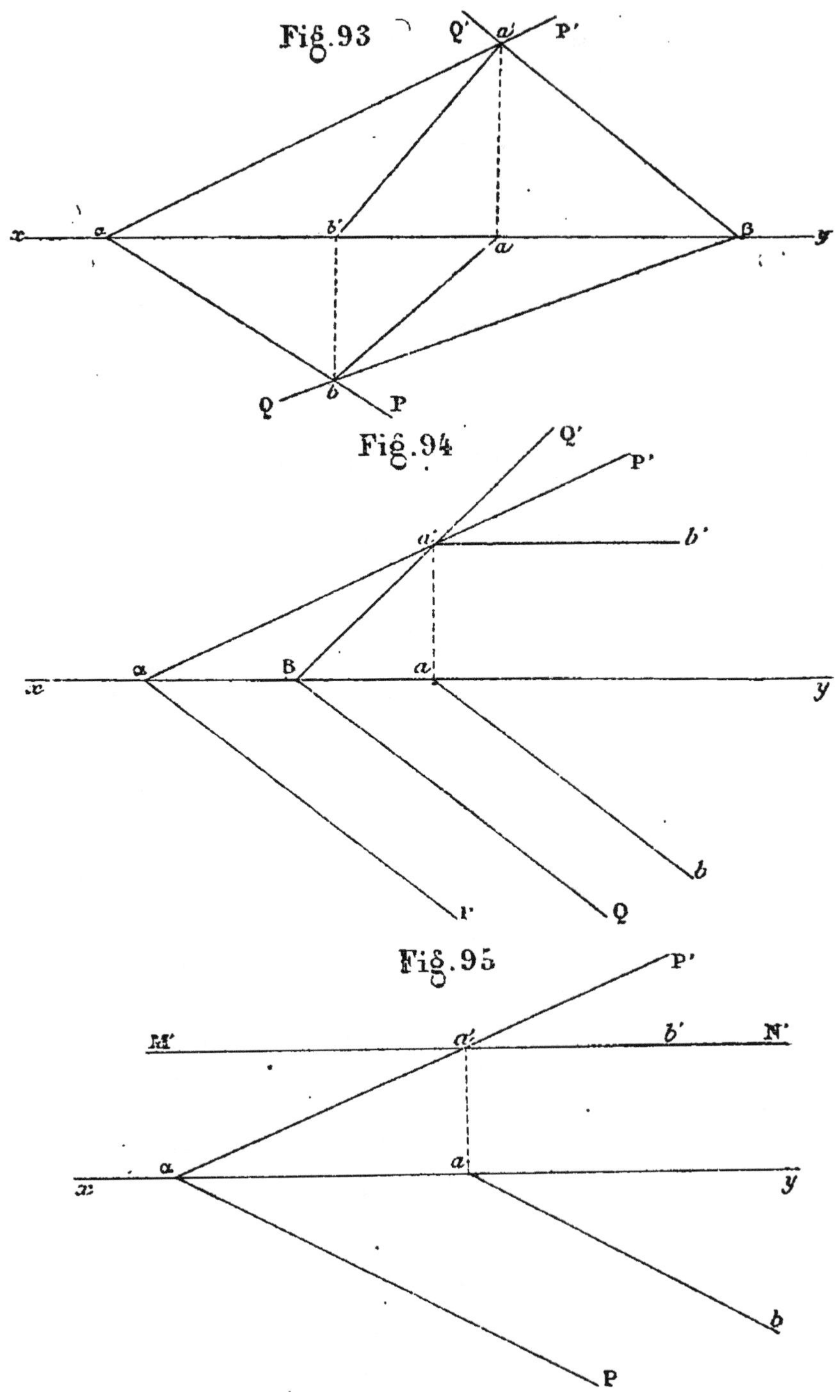

Fig.93
Q' a' P'
x a b' a β y
Q b P

Fig.94
Q' P'
a' b'
x α B a' y
P' Q b

Fig.95
P'
M' a' b' N'
α a y
x
b
P

G_1g perpendiculaire sur αP, on a en g la projection horizontale du point G dont la projection verticale g' se trouve alors à la rencontre de la perpendiculaire gg' à xy avec la droite $g'k'$ perpendiculaire sur $e'f'$. Prenant enfin $o'k' = o'g'$, on a en $g'k'$ le petit axe cherché.

PROBLÈMES SUR LA LIGNE DROITE ET LE PLAN.

55. Problème 1. *Étant donnés deux plans, déterminer leur intersection.*

Soient $P'\alpha P, Q'\beta Q$ les deux plans donnés (*fig.* 93). Leurs traces verticales se coupent en a' et leurs traces horizontales en b; donc a' et b sont les traces de leur intersection. On n'a donc pour déterminer ses projections qu'à abaisser sur xy les perpendiculaires $a'a, bb'$ et qu'à joindre $a'b', ab$ (18).

Cas particuliers. 1° *Les traces horizontales ou verticales des deux plans sont parallèles.*

Soient (*fig.* 94) les deux plans $P'\alpha P, Q'\beta Q$ dont les traces horizontales sont parallèles. La trace verticale de leur intersection est en a' et cette intersection est parallèle au plan horizontal puisque les traces horizontales des deux plans sont parallèles. Elle est donc une horizontale des deux plans et a pour projections $a'b'$ parallèle à la ligne de terre et ab parallèle aux traces horizontales.

2° *L'un des plans est parallèle à l'un des plans de projection.*

Soient (*fig.* 95) les plans $P'\alpha P, M'N'$ dont le dernier est parallèle au plan horizontal. L'intersection de ces deux plans est parallèle à αP et a pour trace verticale le point a' : ses projections sont donc $a'b'$ parallèle à xy et ab parallèle à αP.

3° *Les deux plans sont parallèles à la ligne de terre.*

Soient PP', QQ' les deux plans donnés (*fig.* 96). Leur intersection est parallèle à la ligne de terre et a ainsi ses projections

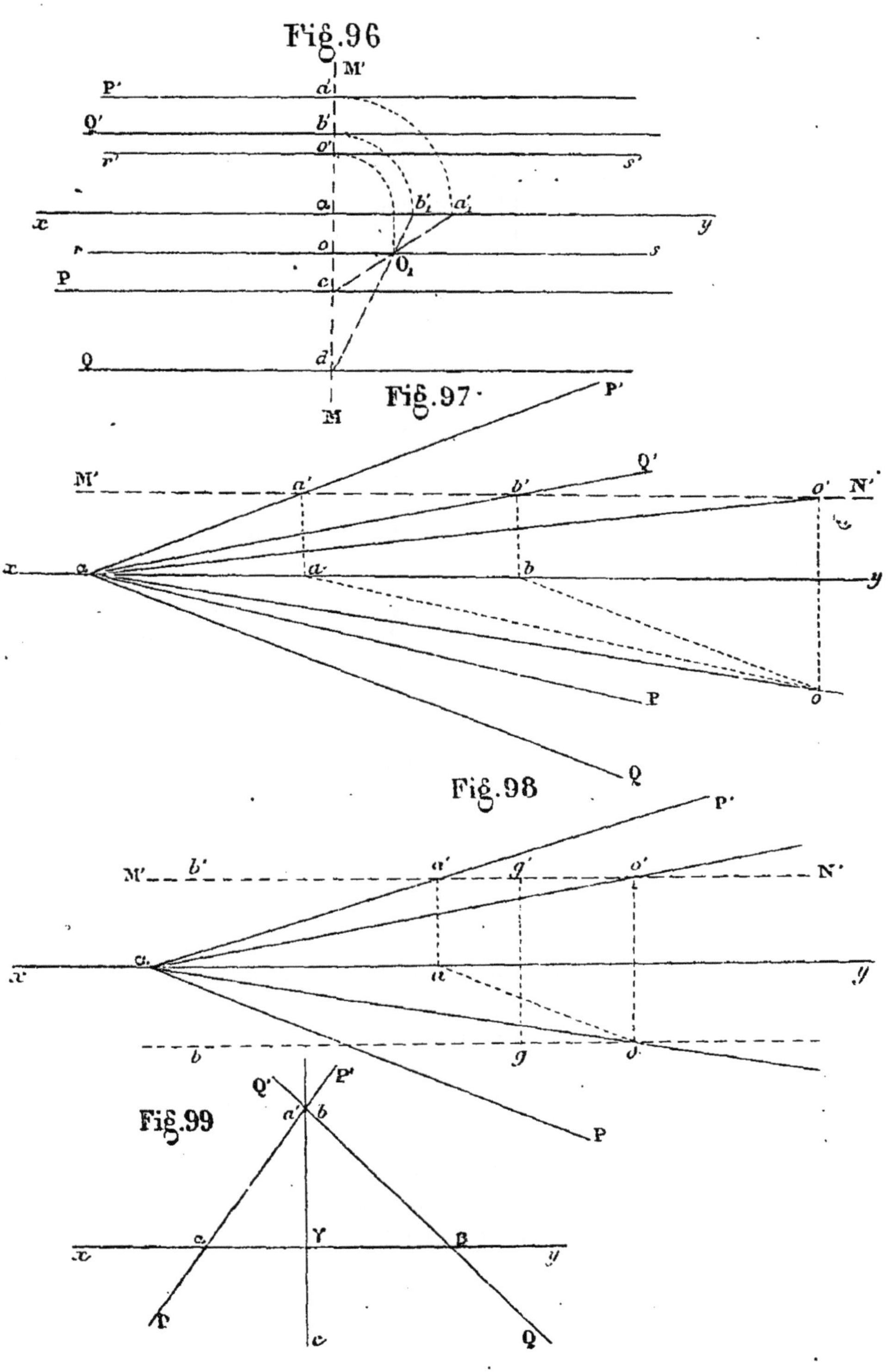

Fig.96
M'
P'
Q'
r'
s
x
y
r
s
P
Q
M
Fig.97
P'
Q'
M'
N'
x
y
P
Q
Fig.98
P'
M'
N'
x
y
P
Fig.99
Q'
P'
P
Q
x
y

parallèles à xy. Pour les tracer, il suffit donc de déterminer un point de chacune d'elles. On y arrive en coupant les deux plans par un plan auxiliaire et cherchant les intersections de ce plan avec chacun des deux plans donnés : le point de rencontre des deux intersections appartient à l'intersection demandée.

On prend ordinairement pour plan auxiliaire un plan de profil M'αM. L'ayant rabattu sur l'un des plans de projection, le plan horizontal par exemple, en le faisant tourner autour de αM on a en a'_1c, b'_1d les rabattements de ses intersections avec les plans donnés. Le point O_1 où ces lignes se rencontrent est le rabattement d'un point de l'intersection cherchée. Les projections de ce point s'obtiennent : la projection horizontale o, en abaissant O_1o perpendiculaire sur αM, et la projection verticale o', en prenant $\alpha o' = oO_1$. Menant enfin par les points o, o' les parallèles $rs, r's'$ à la ligne de terre, on a les projections de l'intersection des plans donnés.

4° *Les traces des deux plans se rencontrent au même point de la ligne de terre.*

Soient P'αP, Q'αQ les plans donnés (*fig.* 97). L'intersection passe par le point α : il suffit donc d'en déterminer un second point, ce qu'on fera en employant un plan auxiliaire comme dans le cas précédent. Le mieux ici est de prendre pour plan auxiliaire un plan parallèle à l'un des plans de projection, le plan M'N' par exemple. Les projections $(ao, a'o')$, $(bo, b'o')$ des intersections de ce plan avec chacun des plans proposés se coupent en deux points o, o', qui sont les projections d'un point de l'intersection cherchée. Joignant donc $\alpha o, \alpha o'$, on a les projections de cette intersection.

5° *L'un des plans passe par la ligne de terre.*

La marche à suivre est absolument la même que dans le cas précédent. On fait passer le plan auxiliaire M'N' par le point (g, g') qui détermine le plan passant par la ligne de terre (*fig.* 98). Les projections de l'intersection sont $\alpha o, \alpha o'$.

6° *Les traces de chacun des plans sont sur le prolongement l'une de l'autre.*

Soient P'αP, QβQ'(*fig.* 99) les plans donnés. Le point (a', b) où se rencontrent leurs traces est à la fois la trace horizontale et la trace verticale de l'intersection : celle-ci est donc située dans un plan de profil, et elle forme l'hypoténuse d'un triangle rectangle

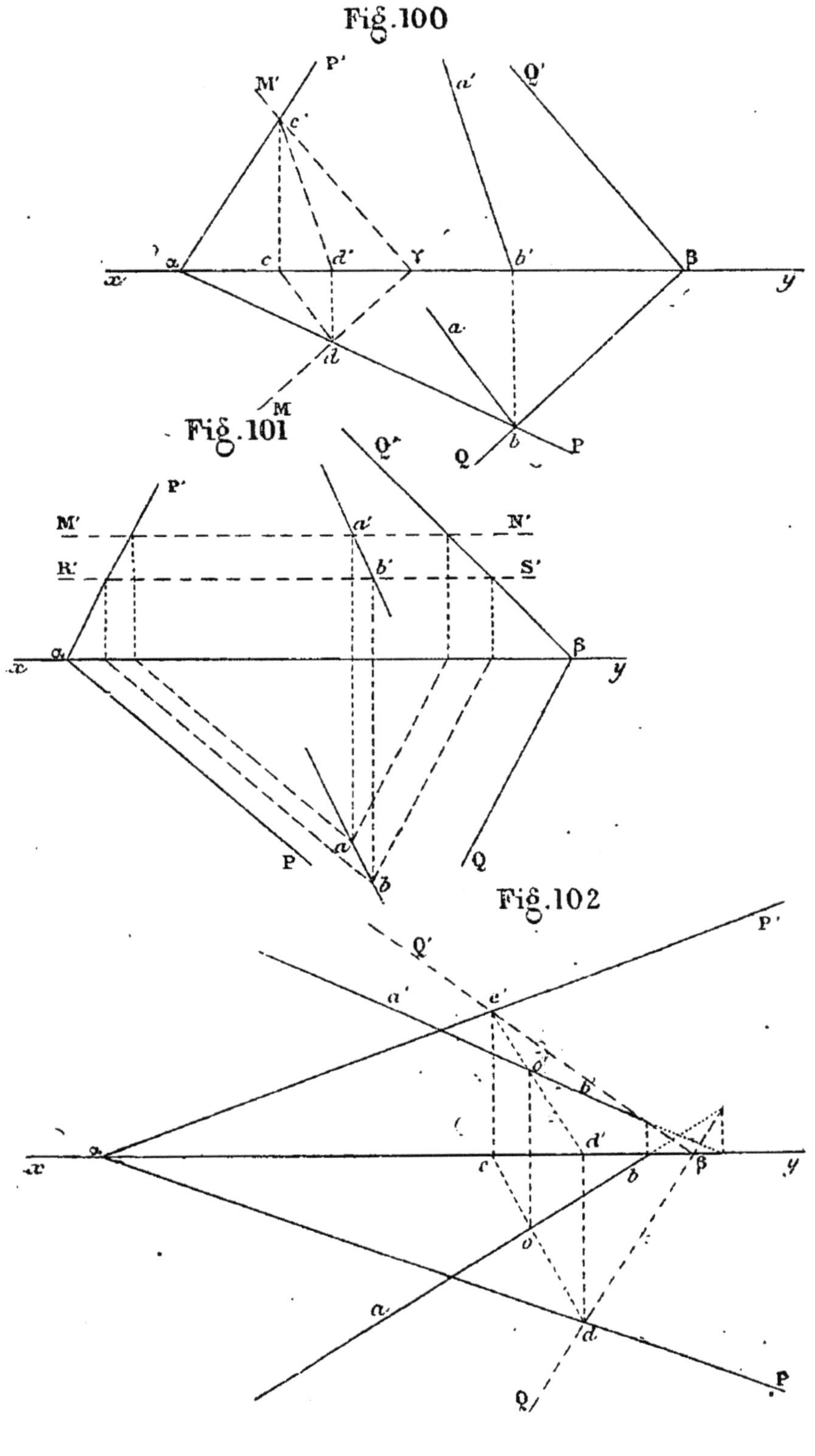
Fig.100
P'
M'
Q'
a'
c
x
α
c
d'
γ
b'
β
y
a
d
M
b
P
Q
Fig.101
M
P'
Q"
M'
a'
N'
R'
b'
S'
α
x
β
y
P
a
Q
b
Q'
Fig.102
Q'
P'
a'
e'
o
b'
x
α
c
d'
b
β
y
o
a
d
Q
P

et isocèle dont chaque côté de l'angle droit est égal à la distance du point (a', b) au point γ. Les projections demandées sont $a'\gamma$, γc.

7° Les traces des deux plans ne se rencontrent pas di ns les limites d: l'épure.

Supposons d'abord que cela ait lieu pour les traces d'une seule espèce, les traces verticales par exemple (*fig.* 100). On mènera un plan auxiliaire $M'\gamma M$ parallèle à l'un des plans donnés, $Q'\beta Q$, par exemple, et assez rapproché de l'autre $P'\alpha P$ pour que leurs traces se coupent, et l'on déterminera les projections cd, $c'd'$ de leur intersection. On abaissera ensuite bb' perpendiculaire sur xy, et l'on mènera ab, $a'b'$ respectivement parallèles à cd, $c'd'$. Ces lignes ab, $a'b'$ sont les projections de l'intersection cherchée, car les inter sections de deux plans parallèles par un troisième sont parallèles.

Si maintenant les traces horizontales, ainsi que les traces verticales, ne se rencontrent pas (*fig.* 101), on peut couper les plans donnés par deux plans auxiliaires parallèles à l'un des plans de projection, au plan horizontal par exemple, et déterminer les intersections de ces plans $M'N'$, $R'S'$ avec les plans donnés. Les points de rencontre (a, a') (b, b') de ces intersections sont les projections de deux points de l'intersection cherchée, laquelle a ainsi pour projections les droites ab, $a'b'$.

56. Problème 2. *Déterminer l'intersection d'une droite et d'un plan.*

Pour trouver l'intersection d'une droite et d'un plan, on fait passer par la droite un plan quelconque dont on détermine l'intersection avec le plan donné. Le point cherché, devant être sur la droite et sur cette intersection, se trouve à leur rencontre.

Ainsi, soient $P'\alpha P$, $(ab, a'b')$ le plan et la droite donnés (*fig.* 102). Ayant mené un plan $Q\beta Q'$ par la droite (38. Remarque), on détermine son intersection $(cd, c'd')$ avec le plan donné. Les projections (o, o') du point cherché sont à la rencontre des projections ab, cd et $a'b'$, $c'd'$.

On simplifie l'épure en prenant, au lieu d'un plan quelconque, le plan projetant la droite horizontalement ou verticalement. Ainsi (*fig.* 103) $P'\alpha P$ et $(ab, a'b')$ étant le plan et la droite donnés, $Q'\beta Q$ est le plan projetant la droite horizontalement. Ce plan

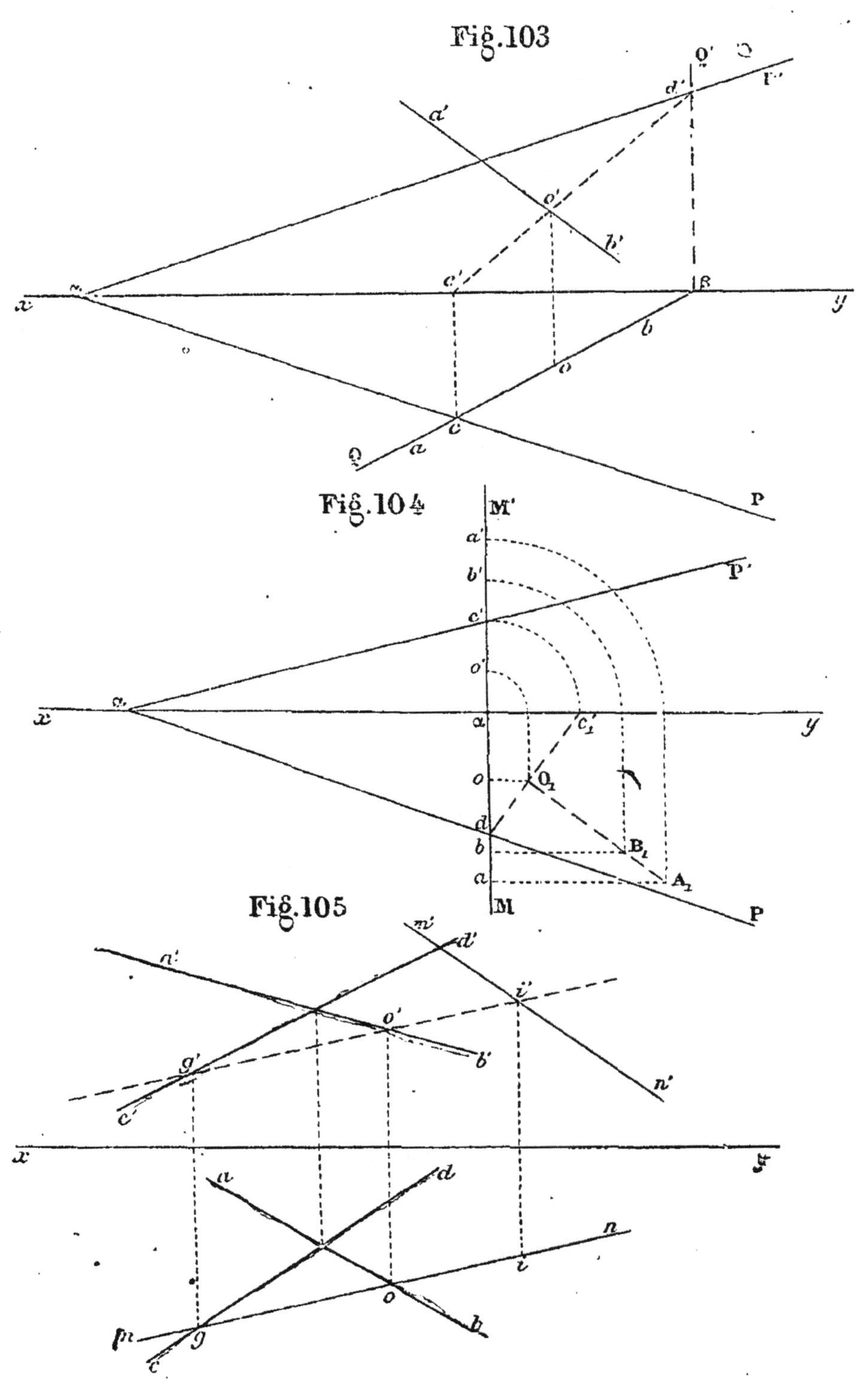

Fig. 103

Fig. 104

Fig. 105

coupe le premier suivant une ligne dont la projection verticale est $c'd'$. Donc o', point de rencontre de $a'b'$ avec $c'd'$, est la projection verticale du point cherché; la projection horizontale o s'obtient en abaissant $o'o$ perpendiculaire sur la ligne de terre jusqu'à la rencontre de ab.

Cas particuliers. 1° *La droite est dans un plan de profil.*

Soient $P'\alpha P$ le plan donné et $(ab, a'b')$ la droite donnée par les projections de deux de ses points $(a, a')(b, b')$ (*fig.* 104). On rabat le plan de profil sur le plan horizontal en le faisant tourner autour de αM, et l'on détermine le rabattement A_1B_1 de la droite donnée et celui dc'_1 de l'intersection du plan $P'\alpha P$ avec le plan de profil. Le point de rencontre O_1 de A_1B_1 avec dc'_1 est le rabattement du point demandé. On obtient ses projections o, o' au moyen d'une construction connue.

2° *Le plan est donné par deux droites.*

On peut, dans ce cas, se dispenser de chercher ses traces. Soient (*fig.* 105) $(ab, a'b')$ $(cd, c'd')$ les deux droites qui déterminent le plan et $(mn, m'n')$ la droite dont on veut l'intersection avec celui-ci. La droite $(ab, a'b')$ rencontre le plan projetant horizontalement la droite $(mn, m'n')$ en un point ayant pour projections o, o'. La droite $(cd, c'd')$ rencontre ce même plan en un point (g, g'). La droite $o'g'$ est donc la projection verticale de l'intersection du plan des deux droites et du plan projetant horizontalement la droite $(mn, m'n')$. Le point i', où elle rencontre $m'n'$ est par suite la projection verticale du point demandé. Abaissant $i'i$ perpendiculaire sur xy, jusqu'à la rencontre de mn, on a en i la projection horizontale de ce point.

57. Problème 3. *Déterminer l'intersection de trois plans.*

Pour résoudre ce problème, on détermine l'intersection de deux des plans donnés, puis on cherche le point où cette intersection rencontre le troisième plan. Ce point est l'intersection demandée.

On peut encore chercher l'intersection de deux des plans, puis l'intersection de l'un d'eux avec le troisième. L'intersection demandée est à la rencontre des deux droites obtenues.

Lorsque la première intersection trouvée est située dans le troisième plan, les trois plans donnés se coupent suivant une ligne droite.

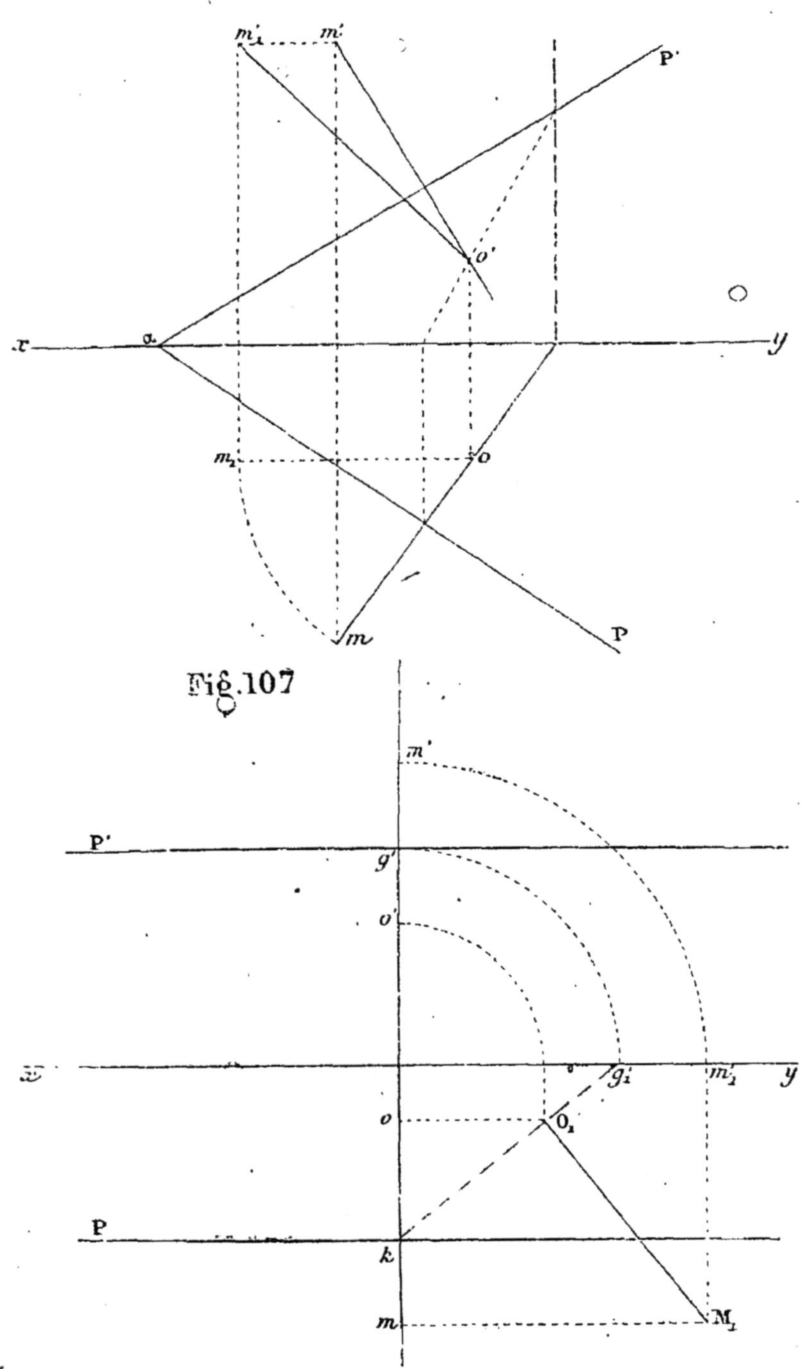

58. Problème 4. *Mener par un point une droite qui rencontre deux droites données.*

Par le point et l'une des droites on fait passer un plan ; par le point et l'autre droite on fait passer un second plan. L'intersection de ces deux plans est la droite demandée, car cette ligne, devant passer par le point et rencontrer les deux droites données, est à la fois dans les deux plans.

On peut encore, pour résoudre le problème, faire passer un plan par le point et l'une des droites, chercher son intersection avec l'autre droite et joindre le point trouvé au point donné.

59. Problème 5. *Déterminer la distance d'un point à un plan.*

Cette distance se mesure par la perpendiculaire abaissée du point sur le plan. Soient donc $P'\alpha P$ et (m, m') le plan et le point donnés (*fig.* 106). On abaisse des points m, m' des perpendiculaires sur les traces correspondantes du plan, et l'on a ainsi les projections de la perpendiculaire abaissée du point M de l'espace sur le plan (43). On détermine le point (o, o') où cette perpendiculaire rencontre le plan (56), et l'on cherche la vraie grandeur $o'm'_1$ de la droite $(om, o'm')$ (19); $o'm'_1$ est la distance demandée.

Cas particulier. *Le plan est parallèle à la ligne de terre.*

Soient P, P' et (m, m') le plan et le point donnés (*fig.* 107) ; les projections de la perpendiculaire abaissée du point sur le plan sont om, $o'm'$ et cette perpendiculaire est située dans un plan de profil. Faisant tourner ce plan autour de sa trace horizontale pour le rabattre sur le plan horizontal, on détermine le rabattement kg'_1 de son intersection avec le plan donné et aussi le rabattement M_1 du point donné. En abaissant $M_1 O_1$ perpendiculaire sur kg'_1, on obtient la distance demandée, et O_1 est le rabattement de son pied. On peut relever ce point et déterminer ses projections o, o' : alors om, $o'm'$ sont les projections de la distance demandée.

60. Problème 6. *Mener par un point un plan perpendiculaire sur une droite.*

Soient (*fig.* 108) $(a'b', ab)$ et (d, d') la droite et le point donnés, le plan demandé doit avoir ses traces perpendiculaires sur les projections de même nom de la droite (43). Pour déterminer un

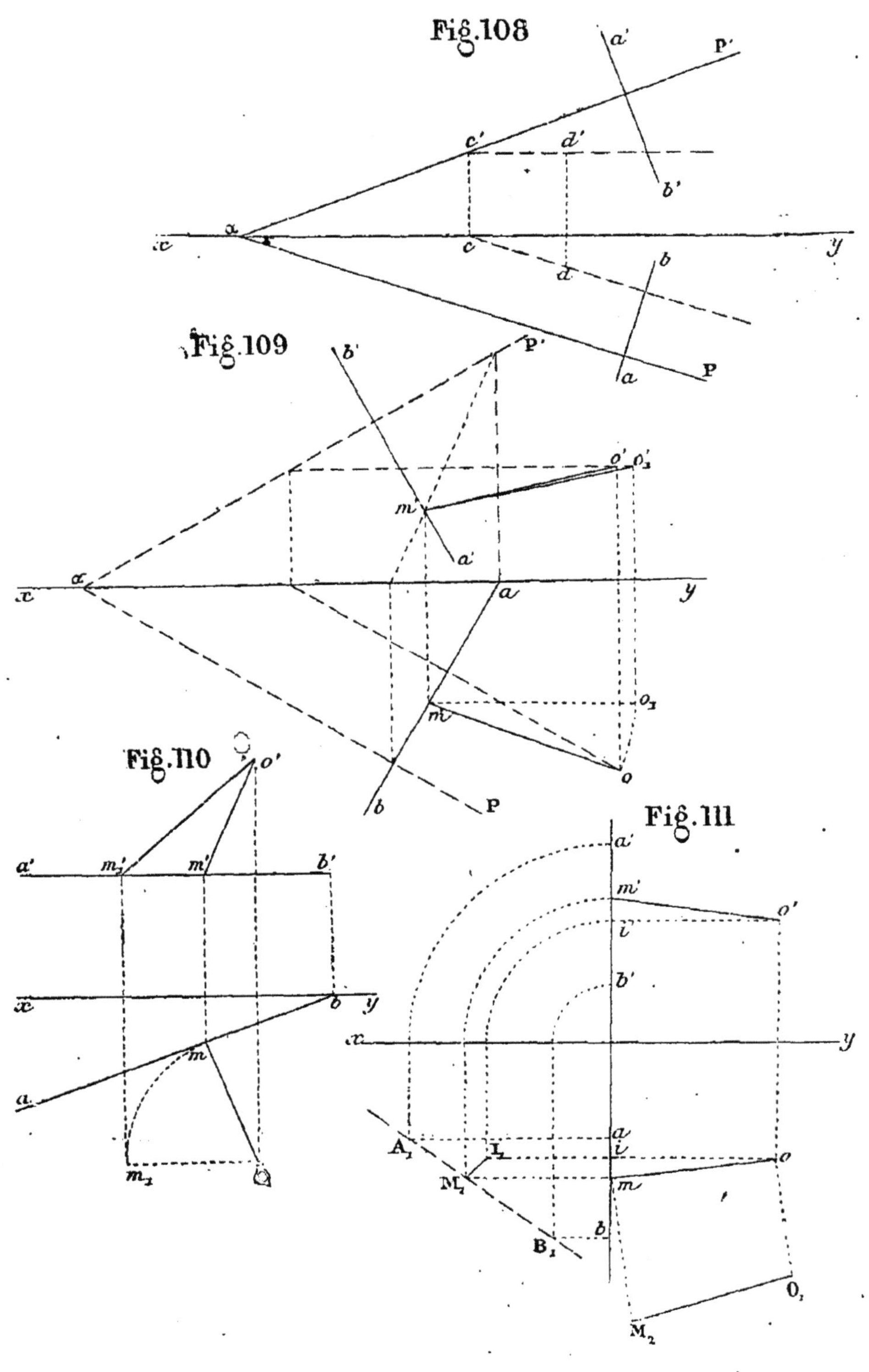

Fig.108

Fig.109

Fig.110

Fig.111

point de l'une d'elles, par le point donné menons une horizontale du plan cherché : comme elle doit être parallèle à la trace horizontale du plan, elle aura sa projection horizontale cd perpendiculaire sur ab et sa projection verticale $c'd'$ parallèle à xy. La trace c' de cette horizontale est un point de la trace verticale du plan cherché. On aura donc les traces de ce plan en menant par le point c', $\alpha P'$ perpendiculaire sur $a'b'$ puis αP parallèle à cd.

61. Problème 7. *Déterminer la distance d'un point à une droite.*

Cette distance se mesure par la perpendiculaire abaissée du point sur la droite. Le problème a été déjà résolu (53) par la méthode des rabattements. En voici une autre solution :

Soient $(ab, a'b')$ et (o,o') la droite et le point donnés (fig. 109). On mène par le point un plan $P, \alpha P'$ perpendiculaire sur la droite (60); on détermine le point (m,m') où la droite rencontre ce plan (56). On joint ce point au point donné et l'on a ainsi les projections $(om, o'm')$ de la distance demandée. On n'a plus qu'à en déterminer la vraie grandeur $m'o'_1$ (19).

Cas particuliers. 1° *La droite est parallèle à l'un des plans de projection.*

Soient (o,o') le point et $(ab, a'b')$ la droite donnée parallèle au plan horizontal (*fig.* 110). On a les projections $om, o'm'$ de la perpendiculaire demandée, au moyen de la construction indiquée plus haut (27) et l'on cherche sa vraie grandeur $o'm'_1$ par le procédé connu (19).

2° *La droite est dans un plan de profil.*

Soient (o,o') et $(ab, a'b')$ le point et la droite donnés (*fig.* 111). On abaisse $(oi, o'i')$ perpendiculaire sur le plan de profil, et l'on détermine par le procédé connu le rabattement A_1B_1 de la droite donnée et celui I_1 du pied de la perpendiculaire $(oi, o'i')$. Si l'on abaisse I_1M_1 perpendiculaire sur A_1B_1, et que l'on suppose le plan relevé, la ligne, qui dans l'espace joindrait le point O au point M, sera perpendiculaire sur la ligne donnée AB en vertu du théorème des trois perpendiculaires. On aura donc les projections de la distance demandée en déterminant les projections m, m' du point M et joignant $o'm', om$. Il ne reste plus qu'à dé-

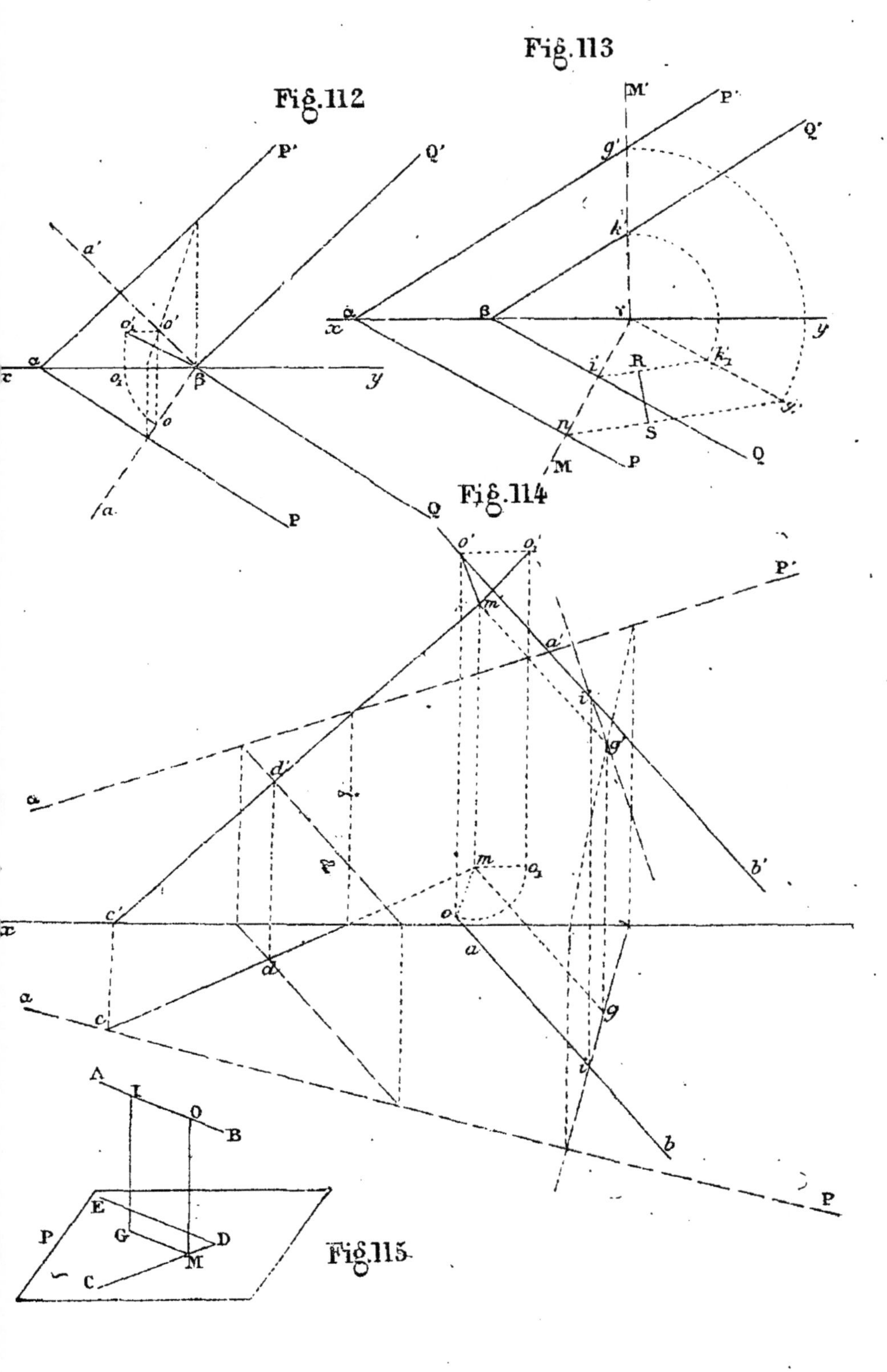

Fig.112
Fig.113
Fig.114
Fig.115

terminer la vraie grandeur O_1M_2 de la droite $(om, o'm')$ et le problème est résolu.

62. Problème 8. *Déterminer la distance de deux plans parallèles.*

Soient les deux plans parallèles $P'\alpha P$, $Q'\beta Q$ (*fig.* 112) : d'un point de l'un, β par exemple, on abaisse une perpendiculaire $(\beta a', \beta a)$ sur l'autre, et l'on cherche le point (o, o') où elle rencontre ce dernier. On a en βo, $\beta o'$ les projections d'une perpendiculaire commune aux deux plans, c'est-à-dire de la distance demandée. On n'a donc plus qu'à déterminer sa vraie longueur, laquelle est $\beta o'_1$.

On peut encore, pour résoudre le problème, couper les deux plans par un troisième $M'\gamma M$ (*fig.* 113) perpendiculaire au plan horizontal et ayant sa trace horizontale perpendiculaire sur celles des deux plans. On rabat ce plan sur le plan horizontal en le faisant tourner autour de sa trace horizontale, et l'on détermine le rabattement de ses intersections avec les plans donnés. On a ainsi deux parallèles $k'_1 i, g'_1 n$, dont la distance RS est celle des deux plans donnés.

63. Problème 9. *Déterminer la plus courte distance de deux droites.*

Soient (*fig.* 114 et 115) AB, CD deux droites données par leurs projections $(ab, a'b')$ $(cd, c'd')$ et dont on demande la plus courte distance. Par la ligne $(cd, c'd')$ on fait passer un plan $(P'\alpha P)$ parallèle à la droite $(ab, a'b')$; d'un point (i, i') quelconque pris sur $(ab, a'b')$, on abaisse une perpendiculaire $(ig, i'g')$ sur ce plan, et l'on détermine le point (g, g') où elle le rencontre. Par le point (g, g') on mène $(gm, g'm')$ parallèle à $(ab, a'b')$ jusqu'à la rencontre de $(cd, c'd')$, puis par le point (m, m') de rencontre, on mène $(mo, m'o')$ parallèle à $(ig, i'g')$ jusqu'à la rencontre de $(ab, a'b')$ en (o, o'). La ligne $(mo, m'o')$ ainsi obtenue est la distance demandée. Sa vraie grandeur est $m'_1 o'$.

Cas particulier. *L'une des droites est la ligne de terre.*

Soit proposé de trouver la plus courte distance d'une droite $(cd, c'd')$ à la ligne de terre. On détermine les traces de la droite et l'on mène par ces traces des parallèles à la ligne de terre qui

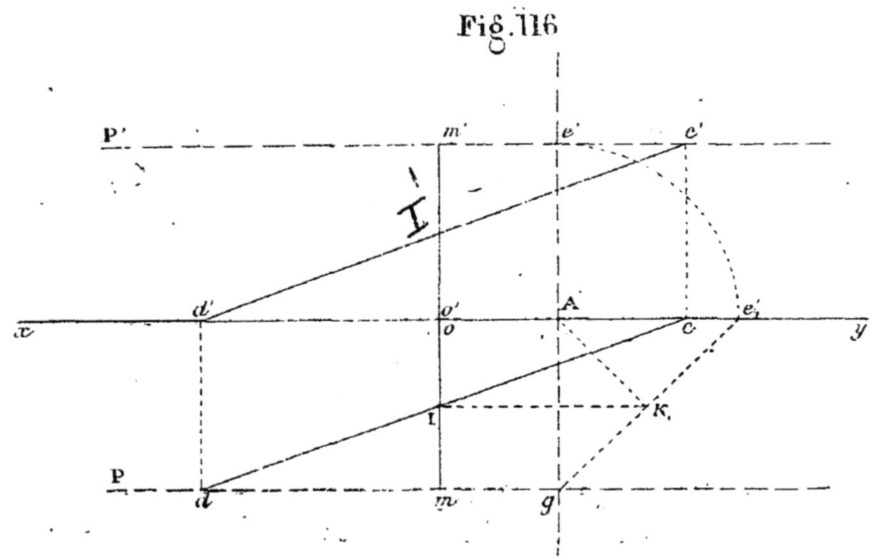

Fig.116

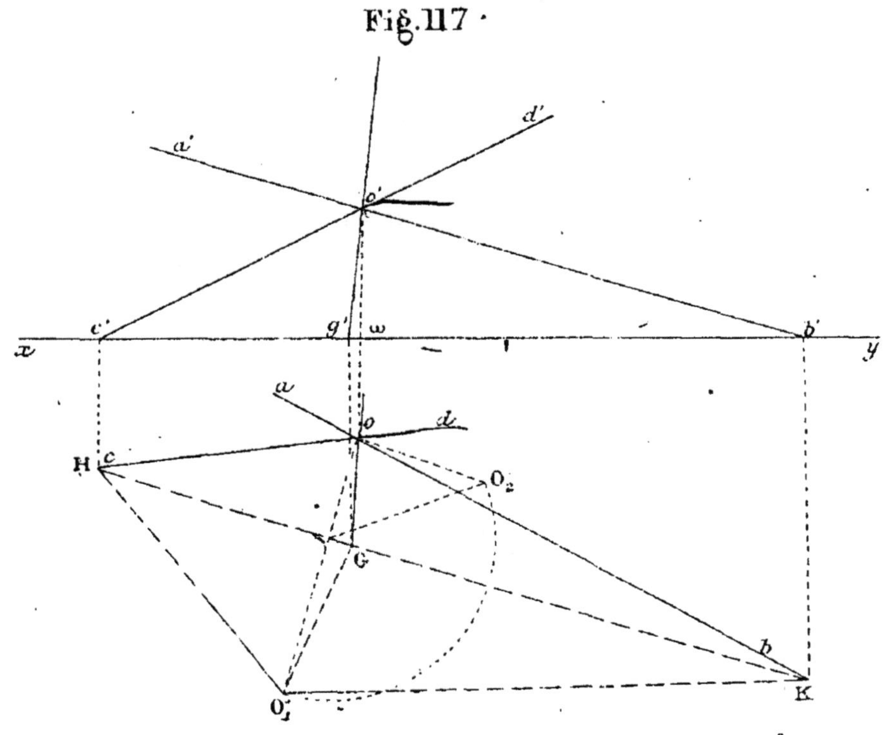

Fig.117

sont les traces d'un plan P'P parallèle à cette dernière ligne (*fig.* 116). D'un point quelconque A de la ligne de terre on abaisse des perpendiculaires sur les **traces** P',P. On a ainsi les projections Ae', Ag d'une perpendiculaire abaissée sur le plan P,P'. On rabat le plan de profil qui contient cette perpendiculaire, sur le plan horizontal,, et l'on obtient en $e'_1 g$ le rabattement de son intersection avec le plan P,P'. La perpendiculaire AK, abaissée sur $e'_1 g$ est égale à la distance demandée. Pour avoir les projections de cette distance, il suffit de mener par le point K, une parallèle KI à xy, et par le point I de rencontre avec $(cd, c'd')$, une perpendiculaire sur la ligne de terre : sont les projections demandées.

64. Problème 0. *Déterminer l'angle de deux droites et les projections de la bissectrice de cet angle.*

Soient $(ab, a'b')$ $(cd, c'd')$ les droites données, qui se coupent en un point (o, o') (*fig.* 117). Pour construire leur angle, on détermine l'une des traces, la trace horizontale HK par exemple, du plan qui passe par ces deux droites, et l'on rabat ce plan sur le plan horizontal en le faisant tourner autour de HK. Après le rabattement, le point O de l'espace sommet de l'angle cherché, vient se placer en O_1, et les deux droites se rabattent suivant les lignes HO_1, KO_1 formant entre elles l'angle demandé.

Pour obtenir les projections de la bissectrice de cet angle, on mène $O_1 G$ bissectrice de l'angle HO_1K. Cette droite rencontre la trace horizontale du plan des deux droites données en un point G qui est sa trace horizontale et qui par suite se projette verticalement en g' sur xy. On a donc, en joignant oG, $o'g'$, les projections demandées.

Remarque. Lorsque deux droites ne se rencontrent pas, on entend par leur angle celui formé par l'une d'elles avec une parallèle à l'autre menée par l'un quelconque de ses points. Il suffira donc pour construire l'angle de deux droites non situées dans le même plan de mener par un point de l'une une parallèle à l'autre et de chercher comme il vient d'être indiqué l'angle ainsi formé.

Cas particuliers. 1° *Les deux droites sont, l'une parallèle au plan horizontal, l'autre parallèle au plan vertical.*

Fig. 117₁

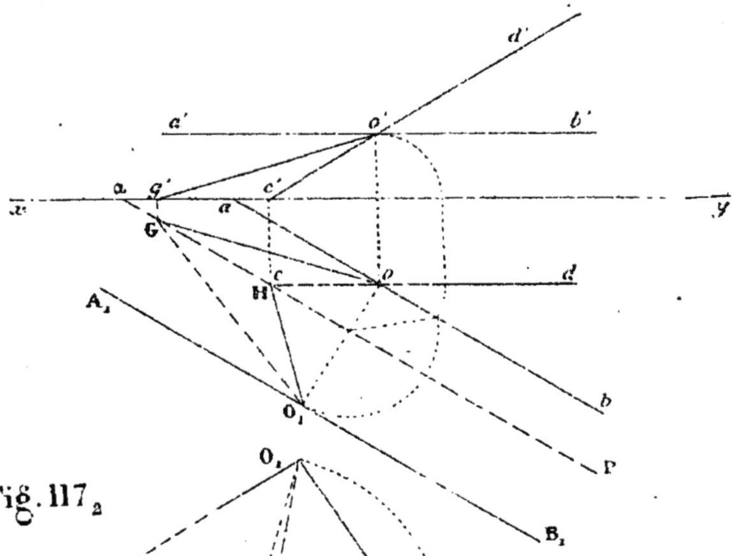

Fig. 117₂

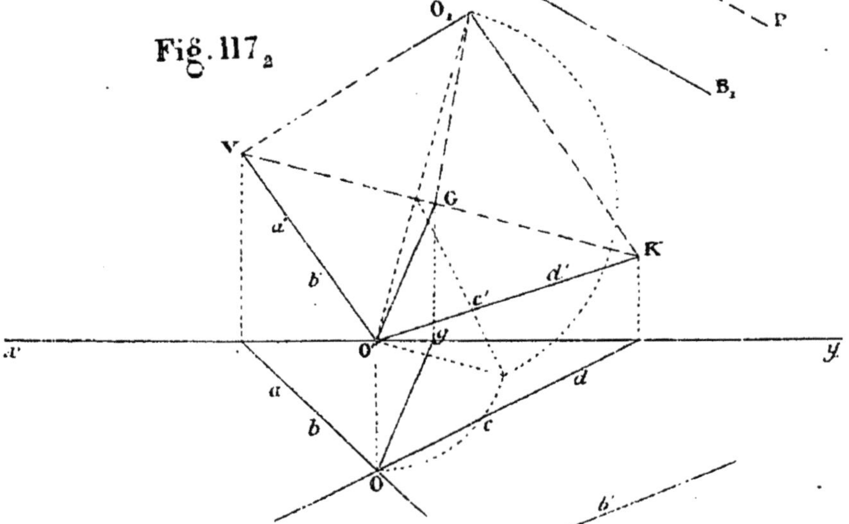

Fig. 117₃

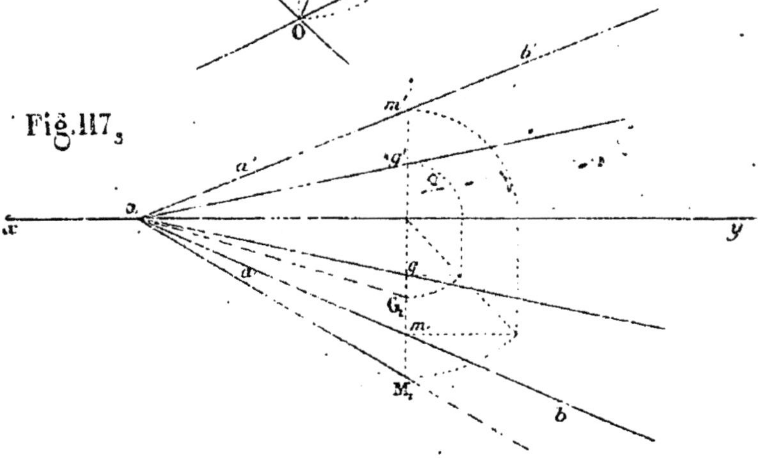

Soient $(ab, a'b')$ $(cd, c'd')$ les deux droites données (*fig.* 117₁), la première parallèle au plan horizontal et la seconde parallèle au plan vertical. Ayant déterminé la trace horizontale H de la seconde droite, on mènera par le point H, la ligne αP qui sera la trace horizontale du plan des deux droites (38.1°). On rabattra ensuite ce plan sur le plan horizontal en le faisant tourner autour de αP et l'on déterminera la position O₁ du point (o,o') après le rabattement. Joignant O₁H et menant par le point O₁ la droite A₁B₁ parallèle à αP, cette droite est le rabattement de $(ab, a'b')$ et l'on a en A₁O₁H l'angle demandé. — La bissectrice OG de cet angle étant menée, on obtient aisément ses projections $oG, o'g'$.

2° *Les deux droites se rencontrent sur l'un des plans de projection, le plan horizontal par exemple.*

Soient (*fig.* 117₂) $(ab, a'b')$ $(cd, c'd')$ les deux droites données se coupant en un point O situé sur le plan horizontal. Pour déterminer l'angle de ces droites, on n'aura qu'à construire la trace verticale VK de leur plan et qu'à faire ensuite tourner ce plan autour de VK pour le rabattre sur le plan vertical. Dans ce rabattement le sommet O de l'angle vient se placer en O₁ : on a donc en VO₁K l'angle demandé. Si l'on mène la bissectrice O₁G de cet angle, on obtient pour les projections de cette bissectrice les droites Go′, gO.

3° *L'une des droites est la ligne de terre.*

Soit proposé de construire l'angle de la droite $(ab, a'b')$ avec la ligne de terre (*fig.* 117₃). Le plan des deux droites a ici pour traces la ligne xy, et si on le fait tourner autour de cette ligne pour le rabattre sur le plan horizontal, un point quelconque (m, m') pris sur la droite $(ab, a'b')$ viendra après le rabattement se placer en M₁. On aura donc en αM₁ la droite $(ab, a'b')$ rabattue, et par suite l'angle yαM₁ sera l'angle demandé. — La bissectrice αG₁ de cet angle étant construite, on n'aura plus qu'à relever le point G₁ en ramenant le plan à sa position normale et l'on aura en αg, αg' les projections de cette bissectrice.

65. Problème 11. *Déterminer l'angle d'une droite et d'un plan.*

L'angle d'une droite et d'un plan étant celui que la droite forme avec sa projection sur le plan, il faudrait donc, pour l'obtenir, abaisser d'un point de la droite une perpendiculaire sur

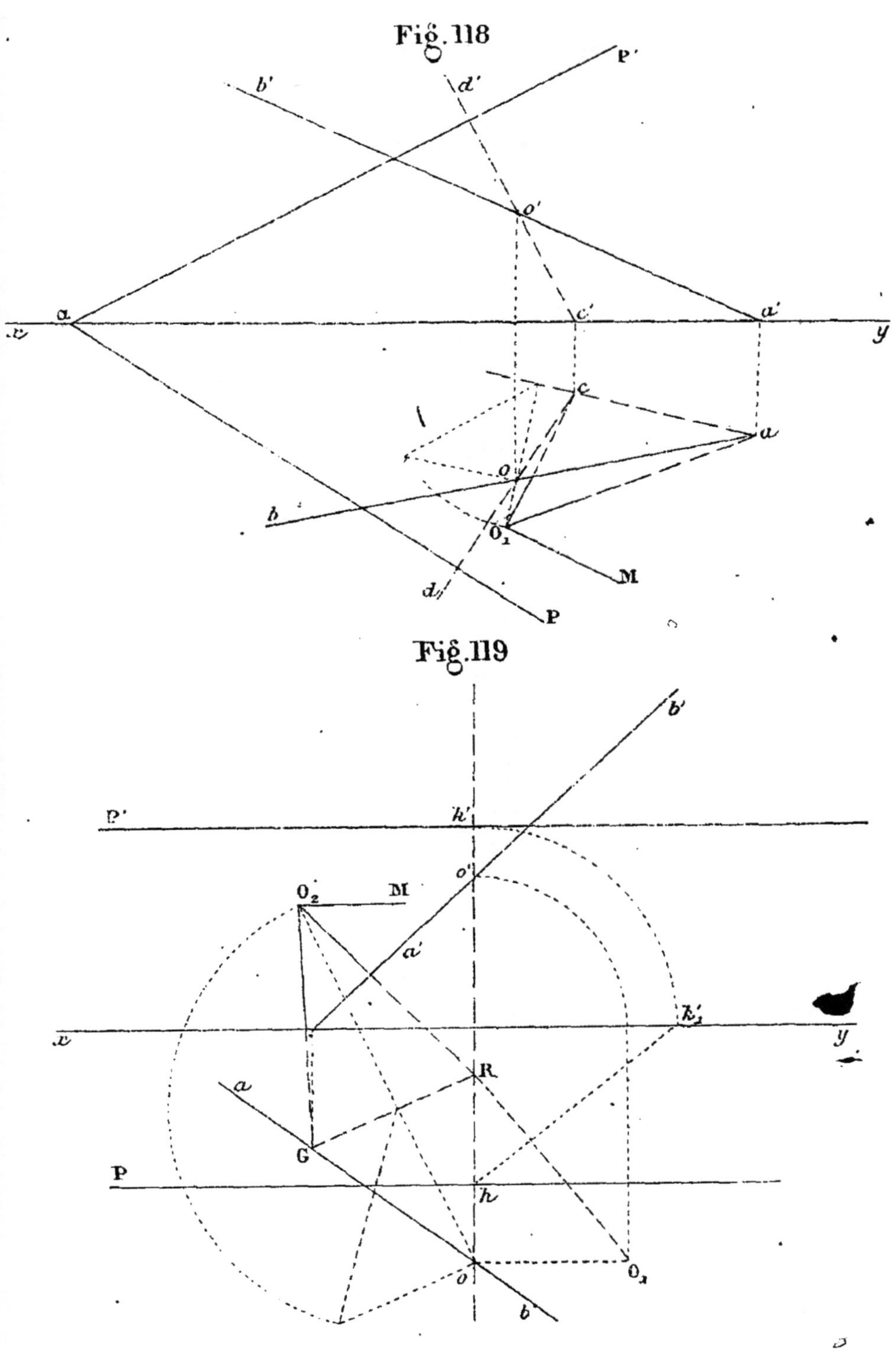

Fig. 118
b'
d'
P'
o'
c'
a'
x
y
c
a
o
b
O₁
M
d
P
Fig. 119
b'
P'
k'
o'
O₂
M
a'
x
k'
y
a
R
G
P
h
o
b
O₁

le plan, joindre le pied de cette perpendiculaire au point où la droite rencontre le plan, et chercher l'angle de la droite ainsi obtenue avec la droite donnée.

On arrive plus aisément au résultat en déterminant l'angle formé par la droite donnée et une perpendiculaire abaissée d'un de ses points sur le plan. Le complément de cet angle est l'angle demandé.

Ainsi (*fig*. 118) le plan et la droite donnés étant P'αP et (*ab, a'b'*) on abaisse d'un point (*c, o'*) pris sur la droite une perpendiculaire (*cd, c'd'*) sur le plan, et l'on détermine l'angle cO_1a des deux droites. Son complément cO_1M, déterminé en élevant en O_1 une perpendiculaire sur O_1c est l'angle demandé.

Cas particulier. *Le plan est parallèle à la ligne de terre.*

Soient PP' et (*ab, a'b'*) le plan et la droite donnés (*fig*. 119.) La perpendiculaire abaissée d'un point (*o,o'*) de la droite sur le plan est alors contenue dans un plan de profil. Pour déterminer l'angle de cette droite avec la ligne donnée, il faut chercher leurs traces horizontales ou verticales pour avoir la trace correspondante du plan qui les contient. La trace horizontale de la droite (*ab, a'b'*) est en G. Quant à la trace horizontale de la perpendiculaire, pour l'obtenir, il faut rabattre le plan de profil qui la contient. Le point (*o,o'*) vient en O_1 et l'intersection du plan PP' avec le plan de profil en k'_1h. La perpendiculaire rabattue s'obtient en abaissant O_1R perpendiculaire sur $k'h$; sa trace est donc en R, et GR est la trace horizontale du plan passant par les deux droites. On rabat ce plan sur le plan horizontal, et l'on obtient en GO_2R l'angle de la droite donnée et de la perpendiculaire. Son complément MO_2R est l'angle demandé.

66. Problème 12. *Déterminer l'angle de deux plans et les traces du plan bissecteur de cet angle.*

Si d'un point pris dans l'intérieur d'un dièdre on abaisse des perpendiculaires sur les faces, l'angle de ces perpendiculaires est le supplément de l'angle dièdre. On peut donc ramener la recherche de l'angle de deux plans à celle de l'angle de deux droites; mais il est plus simple d'employer le procédé qui va être indiqué.

On mène un plan perpendiculaire à l'intersection des deux plans : ce plan coupe les plans donnés suivant deux droites qui forment entre elles l'angle mesurant le dièdre, et l'on déter-

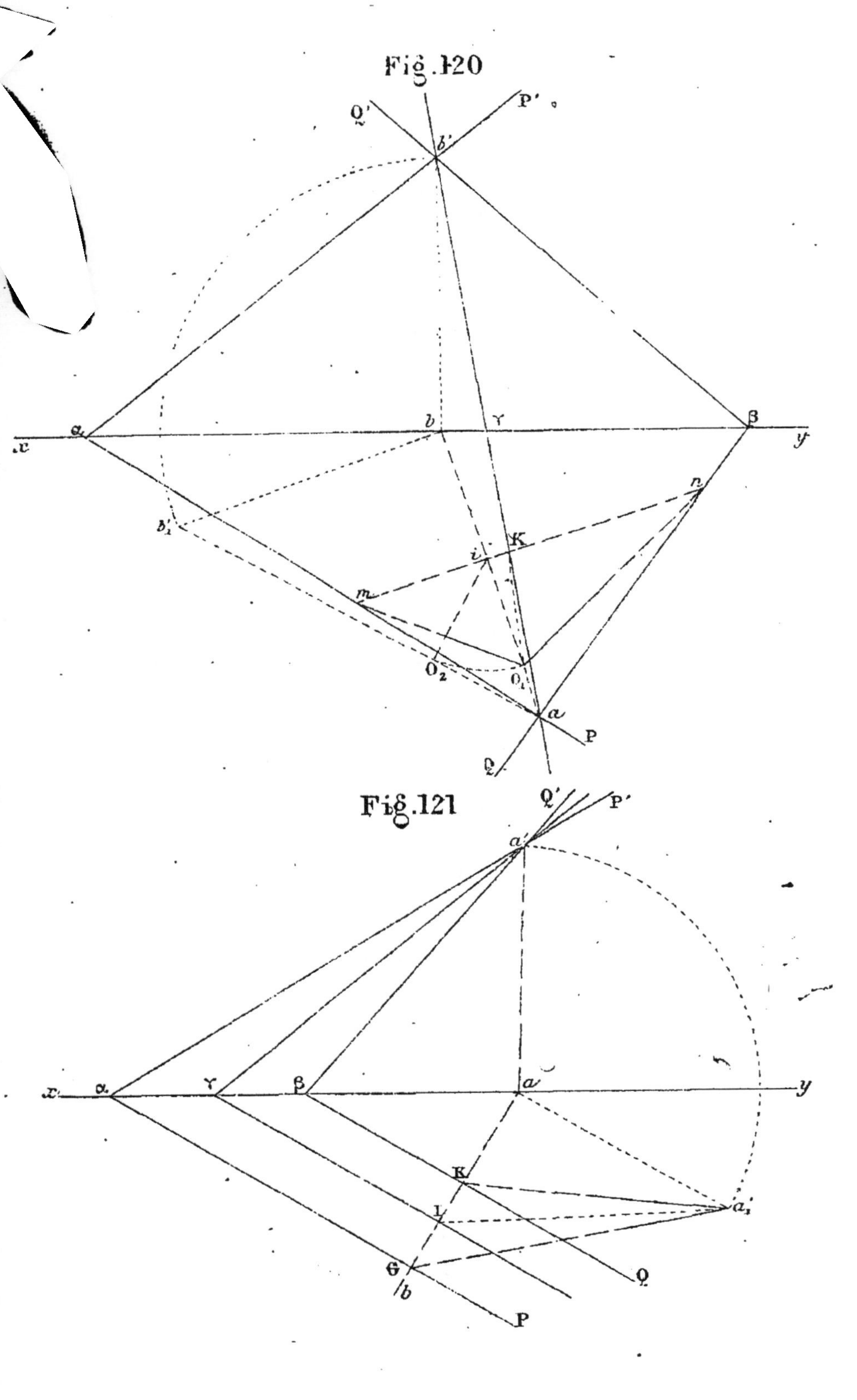

Fig.120

Fig.121

mine cet angle au moyen d'un rabattement sur l'un des plans de projection.

Soient donc P'αP, Q'βQ (*fig.* 120) les deux plans dont on cherche l'angle ; déterminons la projection horizontale *ab* de leur intersection. Un plan perpendiculaire à cette intersection a pour trace horizontale une droite *mn* perpendiculaire sur *ab*, et coupe les deux plans suivant deux droites de l'espace O*m*. On, formant avec *mn* un triangle dont l'angle en O est l'angle cherché. Si l'on imagine le point *i* de rencontre de *ab* avec *mn* joint au point O, la ligne *i*O est perpendiculaire sur *mn*, car *mn*, perpendiculaire sur *ab*, l'est sur le plan *b'ba*. Si donc le triangle *m*O*n* tourne autour de *mn* pour se rabattre sur le plan horizontal, *i*O s'appliquera sur *ia*. Il s'agit alors de déterminer la longueur de la ligne *i*O pour obtenir le rabattement du sommet du triangle. Or *i*O est perpendiculaire sur l'intersection des deux plans donnés puisque celle-ci l'est sur le plan *m*O*n* qui contient *i*O : donc si l'on fait tourner le plan *b'ba* autour de *ab* pour le rabattre sur le plan horizontal, le point *b'* viendra en b'_1, l'intersection sera rabattue en b'_1a, et la perpendiculaire *i*O suivant iO_2 perpendiculaire sur b'_1a. Prenant donc $iO_1 = iO_2$ et joignant mO_1, nO_1, on a en mO_1n l'angle demandé.

La bissectrice O_1K de cet angle est située dans le plan bissecteur du dièdre des deux plans ; comme elle a pour trace horizontale le point K, la trace horizontale du plan bissecteur passe par ce point, elle passe aussi par le point *a*; on l'obtiendra donc en joignant *a*K. Prolongeant cette ligne jusqu'à la rencontre de *xy* en γ et joignant γ*b'*, on a la trace verticale du plan bissecteur.

Cas particuliers. 1° *Les traces horizontales ou verticales des deux plans sont parallèles.*

Supposons les traces horizontales αP, βQ (*fig.* 121) parallèles. L'intersection des deux plans est alors parallèle au plan horizontal, et tout plan perpendiculaire à cette intersection est un plan vertical. Supposons un tel plan mené par le point *a'* de rencontre des traces verticales : il coupe le plan vertical suivant une droite *a'a* perpendiculaire à la ligne de terre, et le plan horizontal suivant la ligne *ab* perpendiculaire aux traces des deux plans. Ses intersections *a'*K, *a'*G avec les plans donnés forment avec KG un triangle dont l'angle en *a'* est l'angle demandé. Ra-

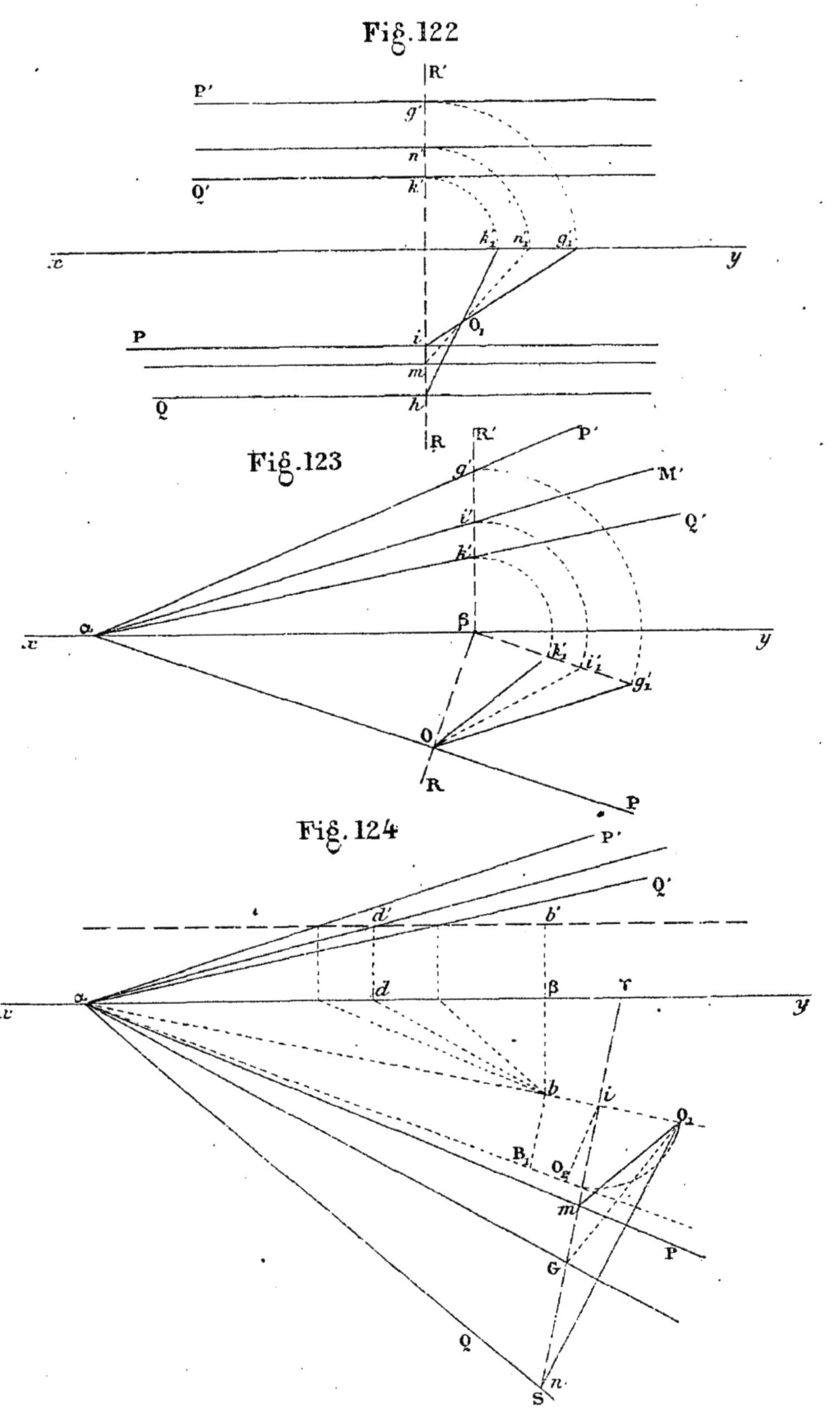

Fig.122
Fig.123
Fig.124

battant le plan de ce triangle en le faisant tourner autour de KG pour le coucher sur le plan horizontal, le point a' vient en a'_1, et l'on a en Ga'_1K l'angle demandé.

La bissectrice de cet angle rencontre GK en I; I est donc un point de la trace horizontale du plan bissecteur, laquelle est d'ailleurs parallèle à celles des deux plans. On obtiendra donc les traces du plan bissecteur en menant $I\gamma$ parallèle à αP et joignant $\gamma a'$.

2° *Les traces des deux plans sont parallèles à la ligne de terre.*

Soient PP', QQ' les deux plans donnés (*fig.* 122). Le plan perpendiculaire à l'intersection est ici un plan de profil RR', car l'intersection est parallèle à la ligne de terre. On n'a qu'à déterminer les rabattements $k'_1 h, g'_1 i$ de ses intersections $k'h, g'i$ avec les plans donnés, et l'on a en $k'_1 O_1 g'_1$ l'angle cherché.

La bissectrice mn'_1 de cet angle étant relevée, si l'on mène par ses traces m, n' des parallèles à la ligne de terre, on a les traces du plan bissecteur.

3° *Les deux plans ont même trace horizontale ou verticale.*

Soient P'αP, Q'αP les plans donnés (*fig.* 123) : la trace commune αP est leur intersection; l'ayant coupée par un plan perpendiculaire R'βR, on rabat ce plan sur le plan horizontal en le faisant tourner autour de βR et l'on détermine les rabattements Ok'_1, Og'_1 de ses intersections avec les plans donnés. On a ainsi en $k'_1 O g'_1$ l'angle cherché.

La bissectrice Oi'_1 de cet angle relevée a pour trace verticale le point i'' : la trace verticale du plan bissecteur est donc M'α; quant à la trace horizontale elle est αP.

4° *Les traces des deux plans se rencontrent au même point de la ligne de terre.*

Soient P'αP, Q'αQ (*fig.* 124) les plans donnés. On détermine la projection horizontale αb de l'intersection des deux plans (55. 4°), et l'on mène un plan perpendiculaire à cette intersection. Ce plan a pour trace horizontale γS perpendiculaire sur αb : il coupe l'intersection en un certain point O qui est le sommet de l'angle cherché, et les plans donnés suivant deux droites Om, On, qui en sont les côtés. La ligne de l'espace Oi, qui joint le point O au point i de rencontre de αb avec la trace γS, est perpendiculaire sur cette trace : dans le rabattement du plan γ sur le plan

Fig. 124

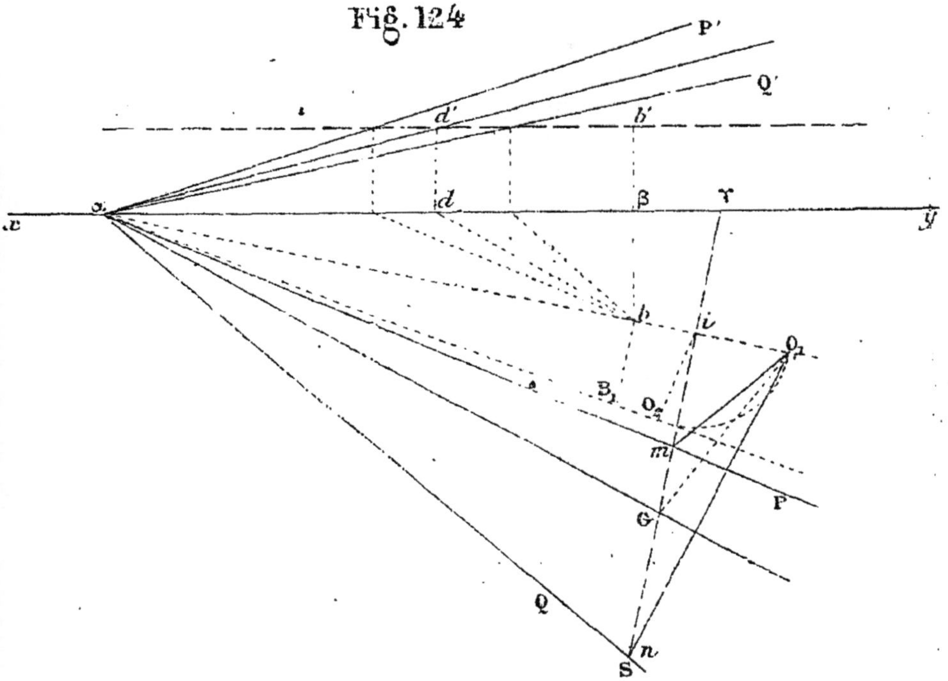

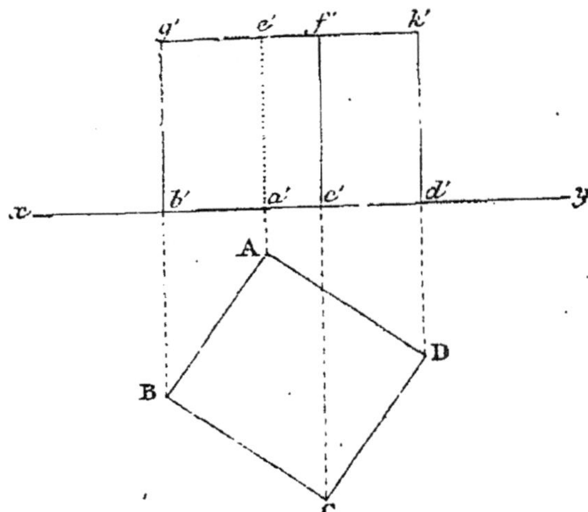

Fig. 125

horizontal, elle se placera donc sur αb. Pour obtenir la longueur de Oi, comme elle est perpendiculaire sur l'intersection, on rabat celle-ci en faisant tourner son plan projetant horizontalement autour de αb : le point B de l'espace vient se placer en un point B_1 situé à l'extrémité d'une perpendiculaire bB_1 à αb et égale à $\beta b'$, et l'intersection prend la position αB_1. La perpendiculaire iO_2 abaissée sur αB_1 est le rabattement de la ligne Oi. Donc en prenant $iO_1 = iO_2$ et joignant mO_1, nO_1 on a en mO_1n l'angle demandé.

Sa bissectrice O_1G a pour trace horizontale le point G, donc αG est la trace horizontale du plan bissecteur. On obtient sa trace verticale en en déterminant un point que l'on joindra au point α. Pour cela, on mène par un des points (b,b') de l'intersection des plans donnés une horizontale $(bd,b'd')$ du plan bissecteur. Cette horizontale a pour trace verticale le point d'; la droite $\alpha d'$ est donc la trace verticale du plan bissecteur.

PROJECTIONS DES CORPS.

67. Problème 1. *Construire les projections d'un cube.*

1° *Le cube repose sur le plan horizontal de projection.*

La projection horizontale est un carré ABCD (*fig.* 125) égal à l'une des faces du cube. Les arêtes latérales, perpendiculaires au plan horizontal, se projettent verticalement en vraie grandeur suivant des perpendiculaires $b'g'$, $a'e'$, $c'f'$, $d'k'$ à la ligne de terre. La base supérieure du cube se confond en projection horizontale avec la base inférieure ABCD, et se projette verticalement suivant une droite $g'k'$ parallèle à la ligne de terre, puisqu'elle est parallèle au plan horizontal.

L'arête AE du cube est cachée pour un observateur placé sur le plan horizontal en avant de la figure et regardant le plan vertical. C'est pour cela que sur l'épure la projection verticale de cette arête est ponctuée.

A ce sujet, nous ferons les observations suivantes :

Lorsque l'on projette un corps sur le plan horizontal, les lignes pleines de la projection sont les arêtes ou lignes du corps

Fig. 126

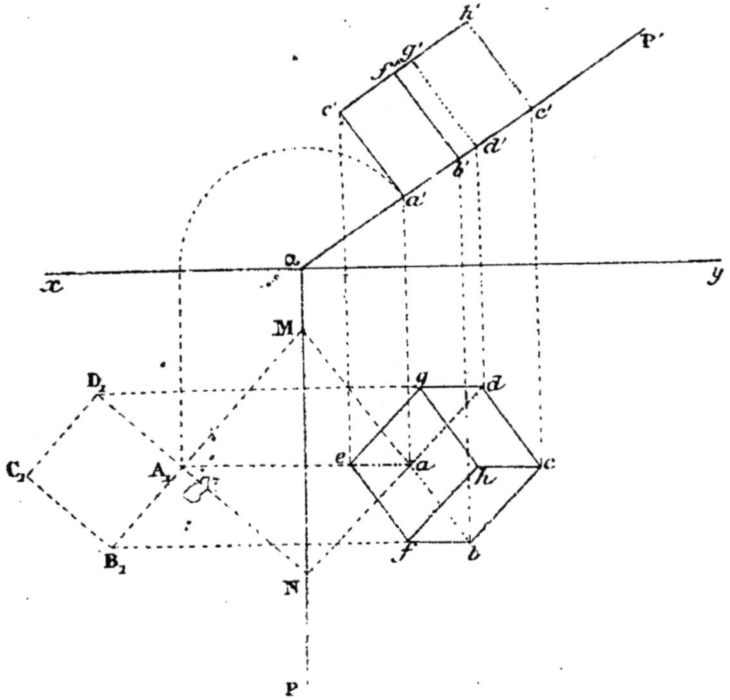

qui seraient visibles pour un observateur placé au-dessus du plan horizontal à une distance de ce plan infiniment grande, de telle sorte que les rayons visuels qu'il mène aux différents points de la figure soient parallèles aux projetantes de ces points.

De même, pour déterminer les lignes pleines de la projection verticale, on suppose l'observateur placé en avant du plan vertical à une distance infinie, de telle sorte que les rayons visuels qu'il envoie soient parallèles aux projetantes des différents points de la figure sur le plan vertical.

Les points visibles sur la projection horizontale sont donc généralement les plus élevés au-dessus du plan horizontal, et ceux visibles sur la projection verticale sont les plus éloignés du plan vertical. Ceci peut servir de guide pour reconnaître les lignes visibles des projections d'une figure. Il est bon encore de remarquer que le contour apparent d'une figure est toujours formé de lignes pleines, et que s'il s'agit d'un solide ayant deux bases, la base la plus élevée au-dessus du plan horizontal est entièrement visible en projection horizontale.

2° *Le cube repose sur un plan perpendiculaire à l'un des plans de projection.*

Soit (*fig.* 126) P′αP le plan perpendiculaire au plan vertical sur lequel le cube repose par l'une de ses faces ABCD. Imaginons que ce plan ayant tourné autour de sa trace αP pour se rabattre sur le plan horizontal, la face ABCD ait pris la position $A_1B_1C_1D_1$. Déterminons, au moyen de la construction indiquée plus haut (52 1°), les projections a, a' du sommet rabattu en A_1, et ayant prolongé A_1B_1, A_1D_1 jusqu'à leurs rencontres en M et N avec la trace αP, joignons Ma, Na. Ces droites sont les projections horizontales des lignes B_1M, D_1N et doivent, par conséquent, contenir les projections des sommets rabattus en B_1, D_1. Comme, d'autre part, ces projections doivent se trouver sur les perpendiculaires menées des points B_1, D_1 sur αP, elles sont situées aux points b, d où ces perpendiculaires rencontrent les droites Ma, Na prolongées. Si maintenant nous menons bc, dc respectivement parallèles à ad, ab, nous aurons en $abcd$ la projection horizontale de la face du cube rabattue en $A_1B_1C_1D_1$, car les projections sur un même plan de deux droites parallèles sont parallèles. Les projections verticales des points A,B,C,D, étant situées en a', b', c',d', sur la

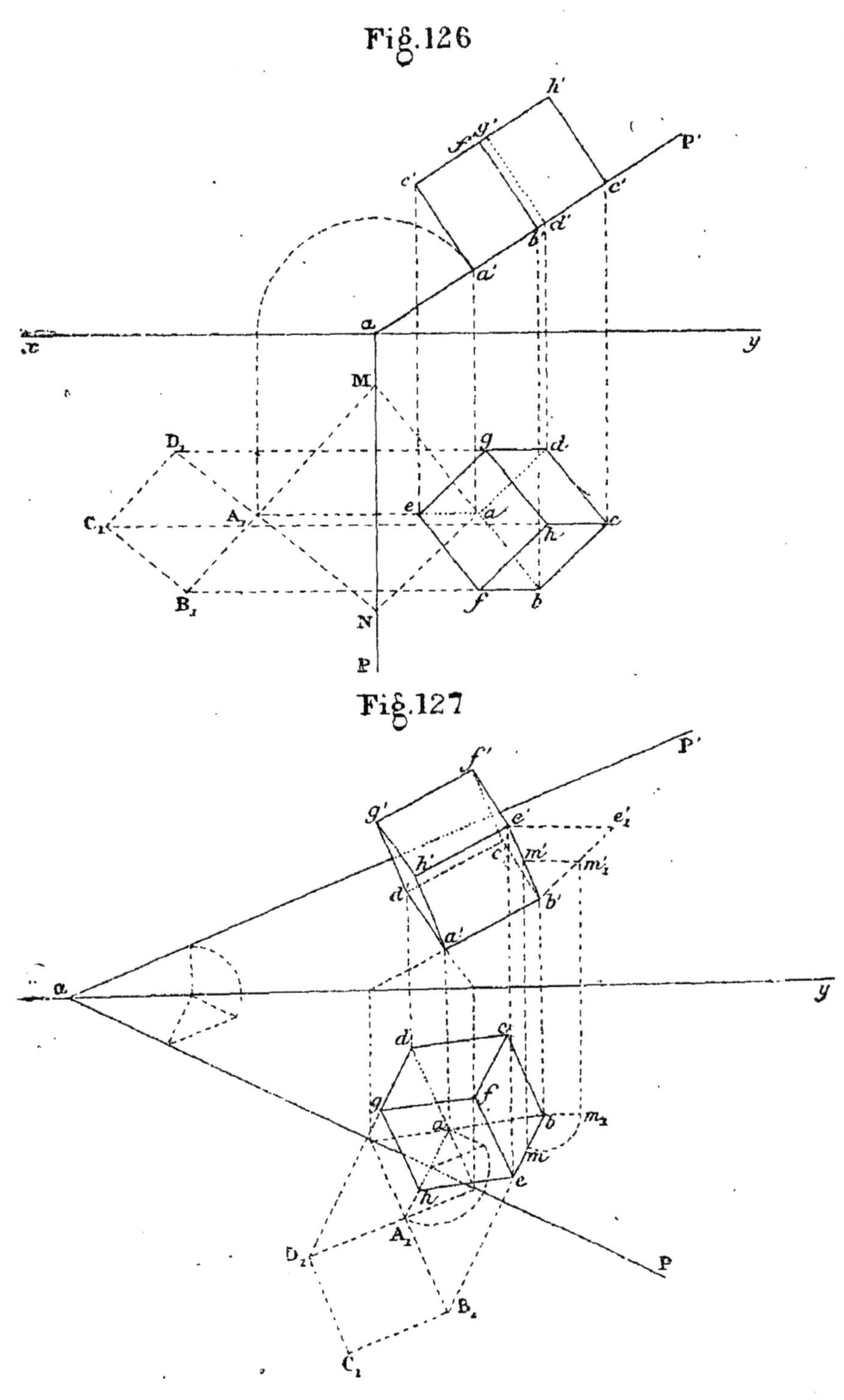

Fig.126
Fig.127

trace αP' du plan donné, la face ABCD a pour projection verticale la droite $a'c'$.

Les arêtes latérales du cube sont perpendiculaires sur le plan P'αP et parallèles au plan vertical, elles se projettent donc sur ce dernier en vraie grandeur suivant les perpendiculaires $a'e'$, $b'f'$, $c'h'$, $d'g'$ à la trace αP' et la base supérieure du cube a pour projection verticale la droite $e'h'$ qui joint leurs extrémités. Il ne reste donc plus qu'à déterminer la projection horizontale des arêtes et de la base supérieure du solide. Pour cela, comme les projections des arêtes sont dirigées suivant les perpendiculaires menées des points a, b, c, d, sur la trace αP, il suffira d'abaisser des points e', f', g', h' des perpendiculaires sur ces droites, ou encore, ayant abaissé $e'e$ perpendiculaire sur xy jusqu'à la rencontre de A_1a en e, de mener ef parallèle à ab puis eg parallèle à ad et enfin fh et gh respectivement parallèles à bc et cd. La figure $efgh$, ainsi formée, est la projection horizontale de la base supérieure du cube, et les droites ae, bf, ch, dg sont celles des arêtes latérales.

Nota. On peut, au lieu d'employer le procédé qui a été indiqué pour obtenir les projections des sommets rabattus en B_1, D_1, relever ces sommets au moyen de constructions analogues à celle qui a donné les projections du sommet A.

3° *Le cube repose sur un plan quelconque.*

Supposons que la figure $A_1B_1C_1D_1$ (*fig.* 127) soit le rabattement sur le plan horizontal de la face ABCD du cube qui repose sur le plan P'αP et déterminons, au moyen de la construction connue (52. 2°), les projections a, a' du point A, puis en employant la même méthode que dans l'épure précédente, les projections horizontales b, d, des sommets B, D, En menant bc, dc respectivement parallèles à ad, ab, nous aurons en $abcd$ la projection horizontale de la face ABCD. Déterminant maintenant, comme l'indique la figure, les directions des projections verticales des côtés AB, AD de cette face, nous obtiendrons, au moyen des perpendiculaires abaissées sur la ligne de terre des points b et d, les projections verticales $a'b'$, $a'd'$ des côtés AB, AD, et nous achèverons la projection verticale de la face ABCD au moyen des parallèles $b'c'$, $d'c'$ menées à $a'd'$, $a'b'$.

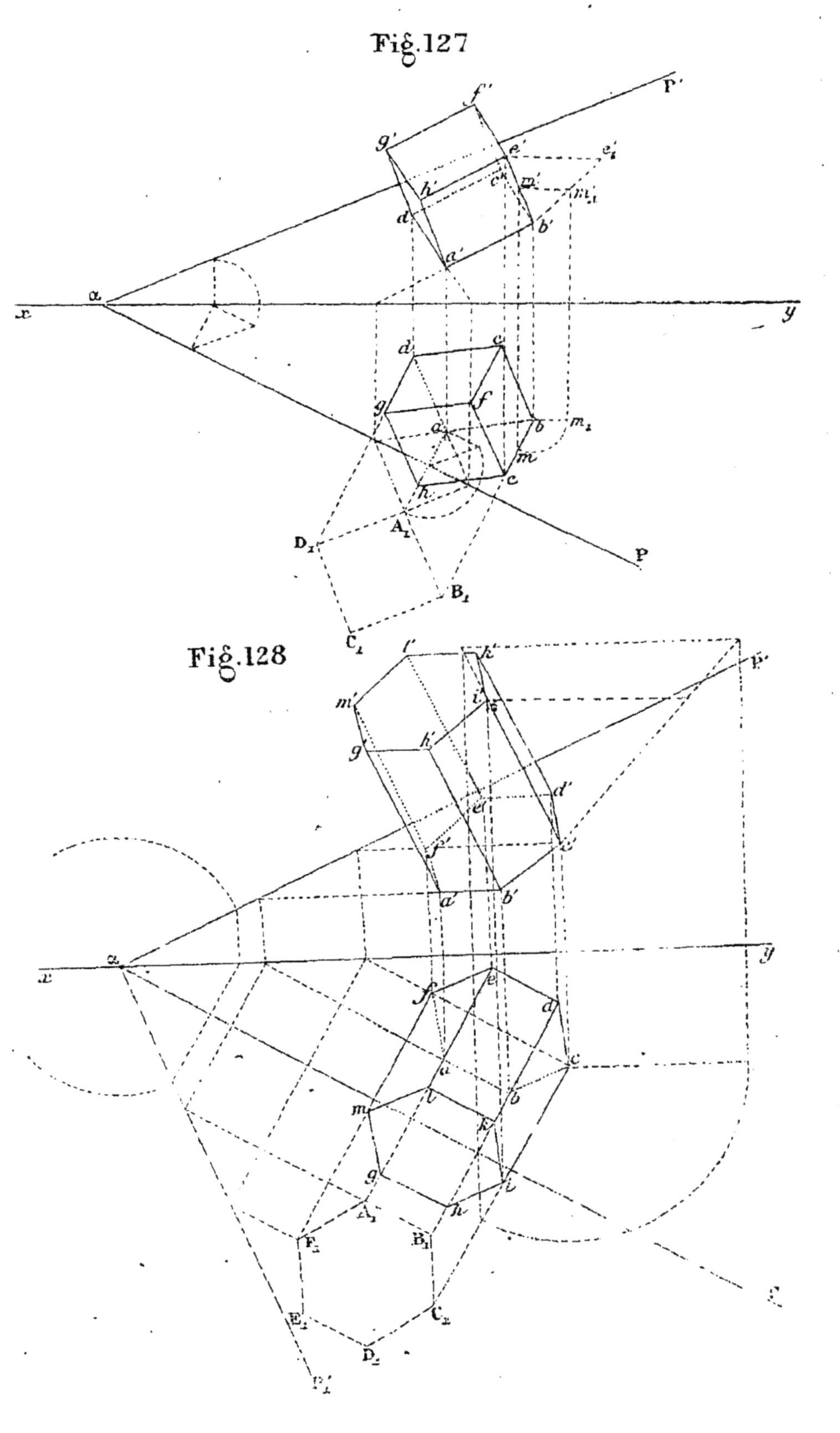

Fig. 127

Fig. 128

Les arêtes latérales du cube sont perpendiculaires au plan P'αP : leurs projections sont donc perpendiculaires sur les traces de ce plan et, pour avoir les projections de l'extrémité de l'une d'elles, il suffira de résoudre le problème qui consiste à déterminer les projections d'un point d'une droite distant d'une longueur donnée d'un autre point pris sur cette droite (20). On obtient ainsi les projections d'un point e, e' de l'extrémité de l'arête partant du point B, et la construction s'achève en prenant sur les projections des autres arêtes des longueurs respectivement égales à bc et $b'c'$ et en joignant les points obtenus.

Nota. Les points rabattus en B_1, D_1 pourraient être relevés au moyen de constructions analogues à celle qui a servi pour le point A. On pourrait encore, pour relever ces différents sommets, employer la méthode des horizontales (52. 2°. 2ᵉ Méthode).

68. Problème 2, *Construire les projections d'un prisme.*

Nous examinerons seulement le cas où le prisme repose par l'une de ses basses sur un plan quelconque.

Supposons qu'il s'agisse d'un prisme droit ayant pour base un hexagone régulier, lequel, rabattu sur le plan horizontal, a pris la position $A_1B_1C_1D_1E_1F_1$ (*fig.* 128). On déterminera les projections $abcdef$, $a'b'c'd'e'f'$ de cette base en relevant les sommets au moyen de l'un des procédés indiqués plus haut (52). Dans l'épure actuelle on a adopté la méthode des horizontales. Pour obtenir les projections des arêtes latérales, comme le prisme est droit, on mènera des perpendiculaires sur les traces du plan P'αP, et l'on cherchera les projections i, i' de l'extrémité de l'une d'elles à l'aide du problème 4 (20). On achèvera enfin les projections du solide soit en prenant sur les projections de toutes les arêtes des longueurs égales à ci pour les unes $c'i'$ pour les autres et joignant les extrémités, soit encore en formant les hexagones, qui sont les projections de la base supérieure, au moyen de parallèles menées des points i, i' aux côtés des figures $abcdef$, $a'b'c'd'e'f'$.

69. Problème 3. *Construire les projections d'une pyramide.*

1° *La pyramide repose par sa base sur le plan horizontal de projection.*

Soient données la base ABCDE d'une pyramide reposant sur le

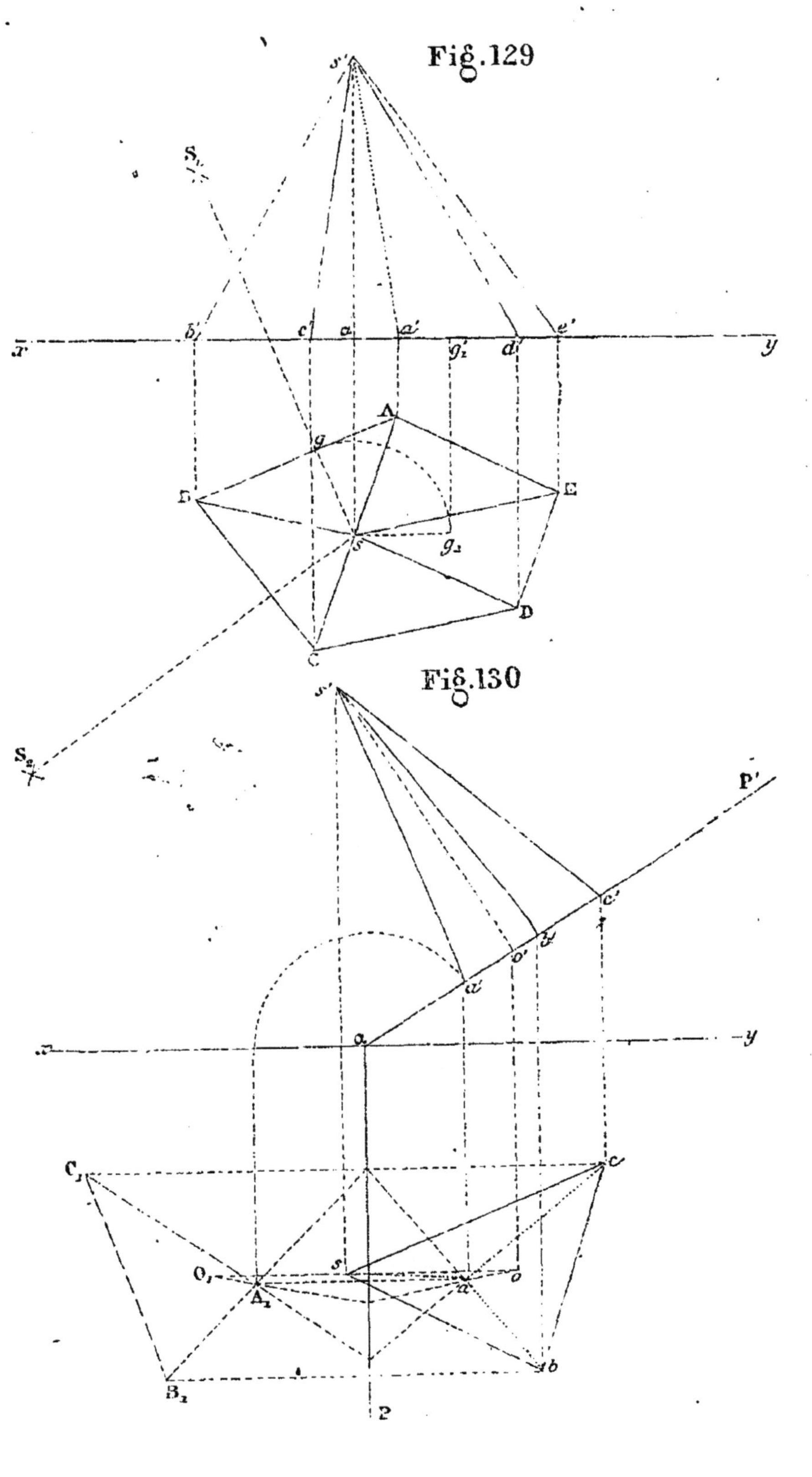

Fig. 129

Fig. 130

plan horizontal et les longueurs des arêtes SA, SB, SC (*fig.* 129). Si des points A et B comme centres avec SA et SB pour rayons on décrit deux arcs de cercles qui se coupent en S_1, on a en ce point un rabattement du sommet S de la pyramide sur le plan horizontal, la face SAB étant censée avoir tourné autour de AB. En décrivant de même des points B et C comme centres avec SB, SC comme rayons deux autres arcs de cercle, on a en S_2 un second rabattement du sommet S. La projection horizontale de ce sommet est donc au point s où se rencontrent les perpendiculaires abaissées des points S_1 et S_2 sur AB et BC (50. Remarque). Pour déterminer la projection verticale du sommet, on remarquera qu'il est situé à une distance Ss du plan horizontal égale à l'un des côtés de l'angle droit d'un triangle rectangle ayant Sg pour l'autre côté de l'angle droit et gS$_1$, pour hypoténuse. On aura donc cette projection s' en menant par le point s une parallèle sg_1 à xy, prenant $sg_1 = sg$, abaissant $g_1g'_1$ perpendiculaire sur xy et décrivant du point g'_1 comme centre avec gS$_1$, comme rayon un arc de cercle qui coupe la perpendiculaire ss' à la ligne de terre au point s'. Il ne reste plus alors qu'à projeter A,B,C,D,E en a', b', c', d', e' et qu'à joindre sA, sB... sE d'une part, $s'a'$, $s'b'$... $s'e'$ de l'autre. On a ainsi les projections de la pyramide.

    2° *La pyramide repose par sa base sur un plan perpendiculaire à l'un des plan de projection.*

    Soit P'αP (*fig.* 130) le plan sur lequel repose la base de la pyramide que nous supposerons triangulaire. Imaginons cette base rabattue sur le plan horizontal en $A_1B_1C_1$ et le pied de la hauteur du solide (supposée connue) rabattu également en O_1. Nous déterminerons, comme nous l'avons fait pour le cube (67. 2°), les projections $a'b'c'$, abc de la base et celles o, o' du pied de la hauteur. Cette dernière est ici parallèle au plan vertical et s'y projette par suite en vraie grandeur. En menant donc $o's'$ perpendiculaire sur αP' os perpendiculaire sur αP prenant $o's'$ égale à la hauteur donnée et abaissant $s's$ perpendiculaire sur xy, nous aurons en s', s les projections du sommet de la pyramide. Les projections du solide sont ainsi $s'a'b'c'$, $sabc$.

    3° *La pyramide repose par sa base sur un plan quelconque.*

    Soient PαP (*fig.* 131) le plan sur lequel repose la base de la

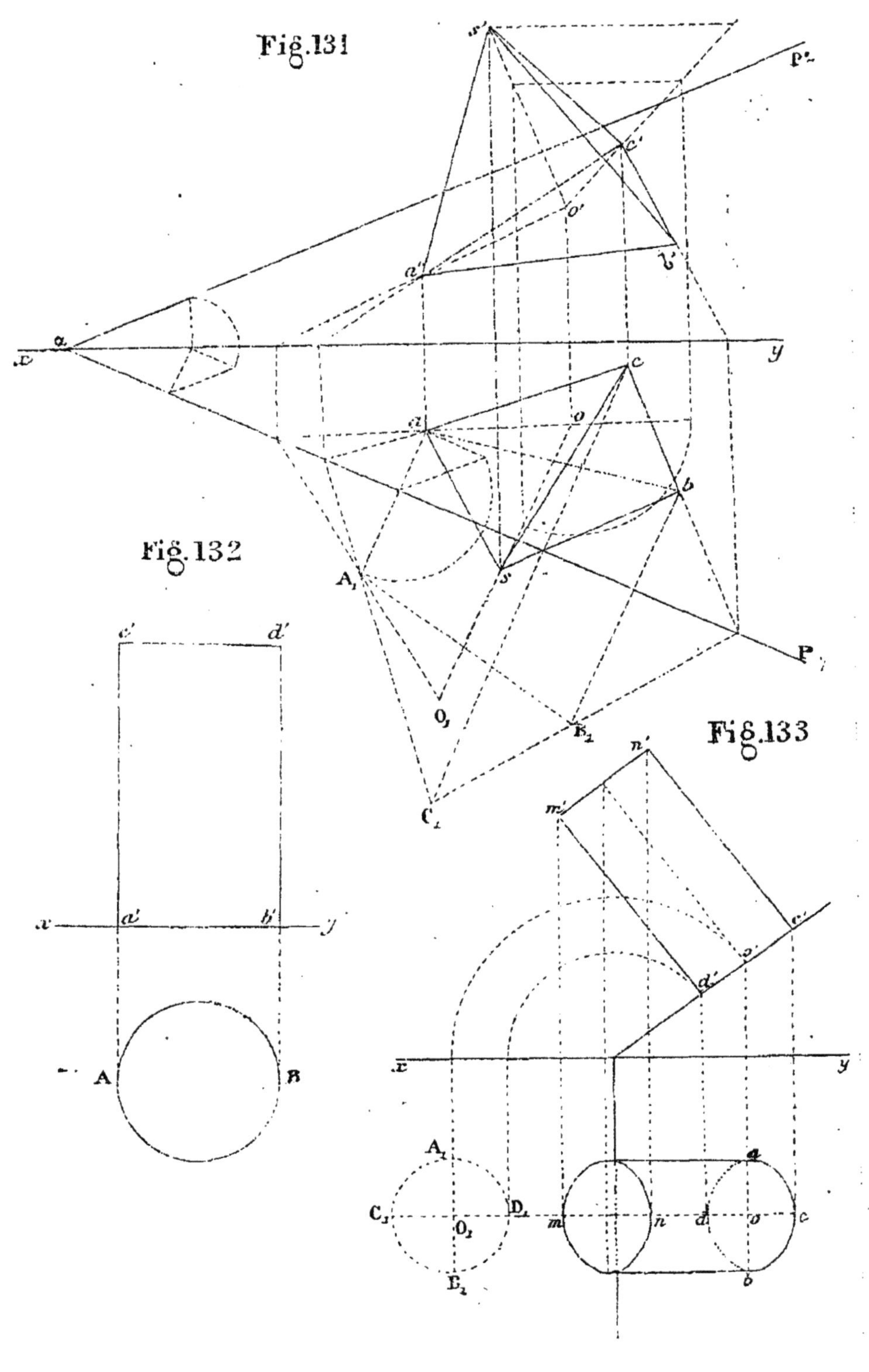
Fig.131
Fig.132
Fig.133

pyramide supposée triangulaire, et $A_1B_1C_1$ le rabattement de cette base sur le plan horizontal. On déterminera d'abord le **ra-battement** O_1 du pied de la hauteur de la pyramide. (Cette détermination varie suivant les données. Ainsi, si l'on connaît les arêtes latérales de la pyramide, on opère comme dans le premier cas de la question actuelle, et l'on obtient non-seulement le pied de la hauteur, mais cette hauteur elle-même en vraie grandeur.) On obtient ensuite comme dans le cas du cube (67. 3°), les projections abc, $a'b'c'$ de la base et celles o, o' du pied de la hauteur. Comme celle-ci est perpendiculaire au plan ses projections sont des perpendiculaires aux traces du plan. On détermine sur ces droites les projections s, s' d'un point dont la distance au point (o, o') est égale à la hauteur du solide (20). Joignant enfin sa, sb, sc, $s'a'$, $s'b'$, $s'c'$ on a les projections de la pyramide.

70. Problème 4. *Construire les projections d'un cylindre droit à base circulaire.*

1° *Le cylindre repose par l'une de ses bases sur le plan hori-zontal de projection.*

On voit immédiatement que dans ce cas (*fig.* 132) sa projection horizontale est le cercle de base lui-même et sa projection verticale un rectangle $a'b'c'd'$ ayant pour base le diamètre du cercle et pour hauteur celle du cylindre.

2° *Le cylindre reposé par l'une de ses bases sur un plan perpen-diculaire à l'un des plans de projection.*

La base inférieure rabattue en O_1 (*fig.* 133), a pour projection horizontale une ellipse dont le grand axe ab est la projection du diamètre rabattu en A_1B_1 parallèlement à αP et dont le petit axe cd est la projection d'un diamètre C_1D_1 perpendiculaire au premier. La projection verticale de la base est la droite $c'd'$. Les génératrices du cylindre se projettent verticalement suivant des perpendiculaires à $\alpha P'$ et en vraie grandeur; horizontale-ment suivant des parallèles à xy. Enfin la base supérieure a pour projection horizontale une ellipse égale à $abcd$ et pour pro-jection verticale la droite m' n' parallèle à $c'd'$.

3° *Le cylindre repose par sa base sur un plan quelconque.*

On relève (54) le cercle de base rabattu en O_1 (*fig.* 134). En o, o' on élève des perpendiculaires sur les traces correspondantes

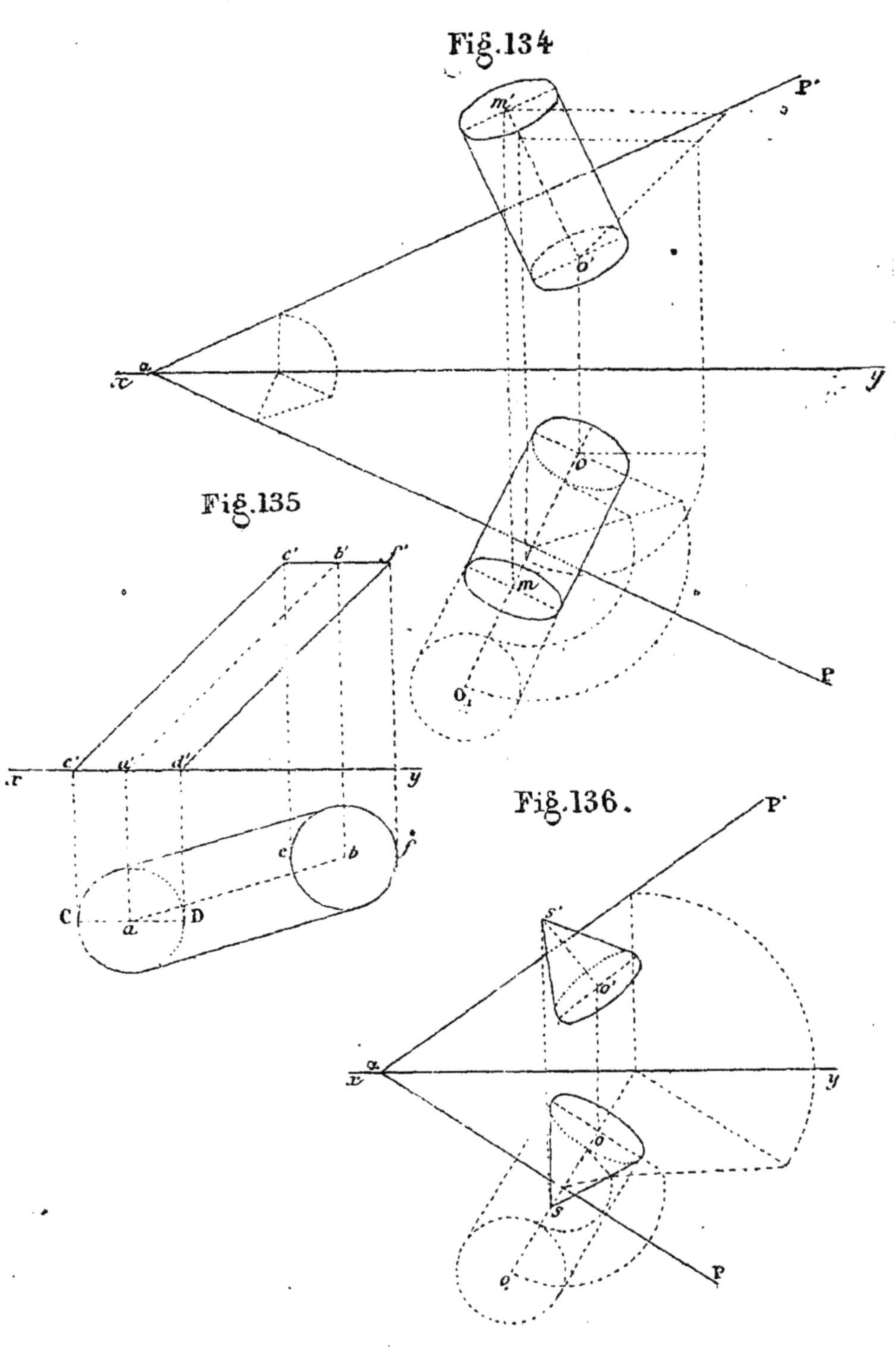

Fig.134
P'
m'
o'
x
a
y
Fig.135
P
o
m
O,
c'
b'
f'
c'
a'
d'
x
y
c
b
C
a
D
Fig.136.
P'
s'
o
x
a
y
o
s
o
P

lu plan, puis on détermine les projections (m,m') d'un point dont la distance au point (o,o') est égale à la hauteur du cylindre (20). Les points m,m' sont les centres d'ellipses respectivement égales à celles déjà tracées et qui sont les projections de la base supérieure du cylindre. Enfin on achève les projections demandées en joignant les extrémités des grands axes des ellipses tracées sur le même plan de projection. La figure donne l'indication sommaire de l'épure.

71. Problème 5. *Constuire les projections d'un cylindre oblique à base circulaire.*

Supposons la base placée sur le plan horizontal (*fig.* 135) et soient $(ab,\ a'b')$ les projections de l'axe du cylindre. La base supérieure se projette sur le plan horizontal suivant un cercle égal à celui de la base inférieure ayant b pour centre, et verticalement suivant une parallèle à xy menée par le point b' égale au diamètre du cercle. Projetant les extrémités du diamètre CD parallèle à xy en c' et d' et joignant $c'\,e'$, $d'\,f'$ on a en $c'\,d'\,e'\,f$ projection verticale du cylindre. La projection horizontale s'achève en menant des tangentes communes aux deux cercles ayant pour centres a et b.

72. Problème 6. *Déterminer les projections d'un cône droit à base circulaire.*

La marche à suivre étant absolument la même que dans les problèmes qui précèdent, nous nous contentons d'indiquer très-sommairement l'épure à l'aide de la figure 136 en supposant que le cône repose par sa base sur un plan quelconque P′αP.

SECTIONS PLANES DES POLYÈDRES.

73. Problème 1. *Construire les projections et la vraie grandeur de la section faite dans la pyramide SABCD par le plan P′αP perpendiculaire au plan vertical de projection (fig. 137).*

Le plan P′αP étant perpendiculaire au plan vertical, coupe les arêtes de la pyramide en des points qui se projettent verticalement en m',n',r',t', et horizontalement aux points m,n,r,t,

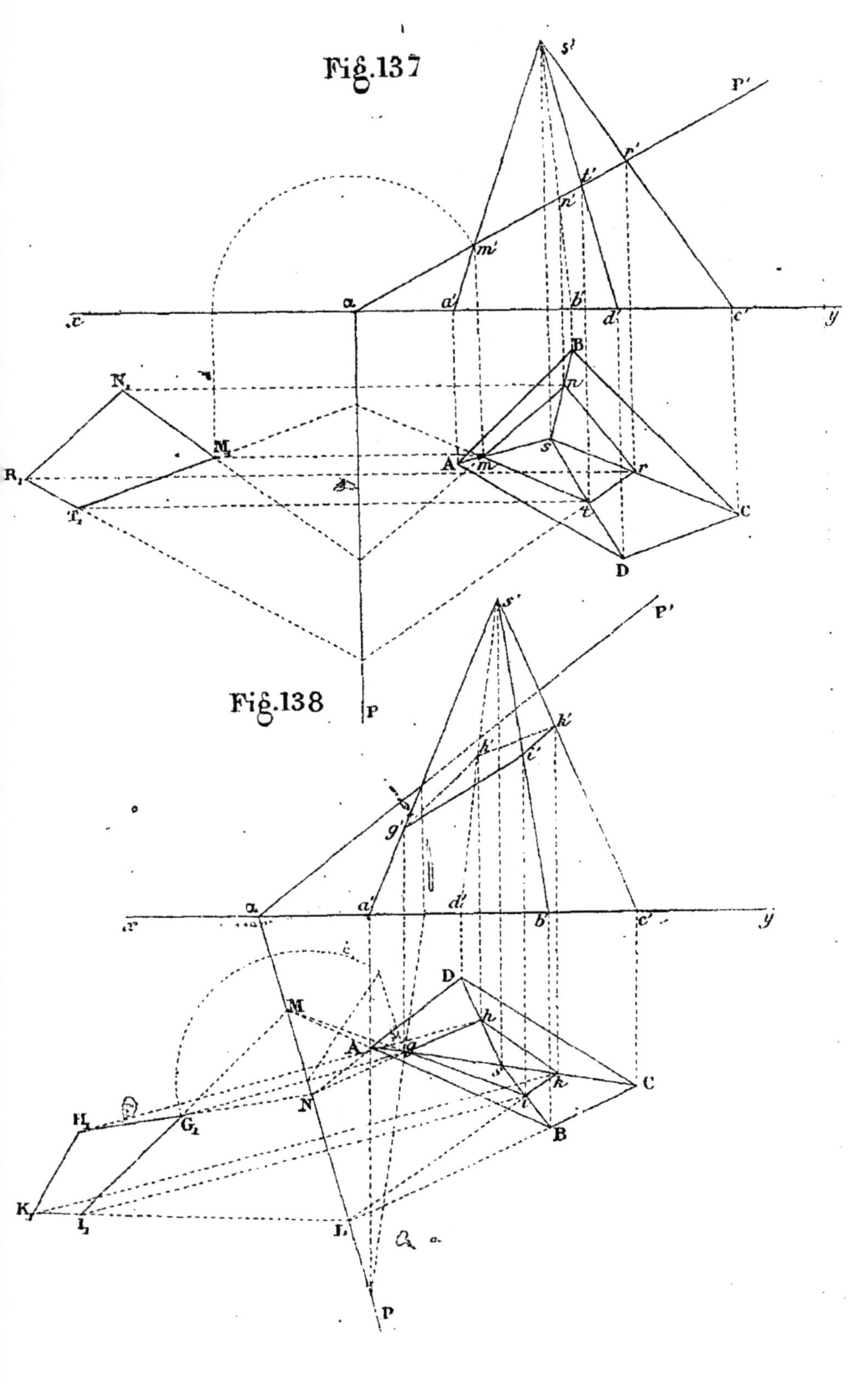

Fig.137
Fig.138
P'
P'
P
P
y
y
s'
t'
n'
m'
a
a'
b
d'
c'
x
B
n
s
A
m
r
t
C
D
N
M
R
T
s
k'
h'
i'
g'
a
a'
d'
b
c'
D
M
h
A
g
j
k
i
C
B
N
H
G
K
L

où les projections horizontales des arêtes sont rencontrées par les perpendiculaires menées des points m', n', r', t', sur la ligne de terre. En joignant donc mn, nr, rt, tm, on a la projection horizontale de la section dont la projection verticale est la droite $m'n'r't'$.

Si maintenant on fait tourner le plan P'αP autour de αP pour le rabattre sur le plan horizontal et qu'on détermine les rabattements des sommets de la section, on a en joignant ces sommets rabattus la figure $M_1N_1R_1T_1$ qui est la vraie grandeur de la section.

74. Problème 2. *Construire les projections et la vraie grandeur de la section faite dans la pyramide* SABCD *par le plan* P'αP *oblique aux plans de projection.* (*Fig.* 13b).

On pourrait déterminer successivement l'intersection du plan avec chacune des arêtes de la pyramide (56) et joindre entre eux les points obtenus, mais il est plus simple d'opérer comme il suit.

On commence par déterminer l'intersection du plan avec l'une des arêtes (sA, s'a') par exemple ; on obtient ainsi le point (g, g') qui est commun au plan sécant et à chacune des deux faces SAB, SAD de la pyramide. Or si l'on prolonge AB jusqu'à sa rencontre en M avec la trace αP, le point M est la trace horizontale de l'intersection du plan de la face SAB avec le plan P'αP, on a donc en joignant Mg la projection horizontale de cette intersection ; donc gi est la projection horizontale de la droite suivant laquelle le plan P'αP coupe la face SAB. Prolongeant maintenant DA jusqu'à la rencontre de αP en N, et CB jusqu'à sa rencontre en L avec la même droite αP, on obtient de même en joignant Ng, Li les projections horizontales des intersections des faces SAD, SBC avec le plan sécant. Joignant enfin hk, on a en $ghki$ la projection horizontale de la section. On obtient les projections verticales des points G,H,K,I, en élevant en g, h, k. i. des perpendiculaires sur xy jusqu'à la rencontre des projections verticales des arêtes de la pyramide. Joignant les points obtenus, on a en $g'h'k'i'$ la projection verticale de la section.

Le rabattement des sommets de cette section étant effectué comme l'indique la figure sur le plan horizontal, on a en $G_1H_1I_1K_1$ la vraie grandeur de la section.

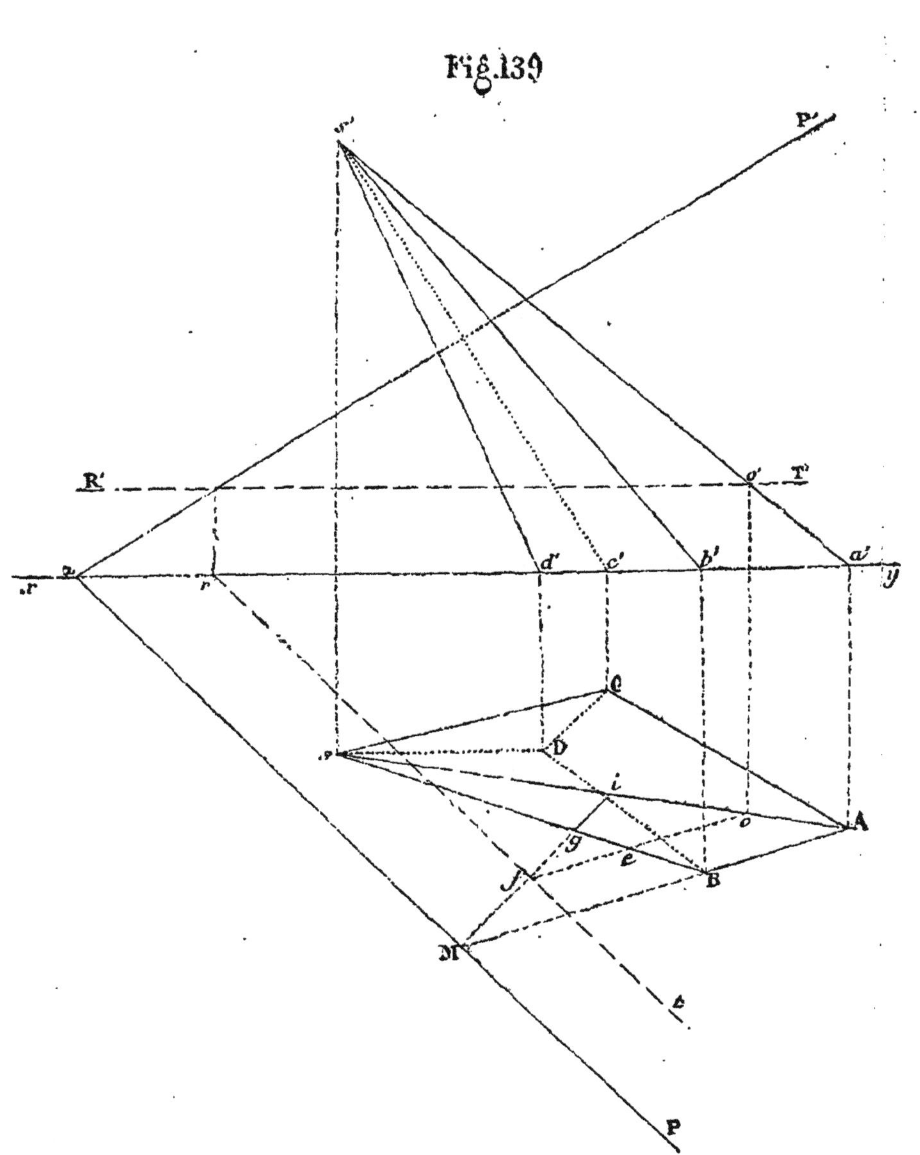

Fig.139

75. Les deux problèmes qui précèdent suffisent pour indiquer la marche à suivre lorsque l'on veut déterminer la section faite dans un polyèdre par un plan. On voit qu'on obtient cette section en cherchant les intersections du plan avec chacune des arêtes du polyèdre, ou encore en construisant les intersections du plan sécant avec les différentes faces du polyèdre.

76. Remarque. On peut encore, pour déterminer la projection d'un premier point commun au plan sécant et à l'une des faces du solide, employer le procédé suivant.

Soient la pyramide SABCD (*fig.* 139) et le plan sécant $P'\alpha P$. Ayant prolongé la trace horizontale de l'une des faces, SAB par exemple, jusqu'à la rencontre en M avec αP, on a en M un point commun au plan $P'\alpha P$ et au plan de la face SAB. Pour en trouver un second, on mène un plan quelconque $R'T'$ parallèle au plan horizontal ; ce plan coupe le plan $P'\alpha P$ suivant une droite qui se projette horizontalement suivant rt parallèle à αP, et coupe l'arête SA en un point (o, o') ; en menant par le point o la ligne ef parallèle à AB, on a la projection horizontale de l'intersection du plan $R'T'$ avec le plan de la face SAB. Il en résulte que le point f où cette droite rencontre rt est la projection horizontale d'un point appartenant aux trois plans $P'\alpha P$, $R'T$ et SAB, par suite d'un point de l'intersection du plan $P'\alpha P$ avec la face SAB. Joignant Mf, cette ligne est la projection horizontale de l'intersection de la face SAB avec le plan $P'\alpha P$. On détermine ensuite les autres côtés de la section, soit par le même procédé, soit comme on l'a fait plus haut (74). On n'a pas figuré sur l'épure les autres côtés de la section.

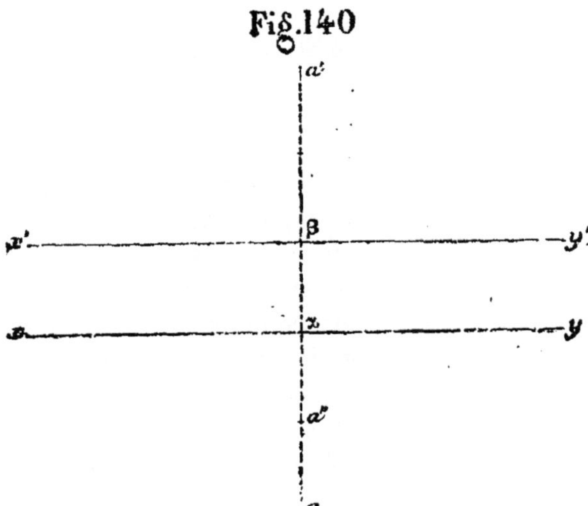

Fig.140

SECONDE PARTIE

CHANGEMENTS DE PLANS DE PROJECTION

77. La résolution d'un problème se trouve souvent simplifiée lorsque les données occupent par rapport aux plans de projection certaines positions particulières. Il est donc avantageux dans un grand nombre de cas de changer de plans de projection. Les nouveaux plans étant choisis commodément en vue de la question que l'on a à traiter, on détermine les projections des données sur ces plans, puis on résout le problème et l'on n'a plus qu'à déterminer ce que deviennent les projections des ré sultats lorsque l'on revient aux plans de projection primitifs

78. Problème 1. *Étant données les projections d'un point, déterminer ce qu'elle deviennent lorsque l'on change l'un des plans de projection.*

1° *On remplace le plan horizontal par un plan qui lui est parallèle.*

Soient (*fig.* 140) xy la ligne de terre et a, a' les projections d'un point. Supposons que l'on prenne un nouveau plan horizontal distant du premier d'une longueur $\alpha\beta$: la ligne de terre devient $x'y'$. Le plan vertical restant le même, la projection verticale a' ne change pas, et d'autre part la distance du point A de l'espace au plan vertical ne varie pas, de telle sorte que la projection horizontale de ce point doit rester à la même distance de la ligne de terre. Or celle-ci est actuellement $x'y'$: on a donc la nouvelle projection horizontale a'' en prenant $\beta a'' = \alpha a$.

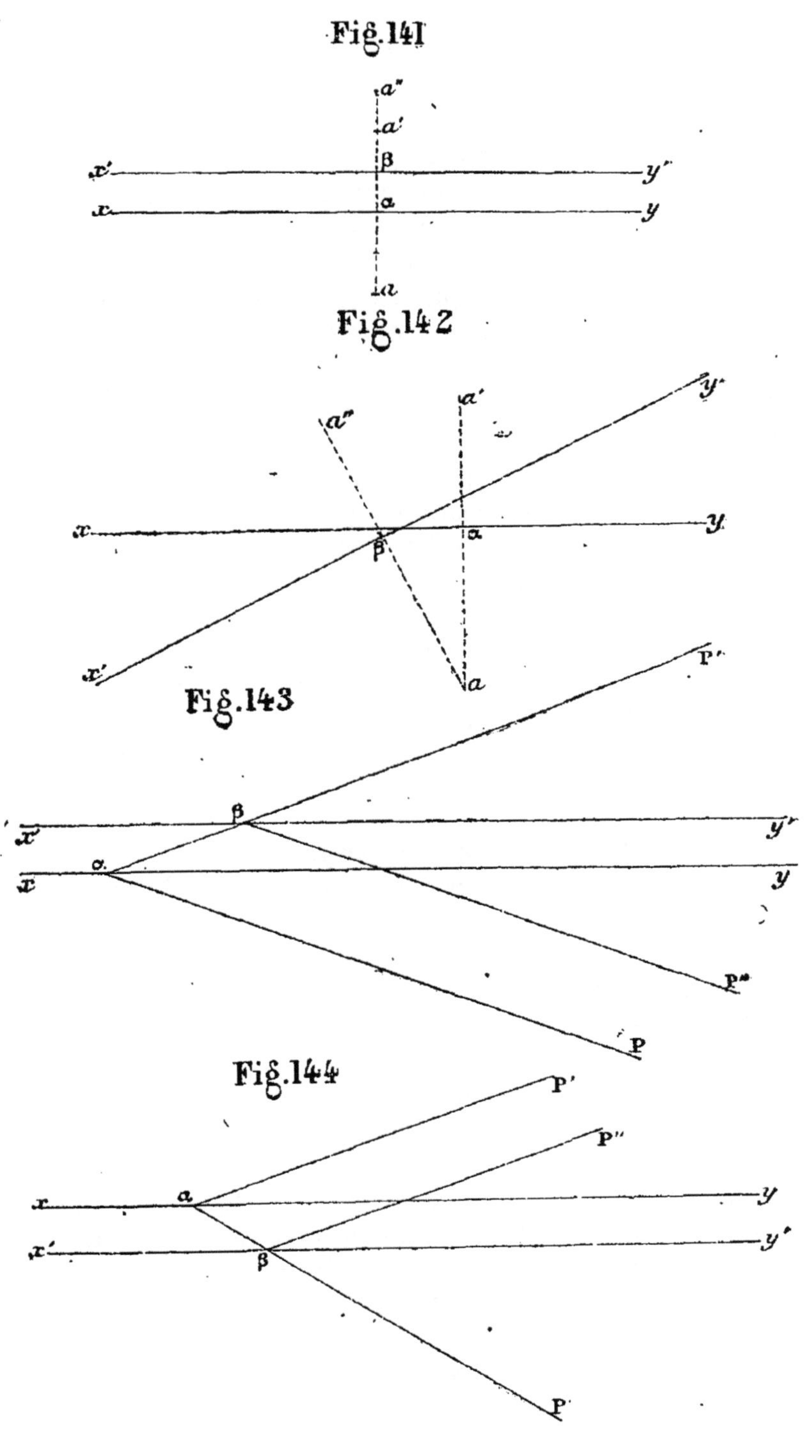

2° *On remplace le plan vertical par un plan qui lui est parallèle.*

Soient (*fig.* 141) xy la ligne de terre et a, a' les projections d'un point. Si l'on prend un nouveau plan vertical parallèle au premier et coupant le plan horizontal suivant $x'y'$, on voit facilement que la projection horizontale du point reste en a et que la projection verticale a'' s'obtient en prenant $\beta a'' = \alpha a'$.

En résumé, dans les deux cas qui précèdent, tout se réduit à un déplacement de la projection de même nom que le plan que l'on change, déplacement qui la porte à une distance de l'ancienne projection égale à la distance de la première ligne de terre à la nouvelle.

3° *On remplace le plan vertical de projection par un nouveau plan vertical formant avec le premier un angle quelconque.*

Soient (*fig.* 142) xy la ligne de terre et a, a' les projections d'un point. Prenons un nouveau plan vertical de projection formant avec le premier un angle γ : la nouvelle ligne de terre est une droite $x'y'$ faisant un angle γ avec xy. La projection a ne change pas ; la nouvelle projection verticale vient donc se placer sur une perpendiculaire à la ligne de terre $x'y'$ abaissée du point a et à une distance $\beta a'' = \alpha a'$, car la distance du point de l'espace au plan horizontal n'a pas varié.

79. Problème 2. *Étant données les projections d'une droite, déterminer ce qu'elles deviennent lorsque l'on change l'un des plans de projection.*

Il suffit pour résoudre le problème de chercher ce que deviennent les projections de deux des points de la droite et de joindre entre elles les nouvelles projections.

80. Problème 3. *Étant données les traces d'un plan, déterminer ce qu'elles deviennent lorsque l'on change l'un des plans de projection.*

1° Lorsque l'on remplace l'un des plans de projection par un plan qui lui est parallèle, la trace de même nom du plan donné se déplace parallèlement à elle-même tandis que l'autre trace conserve sa position. Ainsi (*fig.* 143 et 144) xy étant la ligne de terre et $P'\alpha P$ le plan donné, les traces deviennent $P'\beta P''$ ou $P''\beta P$ suivant qu'on a pris un nouveau plan de projection parallèle au plan horizontal ou parallèle au plan vertical.

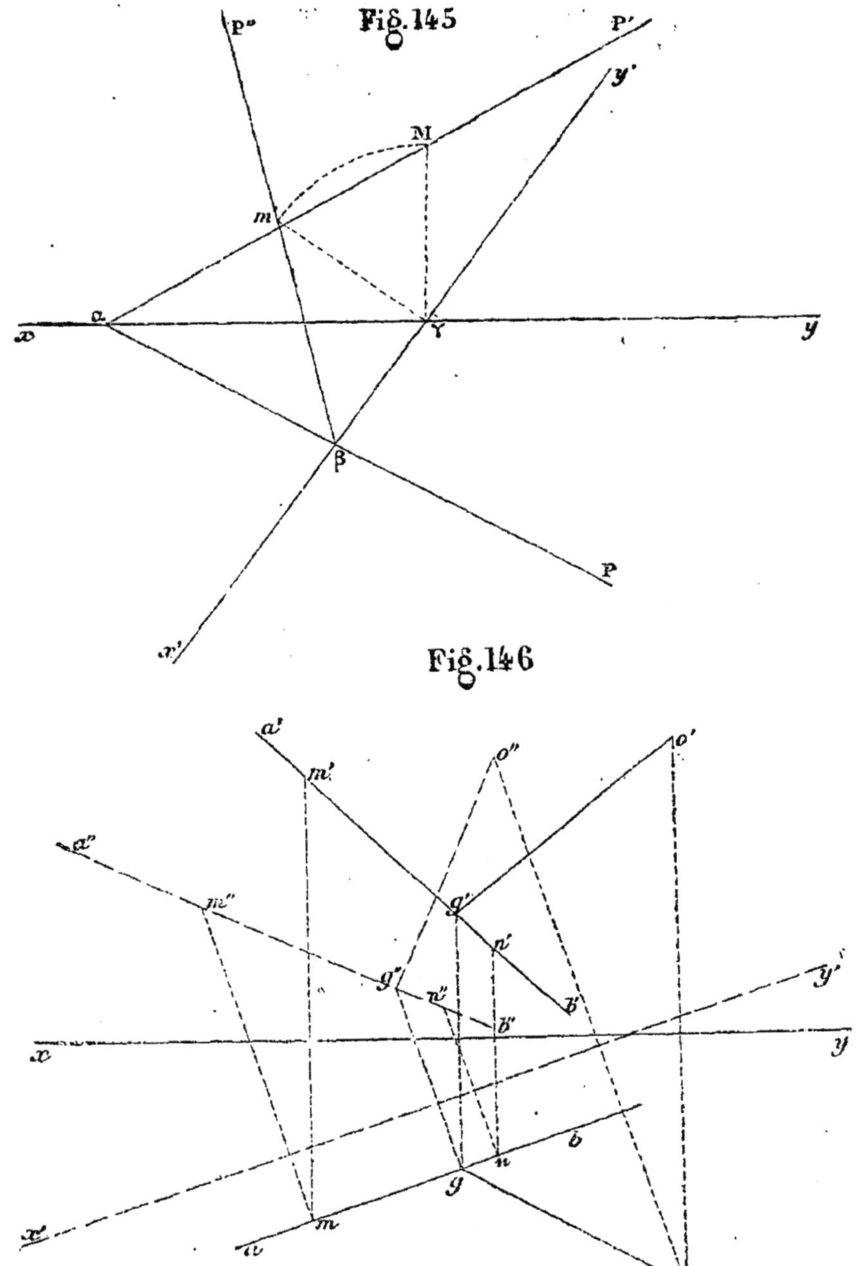

Fig. 145
P"
P'
y'
M
m'
a
γ
x
y
β
P
x'

Fig. 146
a'
m'
o"
o'
a"
m"
g'
n'
g"
v"
b'
b"
y'
x
y
b
n
g
m
x'
o

2° Le plan horizontal restant le même, supposons maintenant que l'on prenne pour plan vertical de projection un plan formant avec le premier plan vertical un certain angle et soit $x'y'$ la nouvelle ligne de terre (*fig.* 145). La trace horizontale du plan donné P'αP est toujours αP et le point β où elle rencontre $x'y'$ appartient à la nouvelle trace verticale. Or la trace du nouveau plan vertical sur l'ancien est γM perpendiculaire sur xy : le point M situé sur cette trace et sur αP' est donc un point appartenant au plan vertical. Dans le rabattement de ce dernier sur le plan horizontal, γM prend la position γm' perpendiculaire sur $x'y'$ et le point M vient en m'. Joignant donc βm', on a la trace verticale demandée.

81. *Remarque.*.Si l'on remplace le plan horizontal par un autre plan perpendiculaire au plan vertical, les constructions à faire sont entièrement analogues à celles que nous venons d'indiquer pour le cas où l'on substitue au plan vertical un autre plan vertical formant avec le premier un angle quelconque.

82. Lorsque l'on veut changer les deux plans de projection, on opère les changements successivement à l'aide des problèmes qui viennent d'être résolus.

83. Applications. 1° *Étant donnés un point* (o,o') *et une droite* (ab, a'b'), *abaisser du point une perpendiculaire sur la droite* (*fig.* 146).

On prendra un nouveau plan vertical de projection parallèle à la droite donnée ; la nouvelle ligne de terre $x'y'$ sera alors parallèle à la projection horizontale ab, et l'on déterminera les nouvelles projections verticales a″b″ et o″ de la droite et du point donnés. Ceci fait, pour résoudre le problème il suffira d'abaisser o″g″ perpendiculaire sur a″b″, puis g″g perpendiculaire sur $x'y'$ jusqu'à la rencontre de ab et de joindre og (27) ; les droites o″g″, og seront les projections de la perpendiculaire demandée par rapport au nouveau plan vertical. Pour revenir à l'ancien, on abaissera gg' perpendiculaire sur xy jusqu'à la rencontre de a'b' en g' ; on joindra o'g' et l'on aura enfin en og, o'g' les projections de la perpendiculaire demandée.

2° *Construire les projections d'un solide, un prisme triangulaire*

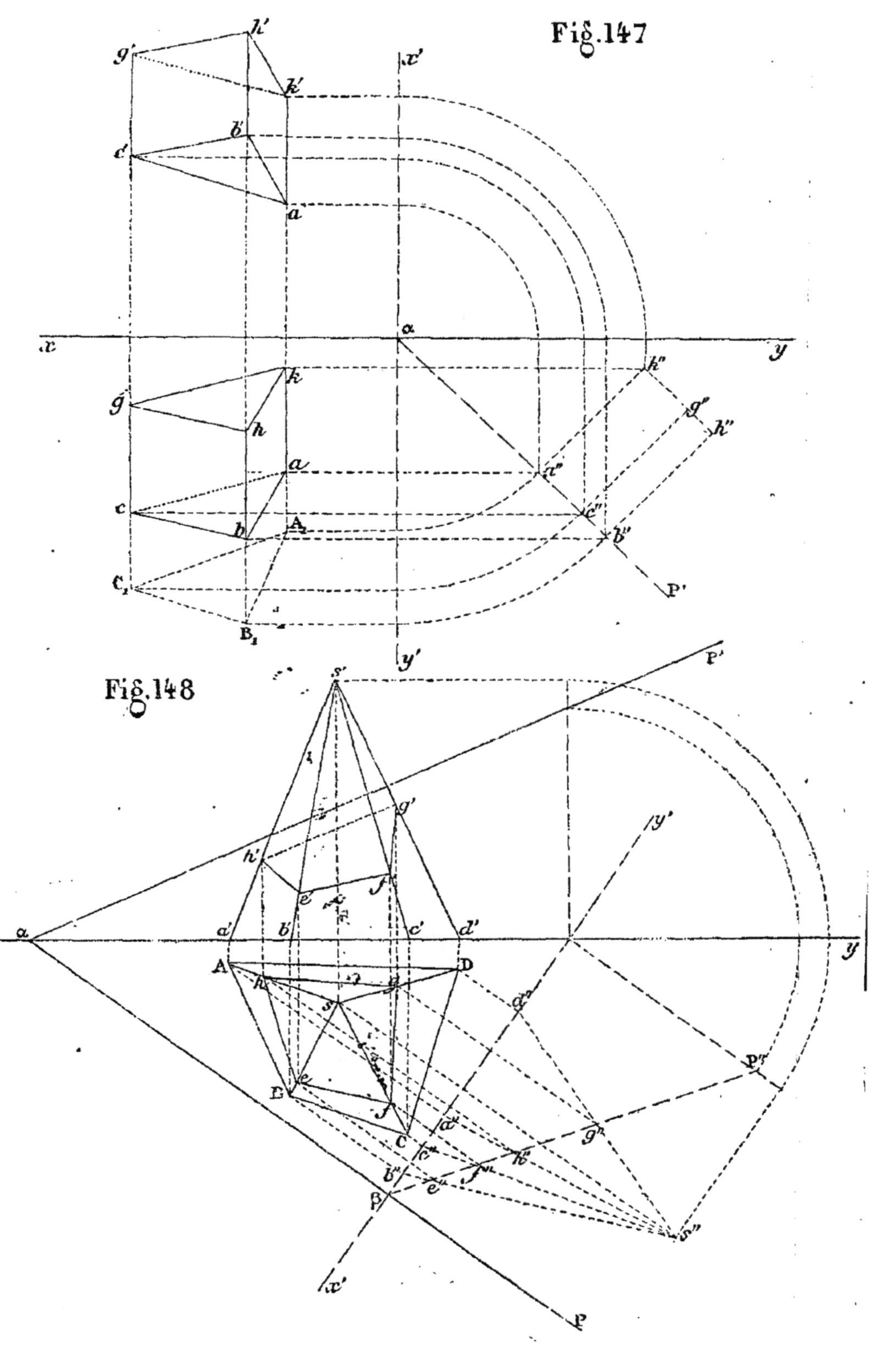

Fig.147
Fig.148

droit par exemple, dont la base repose sur le plan bissecteur du
1ᵉʳ dièdre.

Soit $A_1B_1C_1$ (*fig.* 147), la base du prisme supposée rabattue sur le plan horizontal. Prenons pour nouveau plan vertical de projection un plan perpendiculaire à la ligne de terre ; les traces du plan bissecteur par rapport au nouveau système de plans de projection seront la ligne de terre xy et un droite $\alpha P'$ bissectrice de l'angle formé par xy avec la nouvelle ligne de terre $x'y'$. La question se trouve alors ramenée à projeter un solide dont la base est placée sur un plan perpendiculaire au plan vertical de projection, question qui a été résolue plus haut (67, 2°). Ayant fait les constructions, on obtient pour projection horizontale $abcghk$ et pour projection verticale $a''b''c''g''h''k''$, et il ne reste plus qu'à chercher ce que devient cette dernière lorsque l'on retourne à l'ancien plan vertical de projection. On trouve ainsi la figure $a'b'c'g'h'k'$. Les projections demandées sont donc $abcghk$, $a'b'c'g'h'k'$.

3° *Déterminer les projections de la section faite dans un solide, une pyramide par exemple, par un plan quelconque.*

Soient (*fig.* 148) SABCD la pyramide et $P'\alpha P$ le plan donnes. Prenons un nouveau plan vertical de projection coupant la trace horizontale αP du plan donné suivant une perpendiculaire $x'y$ qui sera la nouvelle ligne de terre. Projetons ensuite la pyramide en $s''a''b''c''d''$ sur le nouveau plan vertical choisi et déterminons a trace verticale $\beta P''$ du plan sécant sur le nouveau plan. Nous sommes alors ramenés à déterminer les projections de la section faite dans une pyramide par un plan perpendiculaire au plan vertical de projection (73). Nous trouvons ainsi pour ces projections $efgh$, $e''f''g''h''$. La projection verticale $e''f''g''h''$ ramenée sur le plan vertical primitif y devient $e'f'g'h'$ et le problème est ainsi résolu.

On voit par les applications qui précèdent, le parti que l'on peut tirer des changements de plans de projection pour simplifier la résolution de certains problèmes

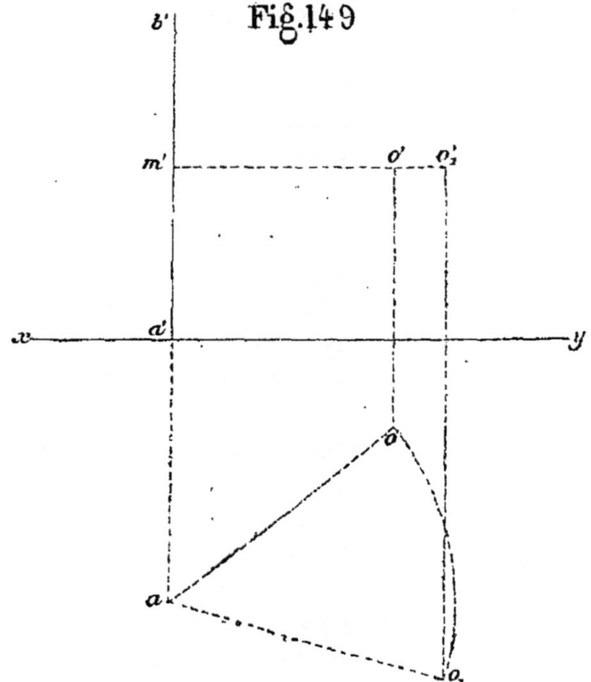

Fig.149
b'
m'
o'
o'₁
x
a'
y
o
a
o₁

MOUVEMENTS DE ROTATION.

84. Au lieu de changer les plans de projection afin de donner aux éléments d'une question des positions plus commodes pour la résolution du problème, on peut encore conserver ces plans et faire tourner les données de la question d'un certain angle autour d'un axe convenablement choisi de manière à les amener dans les positions voulues, puis résoudre le problème et faire tourner les résultats en sens contraire pour les amener dans la position qu'ils doivent occuper, eu égard aux positions premières des données.

Cette méthode conduit à résoudre les problèmes suivants ·

85. Problème 1. *Étant données les projections d'un point, déterminer la position qu'elles prennent lorsqu'on fait tourner le point d'un certain angle autour d'un axe donné.*

1° *L'axe est vertical.*

Soient (*fig.* 149) $(a, a'b')$ et (o, o') les projections de l'axe et celles du point donné. En tournant autour de l'axe, le point décrit un arc de cercle dont le rayon est une droite perpendiculaire sur l'axe et par suite parallèle au plan horizontal ; ce rayon se projette donc horizontalement en vraie grandeur suivant oa. De même, l'arc que décrit le point donné se projette horizontalement en vraie grandeur et verticalement suivant $o'm'$ parallèle à la ligne de terre. Si donc du point a comme centre avec ao comme rayon on décrit un arc de cercle et que l'on mène ao_1 formant avec ao et dans le sens de la rotation un angle égal à celui dont on suppose que le point a tourné, on aura en o_1 la nouvelle projection horizontale de celui-ci. La projection verticale o'_1 est à la rencontre de $o'm'$ avec la perpendiculaire abaissée du point o_1 sur xy.

2° *L'axe est horizontal.*

Si d'abord cet axe est en même temps perpendiculaire au plan vertical, la marche à suivre est absolument la même que celle du cas précédent.

Supposons maintenant que l'axe étant horizontal ne soit pas en même temps perpendiculaire au plan vertical de projection.

Soient $(ab, a'b')$ et (o, o') l'axe et le point donnés. (*fig.* 150). Le point en tournant décrit un arc de cercle dont le plan perpendi-

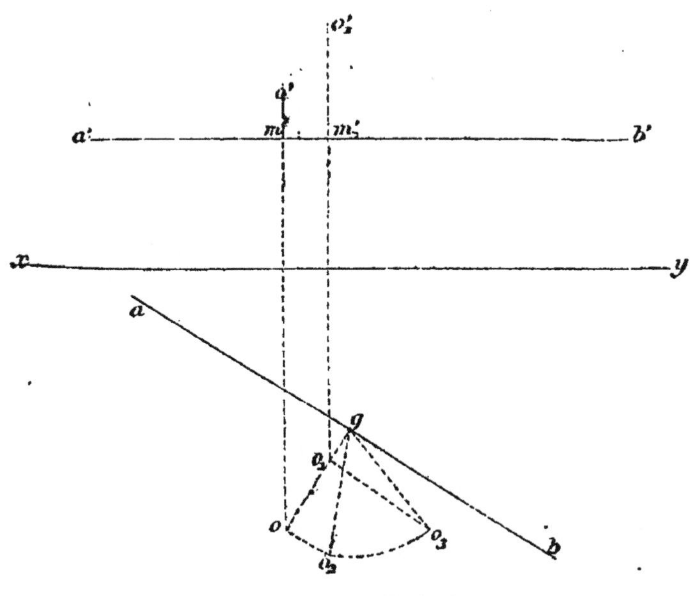

Fig.150

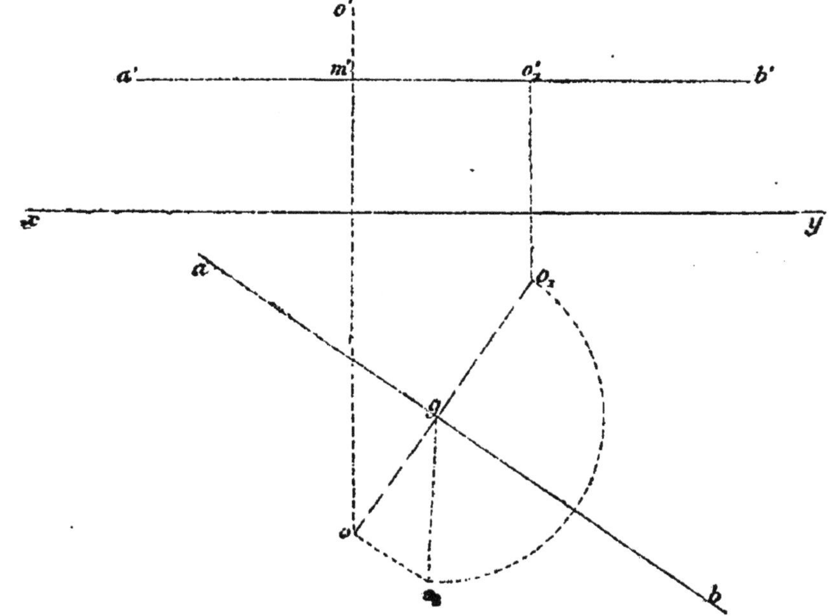

Fig.151

culaire à l'axe a pour trace horizontale og perpendiculaire sur ab. Le rayon de ce cercle est une perpendiculaire menée sur la droite AB de l'espace par le point O. Cette perpendiculaire est l'hypoténuse d'un triangle rectangle ayant pour côtés de l'angle droit une ligne égale à og et une seconde ligne égale à $o'm'$, laquelle n'est autre qu'une perpendiculaire qui serait abaissée du point O de l'espace sur le plan horizontal passant par $a'b'$. Pour avoir le rayon du cercle décrit par le point donné, on mènera donc $oo_2 = o'm'$ perpendiculaire à og et l'on joindra o_2g. Décrivant ensuite du point g comme centre avec go_2 comme rayon, un arc de cercle capable de mesurer l'angle dont on suppose que le point a tourné, on obtient un point o_3 duquel on abaisse o_3o_1 perpendiculaire sur og. Le point o_1 est la nouvelle projection horizontale du point O. On a sa projection verticale o'_1 en abaissant du point o_1 une perpendiculaire sur la ligne de terre et prenant $o'_1m'_1 = o_3o_1$.

Dans la figure 151, on a supposé que le point O a tourne de manière à se placer dans le plan horizontal passant par l'axe $(ab, a'b')$. Ses projections, après la rotation, sont o_1, o'_1

3° *L'axe est parallèle au plan vertical de projection.*

La marche à suivre est la même que dans le cas précédent.

4° *L'axe est quelconque.*

On peut alors au moyen d'un changement de plans, l'amener à être perpendiculaire ou parallèle à l'un des plans de projection, et l'on retombe ainsi dans l'un des cas précédents.

On peut encore mener par le point que l'on veut faire tourner un plan perpendiculaire sur l'axe, rabattre ce plan sur l'un des plans de projection, puis décrire sur le plan rabattu l'arc dont on veut faire tourner le point et relever enfin l'extrémité de cet arc.

86. Problème 2. *Étant données les projections d'une droite, déterminer la position qu'elles prennent lorsqu'on fait tourner la droite d'un certain angle autour d'un axe donné.*

On fait tourner successivement deux des points de la droite et l'on joint par des lignes droites les nouvelles projections obtenues.

87. Problème 3. *Étant données les traces d'un plan, déterminer la position qu'elles prennent lorsqu'on fait tourner le plan d'un certain angle autour d'un axe donné.*

Il suffit pour résoudre le problème, de faire tourner une droite

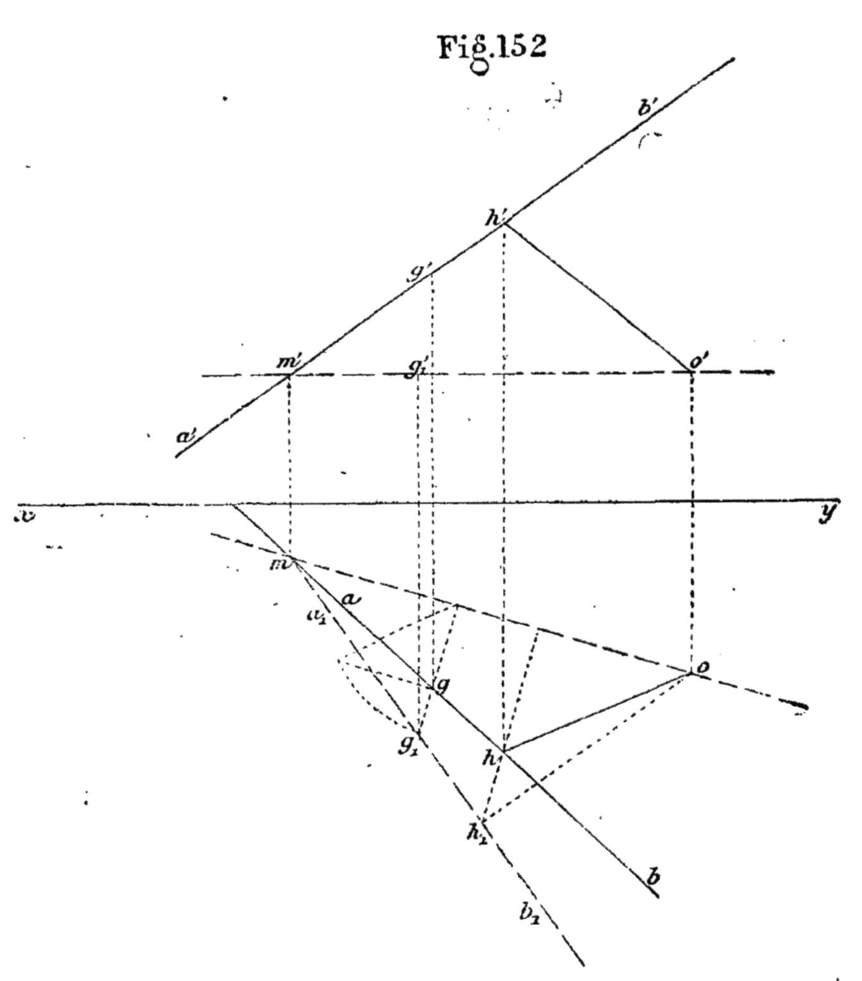

Fig.152

et un point situes dans le plan donné, et de déterminer les traces du plan passant par la droite et le point dans leurs nouvelles positions.

88. Applications. On peut utiliser la méthode des mouvements de rotation pour résoudre les problèmes dont les données sont contenues dans un même plan.

On mène une horizontale du plan passant par les donnees, et l'on fait tourner le plan qui contient ces données autour de l'horizontale de manière à l'amener à être parallèle au plan horizontal de projection. Dans cette position, les figures qu'il renferme se projettent horizontalement en vraie grandeur. On peut donc effectuer sur le plan horizontal les constructions nécessaires pour résoudre le problème et chercher ensuite ce que deviennent les résultats lorsque le plan tourne pour reprendre sa position normale.

Exemple 1. *Étant donnés une droite* $(ab, a'b')$ *et un point* (o, o') *(fig.* 152*), mener par le point une perpendiculaire sur la droite*

Menons par le point o' la droite $o'm'$ parallèle à xy; abaisson. du point m', où elle rencontre $a'b'$, la perpendiculaire $m'm$ sur la ligne de terre et joignons mo. Nous avons en $(mo, m'o')$ une horizontale du plan passant par la droite et le point donnés. Si nous faisons tourner le plan autour de l'horizontale pour l'amener à être parallèle au plan horizontal de projection, les projections des points (o, o') (m, m') situés sur l'axe ne changent pas de position et les projections d'un point quelconque (g, g') pris sur la droite $(ab, a'b')$ deviennent $g_1 g'_1$ (85, 2° *fig.* 151), la droite donnée a donc actuellement $g_1 m$ pour projection horizontale. Abaissons oh_1 perpendiculaire sur $g_1 m$, nous avons la projection horizontale en vraie grandeur de la perpendiculaire demandée. Lorsque le plan que nous avons fait tourner tourne de nouveau en sens contraire pour reprendre sa position primitive, le point H de l'espace décrit un arc de cercle dont le plan perpendiculaire au plan horizontal a pour trace horizontale la ligne $h_1 h$ perpendiculaire sur om. Ce point H a donc sa projection horizontale sur $h_1 h$ et comme d'ailleurs il appartient à la droite donnée, cette projection se trouve en h où la droite $h_1 h$ rencontre ab. Menant alors hh' perpendiculaire sur xy jusqu'à la rencontre de $a'b'$ et joignant oh, $o'h'$ nous avons les projections de la ligne demandée.

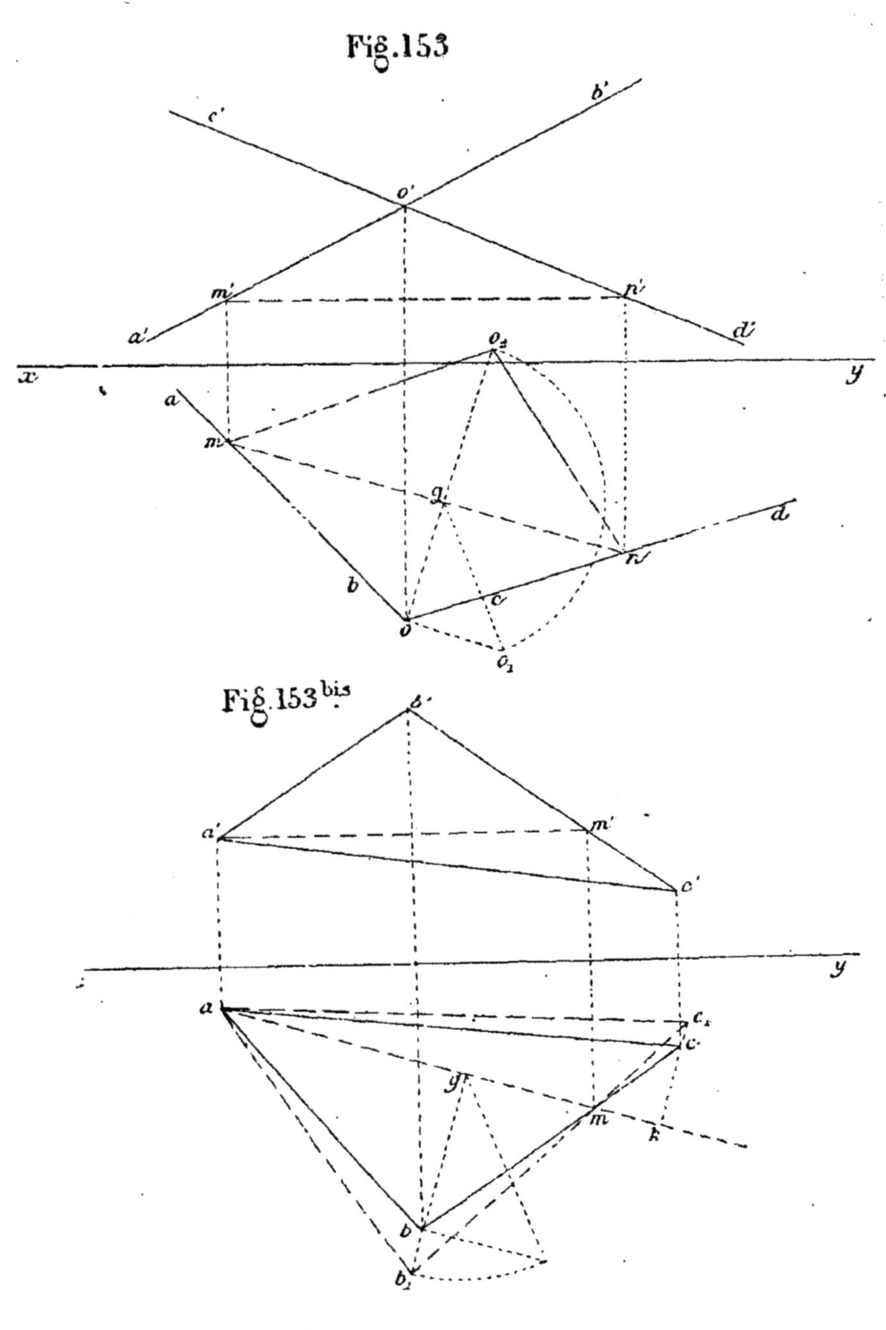

Fig.153

Fig.153 bis

Exemple 2. *Déterminer l'angle de deux droites.*

Soit à construire l'angle des deux droites $(ab, a'b')$ $(cd, c'd')$ (*fig.*153) qui se coupent au point (o, o'). Menons $m'n'$ parallèle à la ligne de terre, des points m', n', abaissons des perpendiculaires sur xy jusqu'à la rencontre respectivement de ab en m et de cd en n et joignons mn; nous aurons en $(m'n', mn)$ une horizontale du plan des deux droites données. Imaginons maintenant que ce plan tourne autour de l'horizontale pour se placer parallèlement au plan horizontal de projection. Le point (o, o') après la rotation aura pour projection horizontale o_2 et les projections horizontales des droites données seront alors mo_2 no_2. Or, dans la position qu'occupe actuellement leur plan, elles se projettent en vraie grandeur, donc l'angle mo_2n est l'angle demandé. Le procédé qui vient d'être indiqué dispense de chercher l'une des traces du plan des droites données (64), traces qui dans certains cas peuvent ne pas être contenues dans les limites de l'épure.

Exemple 3. *Déterminer les angles d'un triangle donné par ses projections.*

Soient abc, $a'b'c'$ (*fig.* 153 bis), les projections d'un triangle dont on demande les angles. Par la projection verticale de l'un des sommets, a' par exemple, menons une parallèle $a'm'$ à la ligne de terre, du point m' où cette parallèle rencontre $b'c'$, abaissons $m'm$ perpendiculaire sur xy jusqu'à sa rencontre en m avec bc, et joignons am. La droite $(a'm', am)$ est une horizontale du plan du triangle. Faisons tourner ce triangle autour de cette horizontale jusqu'à ce que son plan devienne parallèle au plan horizontal de projection. La projection horizontale du sommet (b, b') viendra en b_1, et comme le point (m, m') situé sur l'axe de rotation ne bouge pas, le côté bc prendra la direction b_1m_1, de sorte que la projection c viendra se placer en c_1 à la rencontre de b_1m avec la perpendiculaire ck menée du point c sur am. Le triangle se projette ainsi en vraie grandeur en ab_1c_1, et tous les éléments, angles et côtés sont connus.

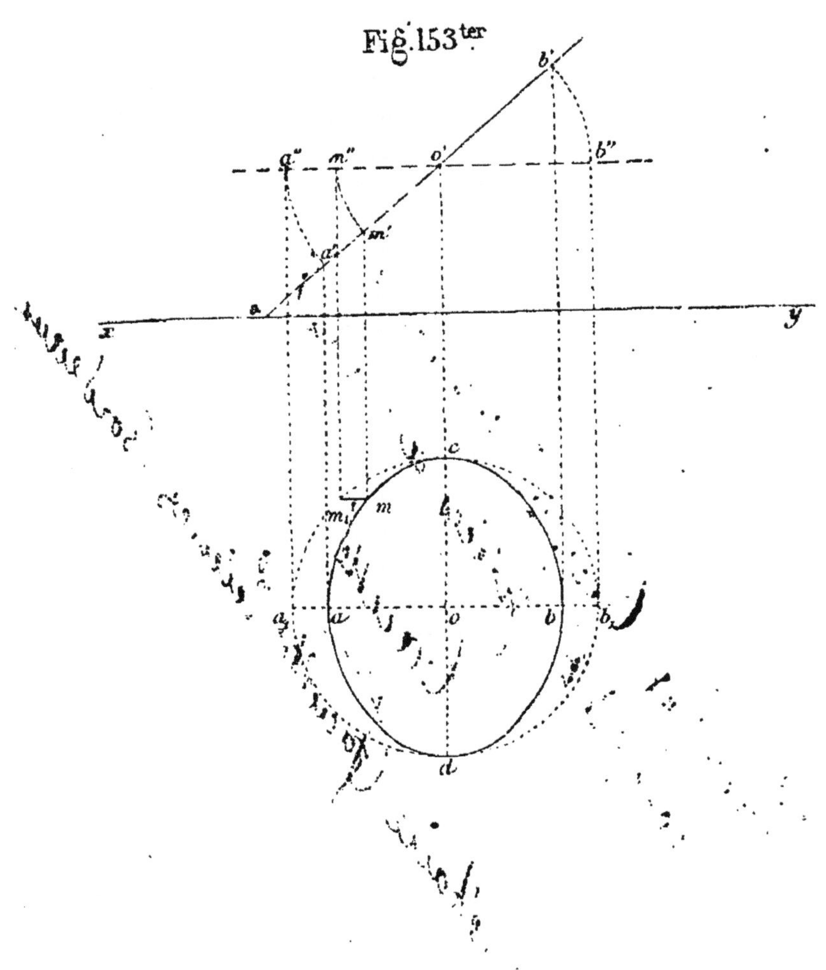

Fig.153ᵗᵉʳ

Nous traiterons encore le problème suivant comme application de la méthode des mouvements de rotation

Problème. *Étant donnés les projections du centre et le rayon d'un cercle dont le plan, perpendiculaire au plan vertical, est incliné sur le plan horizontal d'un angle donné* α, *construire les projections de ce cercle.*

Soient (*fig.* 153 ter) *o,o′* les projections du centre du cercle. Imaginons que le plan de ce cercle tourne d'un angle α autour d'un axe passant par le centre et perpendiculaire au plan vertical de projection. Après la rotation, le cercle devient parallèle au plan horizontal et s'y projette en vraie grandeur. On aura donc sa projection horizontale en décrivant une circonférence du point *o* comme centre avec le rayon donné. Quant à la projection verticale, elle est une droite $a''b''$ parallèle à *xy* et égale au diamètre donné. Si l'on fait maintenant tourner tous les points du cercle pour les ramener dans leurs positions normales, l'un quelconque d'entre eux $(m_1 m'')$ aura après la rotation pour projection (m,m'). La construction qui donne ces projections étant appliquée à autant de points que l'on voudra, on n'aura plus qu'à joindre par un trait continu les projections horizontales obtenues pour avoir la projection horizontale du cercle, laquelle est une ellipse ayant pour grand axe le diamètre du cercle et pour petit axe *ab*. La projection verticale est la droite *a′b′* égale au diamètre et formant avec *xy* un angle égal à α.

PROBLÈMES.

89. Problème 1. *Mener par un point donné une droite qui fasse avec les plans de projection des angles donnés.*

Supposons d'abord le point donné A situé sur l'un des plans

Fig.154

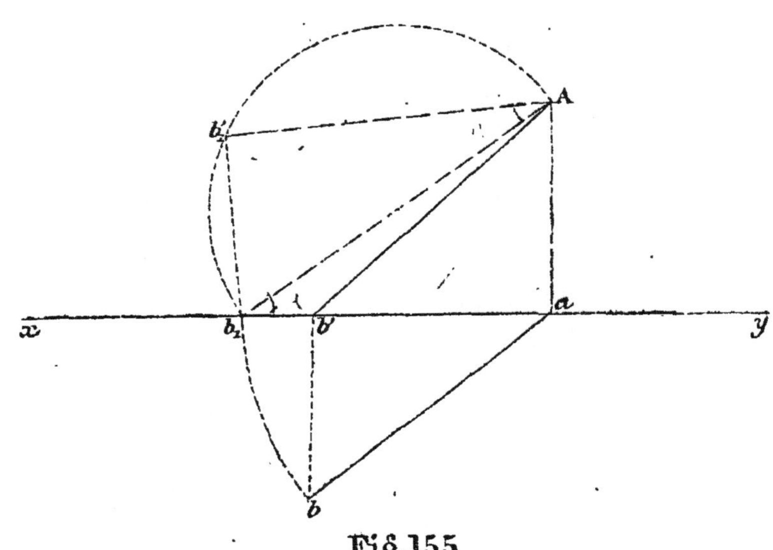

Fig.155

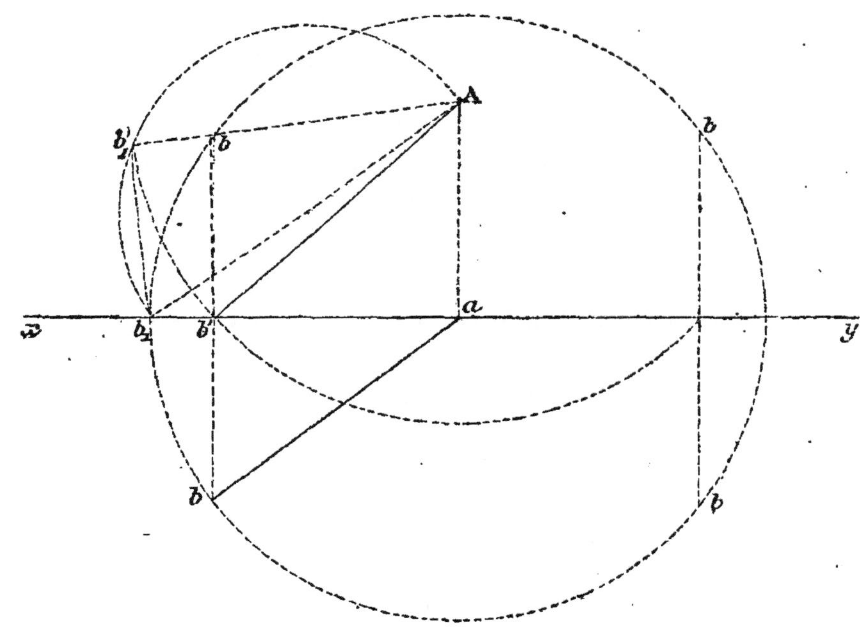

de projection, le plan vertical, par exemple (*fig.* 154). Soient α et β les angles que la droite demandée doit former avec le plan horizontal et avec le plan vertical.

Le problème étant supposé résolu, soient ab, Ab' les projections de la droite et b sa trace horizontale. Si du point a comme centre avec ab comme rayon on décrit un arc de cercle jusqu'à la rencontre de la ligne de terre en b_1 et que l'on joigne Ab_1, l'angle Ab_1a est égal à l'angle α ; car le triangle auquel il appartient n'est autre que le triangle Aba de l'espace rabattu sur le plan vertical. Si maintenant on décrit sur Ab_1 comme diamètre, une demi-circonférence, que l'on mène Ab'_1 faisant avec Ab_1 un angle égal à l'angle β et que l'on joigne $b'_1 b_1$, le triangle $Ab'_1 b_1$ est égal au triangle de l'espace Abb' et par suite $Ab'_1 = Ab'$. De là résulte la construction suivante pour résoudre le problème.

On abaisse du point A donné (*fig.* 155) la perpendiculaire Aa sur xy, on mène Ab_1 faisant avec Aa un angle complémentaire de l'angle α, et du point a comme centre avec ab_1 comme rayon on décrit un cercle. Ensuite sur Ab_1 comme diamètre, on décrit une demi-circonférence, et l'on mène la droite Ab'_1 faisant avec Ab_1 un angle égal à l'angle β. On décrit du point A comme centre avec Ab'_1 comme rayon un arc de cercle, et aux points où cet arc de cercle coupe xy, on élève des perpendiculaires à cette ligne jusqu'à leur rencontre avec la première circonférence. Les points b de rencontre sont les traces horizontales de droites répondant à la question et dont il est dès lors facile de construire les projections.

Lorsque la ligne Ab'_1 est plus grande que Aa, il y a quatre solutions, et deux seulement, situées dans un plan de profil, lorsque $Ab'_1 = Aa$. Enfin lorsque Ab'_1 est moindre que Aa, le problème est impossible. Or si l'on suppose $Ab'_1 = Aa$, les deux triangles rectangles $Ab'_1 b_1$ et $Ab_1 a$ sont égaux et l'angle $\alpha = b'_1 b_1 A = 90° - \beta$. Lorsque β est moindre que le complément de α, la corde Ab'_1 devient plus grande que Aa, et l'arc de cercle ayant cette corde pour rayon coupe xy en deux points. Lorsqu'au contraire β est plus grand que le complément de α, la corde Ab'_1 devient moindre que Aa et l'arc de cercle ayant cette corde pour rayon ne coupe plus xy.

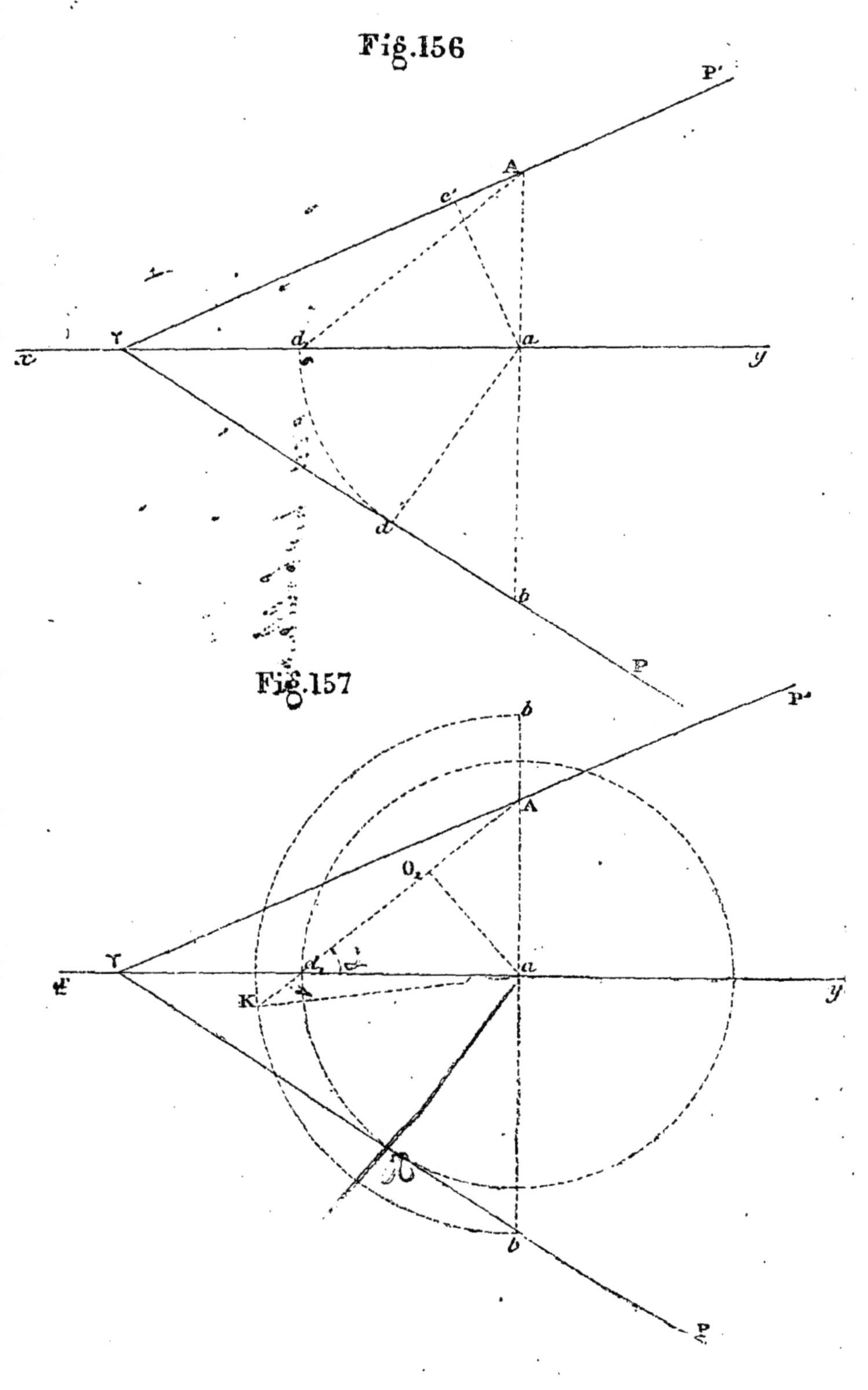

Fig.156

Fig.157

En résumé donc : pour $\alpha+\beta<90°$ il y a quatre solutions ;

pour $\alpha+\beta=90°$ il y en a deux ;

pour $\alpha+\beta>90°$ le problème est impossible.

Lorsque le point donné n'est pas sur l'un des plans de projection, on commence par résoudre le problème en prenant un point à volonté sur le plan horizontal ou vertical. On mène ensuite par le point donné des parallèles aux droites trouvées, et ce sont les lignes demandées.

90. Problème 2. *Mener par un point un plan qui fasse avec les plans de projection des angles donnés.*

Supposons d'abord le point donné situé en A sur le plan vertical (*fig.* 156), et soit un plan P'γP satisfaisant à la question, c'est-à-dire faisant avec le plan horizontal un angle α donné et avec le plan vertical un angle β également donné. Abaissons Aa perpendiculaire sur xy et ad perpendiculaire sur γP. Le triangle de l'espace Aad a son angle en d égal à l'angle α, et il peut être rabattu en Ad_1a sur le plan vertical. Prolongeons la perpendiculaire Aa jusqu'à sa rencontre en b avec γP, supposons que l'on ait abaissé une perpendiculaire ac' sur γP' et que l'on ait joint bc' : on a ainsi dans l'espace un triangle rectangle dans lequel l'angle en c' est égal à l'angle β. Or le plan de ce triangle et le plan du triangle Aad sont l'un et l'autre perpendiculaires sur le plan donné ; ils se coupent donc suivant une droite aO perpendiculaire sur le plan P'γP, et par suite sur les hypoténuses Ad, bc' des deux triangles. L'angle de cette perpendiculaire avec ab et l'angle β sont égaux comme étant aigus et ayant leurs côtés respectivement perpendiculaires : ab est donc l'hypoténuse d'un triangle rectangle dont l'un des côtés de l'angle droit est la perpendiculaire aO et dont les angles aigus sont connus. De là résulte la construction suivante pour résoudre le problème.

Ayant abaissé Aa perpendiculaire sur xy (*fig.* 157), on forme en A avec Aa un angle complémentaire de l'angle α, et l'on a ainsi en Ad_1a le triangle de l'espace Aad rabattu sur le plan vertical. On décrit du point a comme centre avec ad_1 pour rayon une circonférence : la trace horizontale du plan cherché devra être tangente à cette circonférence. On prolonge ensuite Aa, et il s'agit de déterminer la longueur ab. Pour cela, on abaisse aO$_1$ perpendiculaire sur Ad_1, et l'on a ainsi la vraie

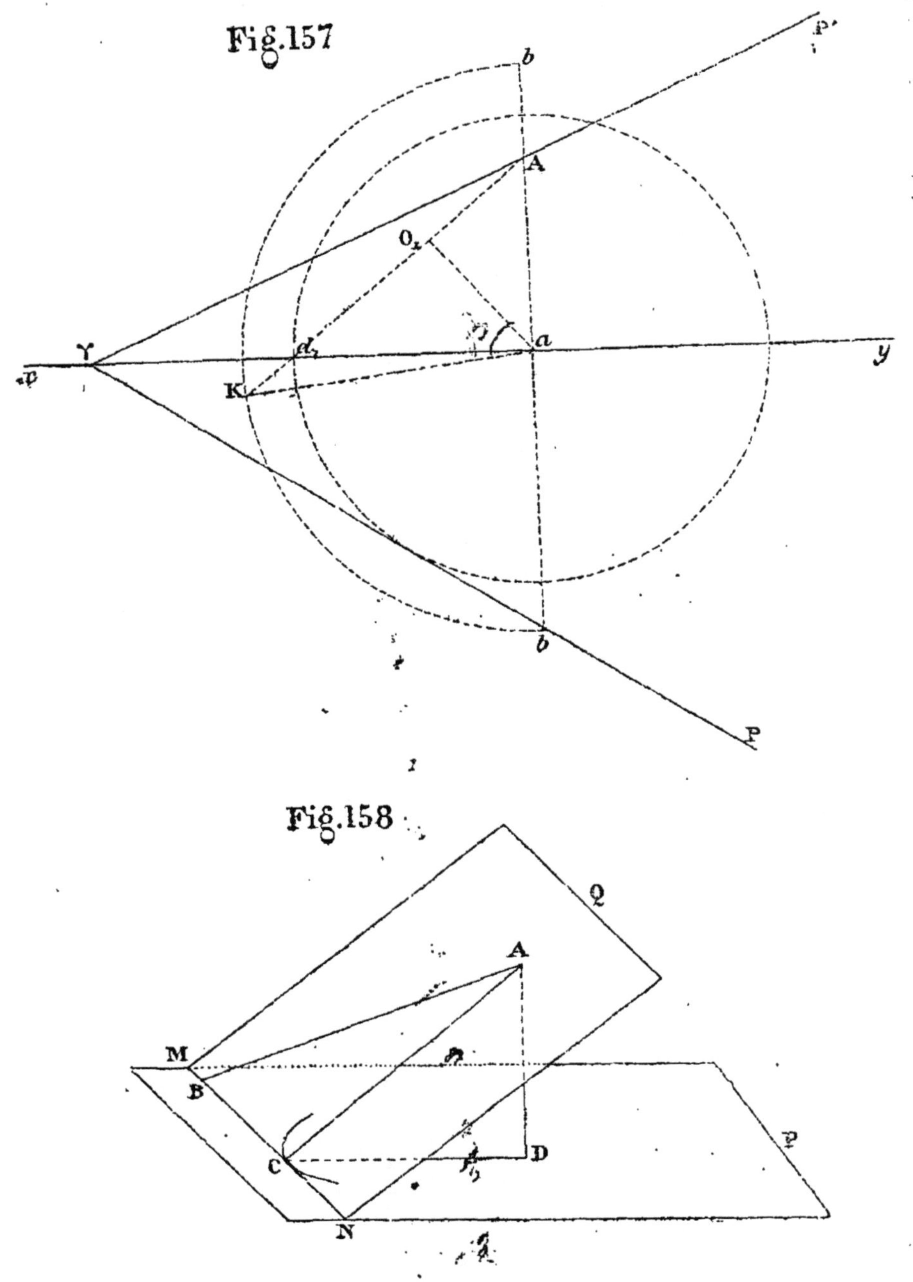

Fig.157
b
P'
A
O
a
y
Y
d
K
b
P
Fig.158
Q
A
M
B
C
D
P
N

grandeur de la perpendiculaire aO de l'espace ; puis on mène aK faisant avec aO_1 un angle égal à l'angle β : on forme ainsi un triangle égal au triangle de l'espace aOb, donc $aK = ab$ prenant donc sur Aa prolongée la distance $ab = aK$ et menant par le point b une tangente à la circonférence de rayon ad_1, on a la trace horizontale γP d'un plan satisfaisant à la question et dont la trace verticale s'obtient en joignant γA.

Il y a en général quatre solutions, car on peut mener d'abord du point b deux tangentes à la circonférence, et l'on peut en suite déterminer au-dessus de la ligne de terre un second point b par lequel on peut encore mener deux tangentes.

Pour avoir quatre plans répondant à la question, il faut que la somme des deux angles α et β soit plus grande que 90°, car alors β est plus grand que l'angle O_1ad_1, et par suite on a $aK > ad_1$, de sorte que les points b sont extérieurs à la circonférence de rayon ad.

Si l'on a $\alpha + \beta = 90°$, $aK = ad_1$ et les points b sont situés sur la circonférence. Il y a alors pour solutions deux plans parallèles à la ligne de terre.

Enfin, pour $\alpha + \beta < 90°$, le problème est impossible, car les points b se trouvent dans l'intérieur de la circonférence.

Lorsque le point donné est situé d'une manière quelconque, on commence par résoudre le problème en prenant un point situé sur l'un des plans de projection, et l'on mène par le point donné des plans parallèles à ceux trouvés. On a ainsi les plans demandés.

91. Problème 3. *Étant donnés une droite et un plan, mener par la droite, un second plan faisant avec le premier un angle donné.*

Soient (*fig.* 158), P le plan et AB la droite donnés. Supposons le problème résolu, et soit Q le plan faisant avec le plan P l'angle donné α. D'un point A quelconque de la droite AB abaissons AD perpendiculaire sur le plan P ; du pied D de cette droite menons DC perpendiculaire sur l'intersection MN des deux plans et joignons AC. L'angle ACD est égal à l'angle α, et la ligne MN est tangente à une circonférence décrite du point D comme centre avec DC comme rayon. Il est clair que si l'on peut déterminer cette droite MN, on n'aura plus pour résoudre

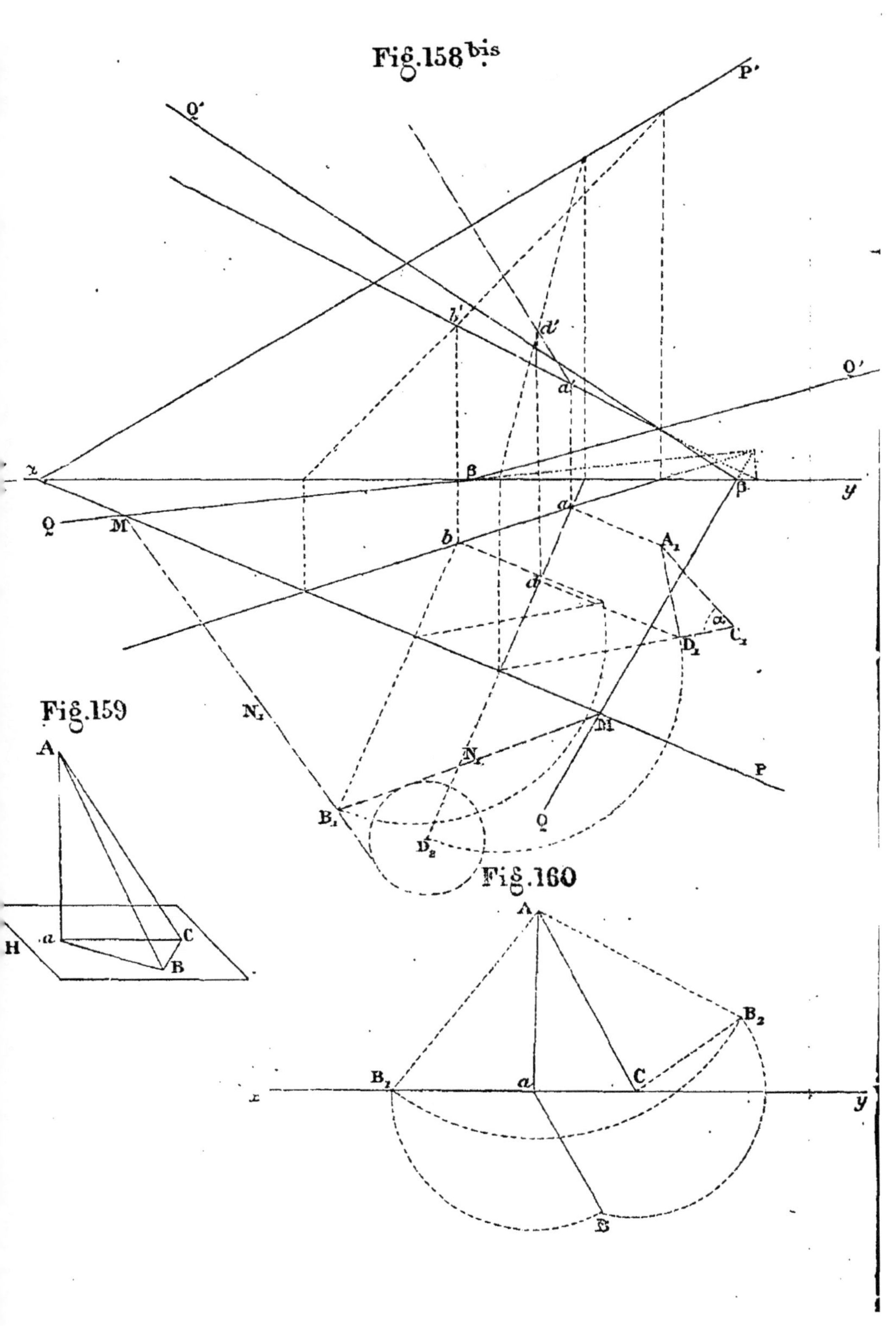

Fig.158 bis
Q'
P'
O'
b'
d'
a'
x
β
y
Q
M
b
a
B
A₁
α
C₁
D₁
N₂
M
N₁
P
B₂
Q
D₂
Fig.159
A
H
a
C
B
Fig.160
A
B₂
B₂
C
x
a
y
E

le problème qu'à faire passer un plan par les deux droites AB, MN.

Ceci établi, on procédera comme il suit pour construire ies traces du plan demandé. Ayant pris un point quelconque a,a' sur la droite donnée (*fig.* 158 bis), on abaissera de ce point une perpendiculaire sur le plan donné, puis on en déterminera le pied ($d\ d'$) et la vraie grandeur A_1D_1. On construira ensuite un triangle rectangle $A_1D_1C_1$ ayant pour un des côtés de l'angle droit A_1D_1 et pour angle opposé l'angle α donné. Le côté D_1C_1 de ce triangle sera le rayon du cercle auquel l'intersection du plan cherché avec le plan donné doit être tangente. On déterminera le rabattement de ce cercle et celui du point b,b' où la droite donnée perce le plan donné, et l'on mènera de ce point une tangente B_1M au cercle rabattu. Par cette tangente relevée et la droite donnée, on fera passer un plan qui sera le plan demandé.

La question comporte ici deux solutions, car le point B_1 est en dehors de la circonférence, à laquelle on peut alors mener deux tangentes. Il n'y aurait qu'une solution si B se trouvait sur la circonférence, et aucune s'il tombait au-dedans.

Remarque. Lorque la droite donnée est située dans le plan donné, elle est l'intersection de ce plan avec le plan demandé et la solution est notablement simplifiée. Cette solution se déduit aisément de la construction au moyen de laquelle on obtient l'angle de deux plans (66).

92. Problème 4. *Réduire un angle à l'horizon*

Par réduire un angle à l'horizon, on entend déterminer la projection horizontale d'un angle donné, connaissant les angles que forment ses côtés avec la verticale menée par son sommet.

Supposons donc connus (*fig.* 159) l'angle BAC et les angles aAB, aAC formés par ses côtés avec la verticale Aa : il s'agit de construire la projection horizontale de l'angle BAC. Prenons pour plan vertical de projection le plan des deux droites Aa, AC ; la droite AC se projette (*fig.* 160) sur xy en aC, ligne obtenue en menant Aa perpendiculaire sur xy et faisant l'angle aAC égal à l'angle donné aAC. Pour déterminer la projection horizontale de la droite AB, on construit en A l'angle aAB$_1$ égal à BAa ; le triangle AaB$_1$ peut être considéré comme le rabattement du triangle aAB sur le plan vertical : si donc on

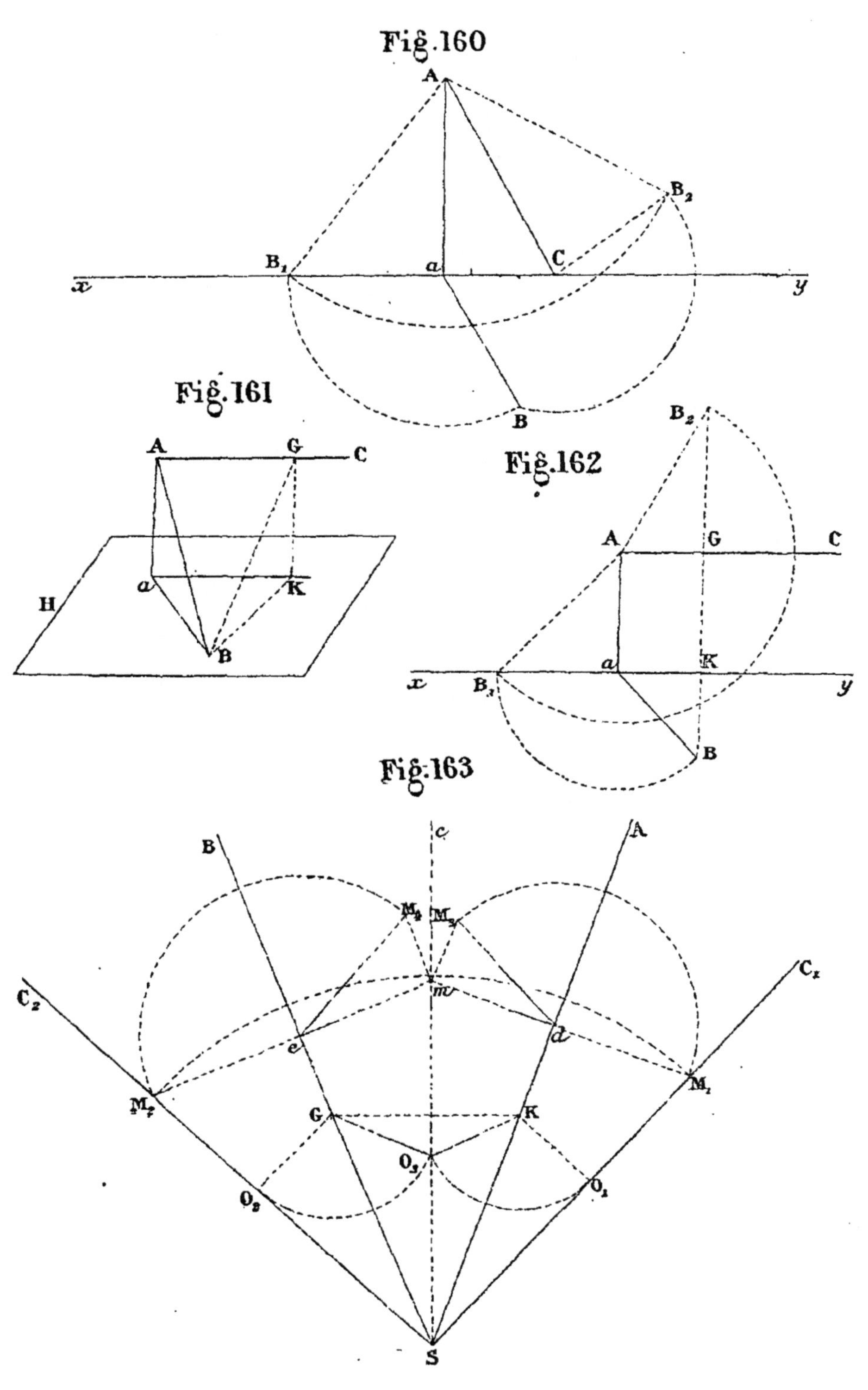

Fig. 160
A
B₂
B₁
a
C
x
y
B
Fig. 161
A
G
C
a
K
H
B
Fig. 162
B₂
A
G
C
a
K
x
B₃
y
B
Fig. 163
B
c
A
M₃
M₄
m
C₂
C₁
e
d
M₂
M₁
G
K
O₃
O₂
O₁
S

décrit du point a comme centre avec aB_1 comme rayon un arc de cercle, la trace horizontale de la droite AB sera quelque part sur cet arc de cercle. D'un autre côté, en faisant l'angle $CAB_2 = BAC$, prenant $AB_2 = AB_1$ et joignant CB_2, on obtient le triangle ACB_2 qui n'est autre que le triangle de l'espace BAC rabattu sur le plan vertical ; donc CB_2 est la distance du point B au point C. Par suite, si l'on décrit un arc de cercle du point C comme centre avec CB_1 comme rayon, le point B où il rencontre l'arc de cercle précédemment décrit est la trace horizontale de la droite AB. Joignant aB, on a en CaB l'angle réduit à l'horizon.

Cas particulier. *L'un des côtés de l'angle est horizontal.*

Soit AC le côté horizontal (*fig.* 161 et 162). Prenons pour plan vertical de projection le plan qui contient Aa et AC. Fai sons l'angle $aAB_1 = aAB$ et décrivons un arc de cercle avec aB_1 pour rayon : nous aurons comme ci-dessus un lieu géométrique du point B. Pour en avoir un autre, nous remarquerons que si l'on mène BK perpendiculaire sur aK, et que l'on abaisse ensuite KG perpendiculaire sur AC, on aura, en joignant BG, une droite perpendiculaire sur AC d'après le théorème des trois perpendiculaires, et le triangle ABG sera rectangle en G. On connaît dans ce triangle l'hypoténuse AB et l'angle aigu BAC ; on peut donc le construire. Pour cela, on mène AB_2 formant avec AC l'angle $B_2AC = BAC$; on prend $AB_2 = AB_1$, et l'on abaisse B_2G perpendiculaire sur AC. Cette perpendiculaire prolongée vient couper l'arc de cercle déjà décrit en un point B qu'on n'a plus qu'à joindre au point a pour obtenir en KaB l'angle réduit à l'horizon.

93. Problème 5. *Étant données les trois faces d'un trièdre, déterminer ses trois dièdres.*

Soit BSA l'une des faces (*fig.* 163) ; supposons les deux autres rabattues en ASC_1, BSC_2 sur le plan de la première : SC_1, SC_2 sont les rabattements de l'arrête SC. Un point M de cette arête se rabat en M_1 et M_2 à des distances égales du point S : si l'on abaisse de ces points des perpendiculaires sur SA, SB, le point m de leur rencontre est la projection du point M sur le plan de la figure. En élevant en m la perpendiculaire mM_3 sur md, dé-crivant un arc de cercle du point d comme centre avec dM_1

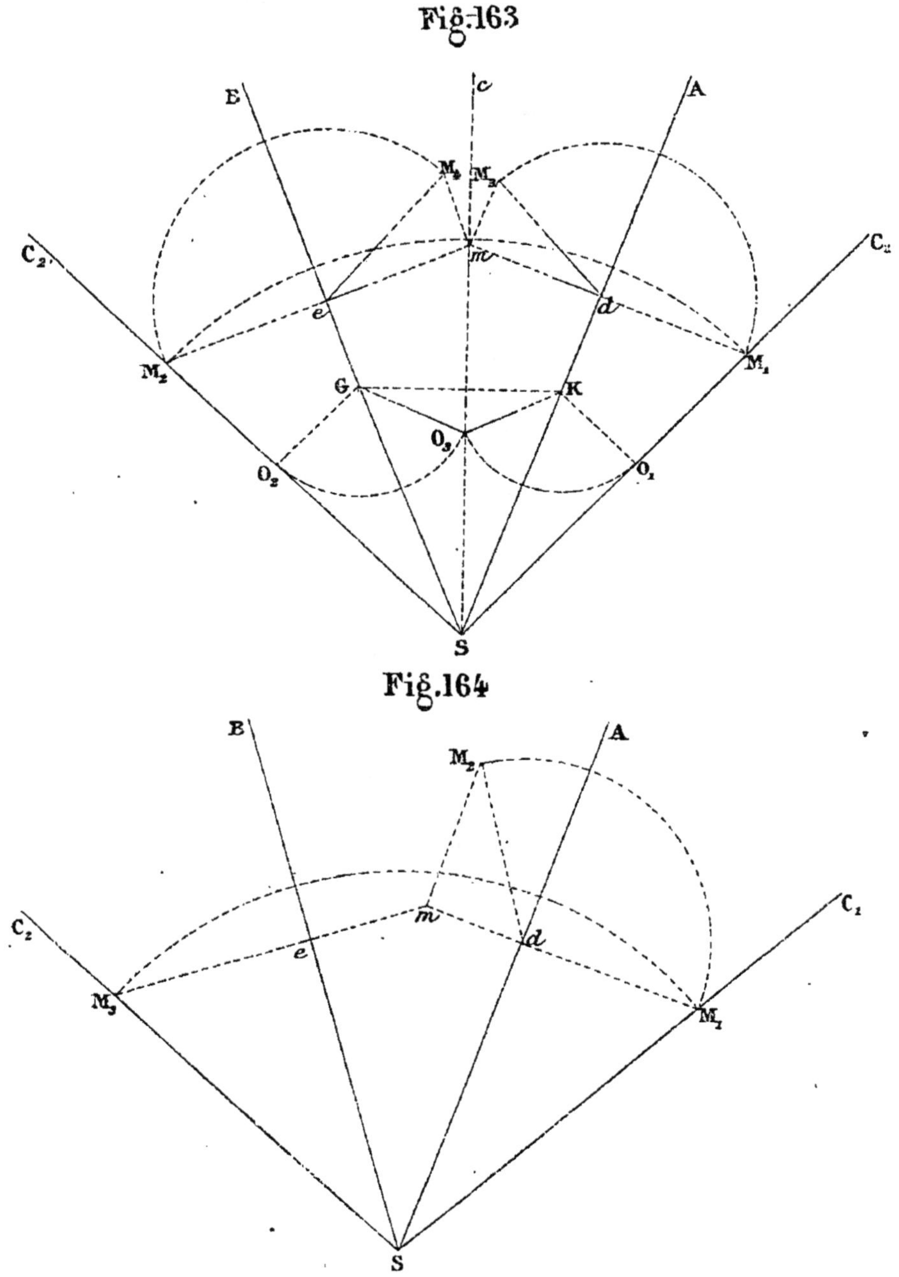

Fig.163

Fig.164

comme rayon, et joignant dM$_3$, on a en d l'angle qui mesure le dièdre SA ; car le triangle mM$_2d$ est le rabattement du triangle de l'espace Mdm dont les côtés dm, dM sont perpendiculaires sur SA.

On obtient par une construction semblable l'angle M$_4em$ qui mesure le dièdre SB.

Pour déterminer l'angle qui mesure le dièdre SC, on joint Sm qui est la projection de l'arête culminante SC, et l'on imagine un plan perpendiculaire à cette arête, lequel plan a pour trace une ligne GK perpendiculaire sur Sm. Ce plan coupe les faces ASC, BSC suivant des perpendiculaires à SC qui, dans le rabattement des faces sur le plan de la figure, prennent les positions KO$_1$, GO$_2$ perpendiculaires sur SC$_1$ et SC$_2$. On connaît donc les trois côtés du triangle OGK, suivant lequel le plan coupe le trièdre et dont l'angle en O est celui qui mesure le dièdre SC. Décrivant des points K et G comme centres avec des rayons respectivement égaux à KO$_1$, GO$_2$ des arcs de cercle qui devront se couper sur Sm, et joignant GO$_3$, KO$_3$, on a en GO$_3$K l'angle cherché.

94. Problème G. *Étant données deux faces d'un trièdre et le dièdre qu'elles comprennent, déterminer la troisième face et les deux autres dièdres*

Soient données (*fig.* 164) les deux faces BSA, ASC, que nous supposons placées sur le même plan, celui de la face BSA, et soit également donné le dièdre SA. D'un point quelconque M$_1$ pris sur SC, abaissons une perpendiculaire sur SA ; au point d où elle rencontre SA menons dM$_2$ faisant avec dm un angle égal à celui qui mesure le dièdre SA ; prenons dM$_2 = d$M$_1$ et abaissons M$_2m$ perpendiculaire sur dm : le point m est la projection du point M sur le plan BSA. Il résulte de là que si la face BSC tourne autour de SB pour se rabattre sur le plan de la face BSA, le point M viendra se placer quelque part sur la perpendiculaire me abaissée du point m sur SB, et comme sa distance au point S est égale à SM$_1$, on obtiendra sa position en M$_2$ à la rencontre de la perpendiculaire me avec un arc de cercle décrit du point S comme centre avec SM$_1$ comme rayon. Joignant SM$_2$, on a en C$_2$SB la troisième face cherchée. On pourra déterminer ensuite, comme plus haut (93), les deux dièdres inconnus.

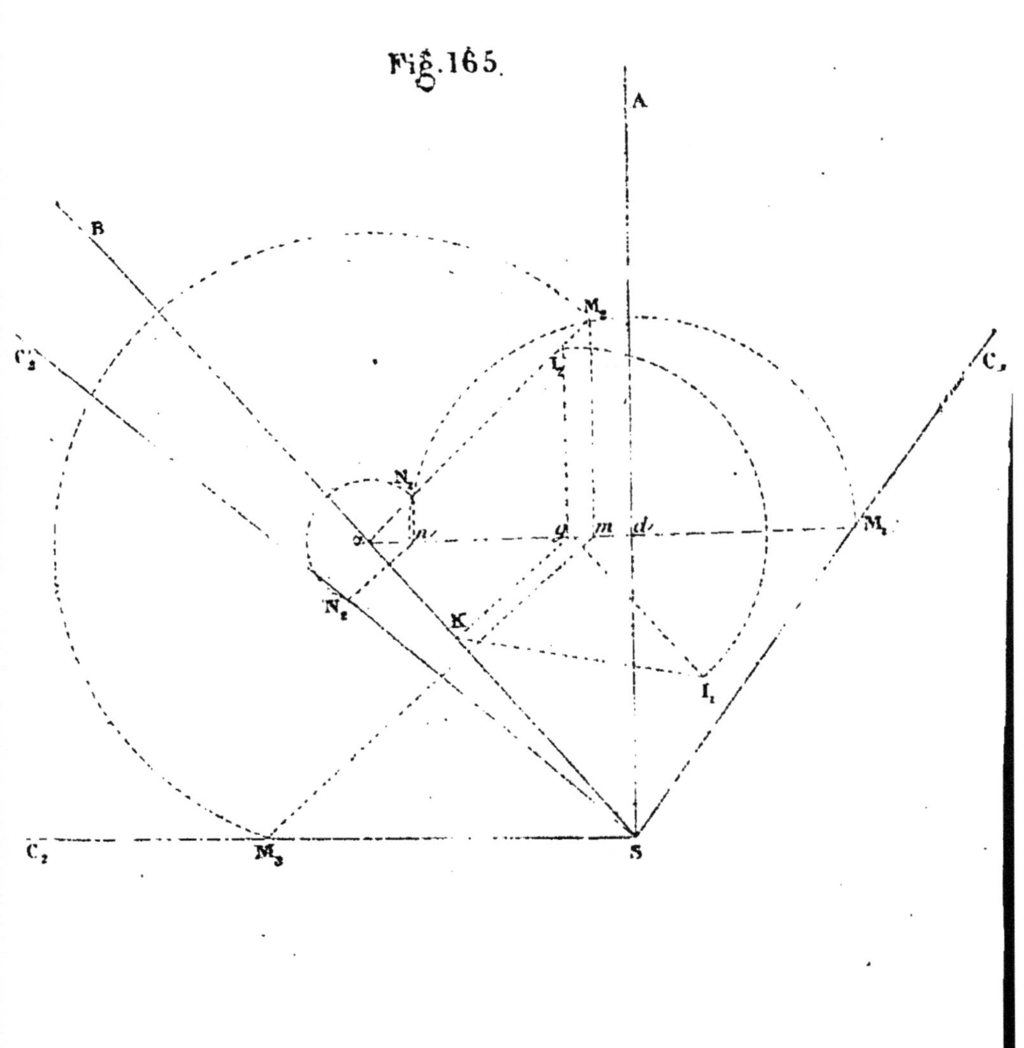

Fig.165.
A
B
C₁
C,
C₂
C₂
M₂
M₁
M₃
N₁
N₂
I₁
K
S
a
n
g
m
d

95. Problème 7. *Étant données deux faces d'un trièdre et le diëdre opposé à l'une d'elles, déterminer la troisième face et les deux autres diëdres.*

Soient (*fig.* 165) les deux faces données BSA, ASC$_1$ situées sur le même plan, celui de la face BSA, et supposons connu le diëdre SB opposé à la face rabattue en ASC$_1$. Abaissons M$_1d$ perpendiculaire sur AS et imaginons la face ASC$_1$ ramenée à sa position normale ; le point M décrira un arc de cercle dont le plan aura pour trace M$_1d$, donc la projection du point M sera quelque part sur cette ligne. En décrivant une demi-circonférence du point d comme centre avec dM$_1$ pour rayon, on a le rabattement sur le plan de la figure de l'arc de cercle décrit par le point M. Ce point M doit donc être en rabattement situé quelque part sur cet arc de cercle. Pour déterminer sa position, abaissons d'un point quelconque de la droite M$_1d$, la perpendiculaire gK sur SB et imaginons par gK un plan perpendiculaire à celui de la figure. Ce plan coupera la face BSC suivant une ligne KI formant avec Kg un angle égal au diëdre donné, et le plan de la demi-circonférence, suivant une droite gI formant avec Kg et KI un triangle rectangle que l'on construira aisément en KI$_1g$, puisque l'on connaît l'angle aigu en K. Prenant gI$_2$=gI$_1$, on a en I$_2$ le rabattement d'un point commun à la face BSC et au plan de la demi-circonférence. Or α est un second point commun à ces deux plans, donc la ligne αI$_2$ est l'intersection rabattue sur le plan de la figure. Le point M appartient à cette intersection ; on l'a ainsi en M$_2$, et par suite sa projection est m. Un rabattement connu donne le point M$_3$, et joignant SM$_2$ on a la troisième face demandée.

Comme αI$_2$ coupe la demi-circonférence en un second point N$_1$, il y a une seconde solution qui donne pour troisième face BSN$_2$. Les faces étant connues, on peut déterminer ensuite les diëdres qu'il reste à trouver.

Si la ligne αI$_2$ était tangente à la demi-circonférence, il n'y aurait qu'une solution. Enfin le problème serait impossible si αI$_2$ ne rencontrait pas la demi-circonférence.

96. Problème 8. *Connaissant les trois diëdres d'un trièdre, déterminer les trois faces.*

Les trois diëdres du trièdre étant connus, on peut déterminer les faces du trièdre supplémentaire. Le problème 5 (93) permet

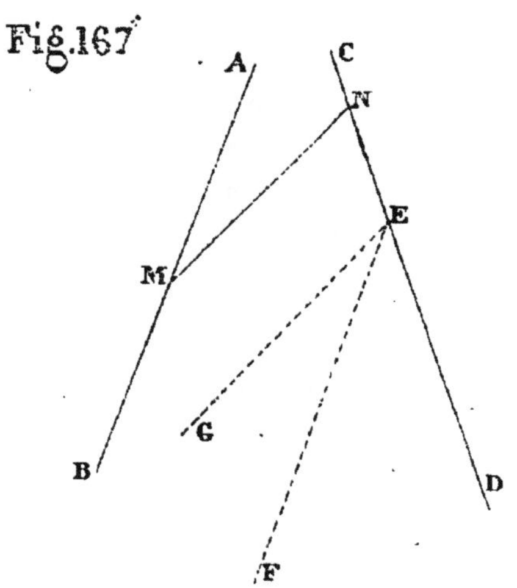

Fig. 166
c'
b'
o'
m'
x
a'
Υ
a''
y
o
b
c
m₂
d
a
M₃
m
n
M₄
m₁
O₂
M₂
K
M₁
G

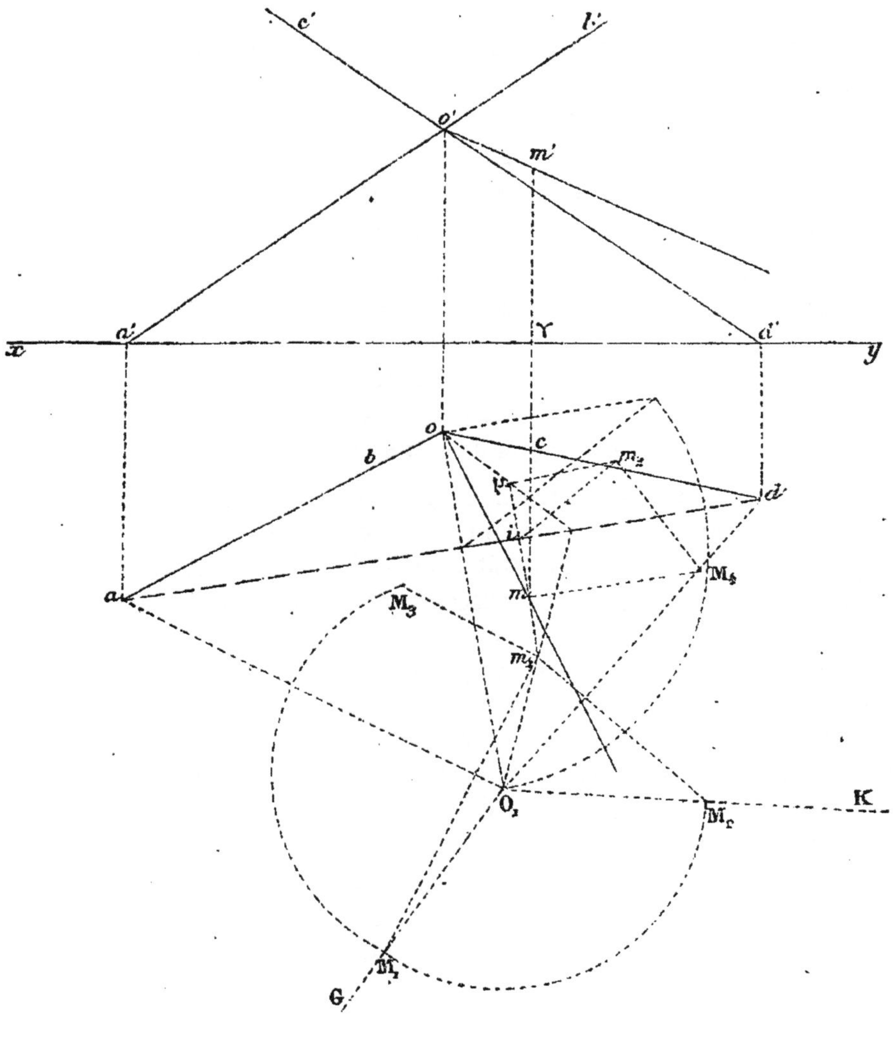

Fig. 167
A
C
N
E
M
G
B
D
F

alors d'obtenir les dièdres de ce dernier dont les suppléments sont les faces demandées.

On ramène de même aux problèmes 6 et 7 les questions suivantes :

Connaissant une face d'un trièdre et les dièdres adjacents, déterminer les deux autres faces et le troisième dièdre.

Connaissant deux dièdres d'un trièdre et la face opposée à l'un d'eux, déterminer le troisième dièdre et les deux autres faces.

97. Problème 9. *Étant données deux droites qui se coupent, mener par leur point de rencontre une troisième droite, faisant avec les deux premières des angles donnés* α *et* β

Soient (*fig.* 166), $(ab, a'b')$, $(cd, c'd')$ les droites données ; déterminons le rabattement sur le plan horizontal de leur angle aO_1d (64), et menons les droites O_1G, O_1K formant, la première avec $O_1 a$ un angle $= \alpha$ la seconde avec O_1d un angle $= \beta$. Prenons sur ces droites deux points M_1, M_2 situés à égale distance du point O_1 ; considérons ces points comme les rabattements sur le plan de aO_1d d'un point M de la droite demandée, laquelle est la troisième arête d'un trièdre ayant O_1 pour sommet et aO_1, dO_1 pour les deux autres arêtes : nous déterminerons comme plus haut (93) la projection m_1 du point M sur le plan aO_1d, ainsi que la longueur m_1M_3 de la projetante Mm_1.

Si maintenant nous relevons le plan des droites données, le point m_1 vient se placer à l'extrémité de l'hypoténuse d'un triangle rectangle dont le rabattement est construit sur la figure en $im_2\mu$. En élevant en m_2 sur im_2 une perpendiculaire m_2M_4 égale à m_1M_3, nous obtiendrons le rabattement de la projetante Mm_1 dans l'hypothèse que le plan vertical qui contient cette droite a tourné autour de sa trace μm_1 pour se coucher sur le plan horizontal. Nous aurons donc la projection horizontale m du point M en abaissant M_4m perpendiculaire sur μm_1 et sa projection verticale m' en menant mm' perpendiculaire sur la ligne de terre et prenant $\gamma m' = mM_4$. Joignant enfin $o\iota$, $o'm'$, ces droites sont les projections de la droite demandée.

Remarque. Si deux droites données AB, CD (*fig* 167) ne sont pas dans le même plan et qu'on veuille en mener une troisième formant avec elles des angles α et β, on mènera par un point

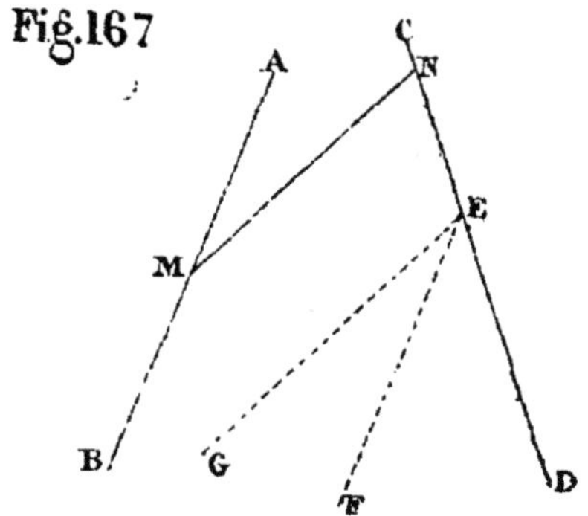

Fig.167

Fig.168

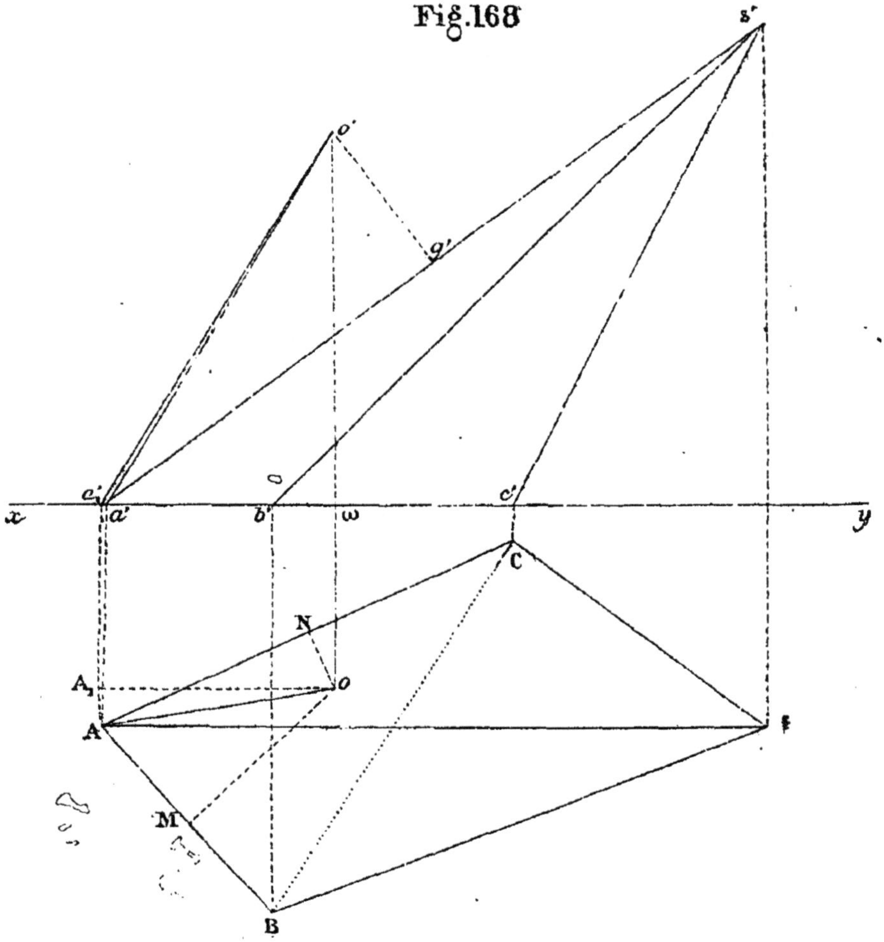

quelconque E de de la droite CD une parallèle EF à la droite AB, et l'on construira une droite EG formant avec CD et EF des angles égaux aux angles donnés. La droite demandée s'obtiendra en menant parallèlement à EG une droite MN qui rencontre les deux droites données.

98. Problème 10. *Circonscrire une sphère à un tétraèdre.*

Les projections d'une sphère sont deux cercles ayant pour centres les projections du centre de la sphère et pour rayon le rayon de celle-ci. Il s'agit donc, pour résoudre le problème, de trouver les projections du centre et le rayon de la sphère circonscrite au tétraèdre donné.

Le centre est un point situé à égale distance des quatre sommets du solide, il se trouve donc à la rencontre des plans menés perpendiculairement sur le milieu des arêtes. Il suffit, pour l'obtenir, de construire trois de ces plans et de déterminer leur point de rencontre. Joignant ensuite ce point à l'un des sommets et déterminant la vraie grandeur de la ligne ainsi obtenue, on aura le rayon de la sphère demandée et le problème sera ainsi résolu.

La construction est notablement simplifiée, lorsque l'on place l'une des faces du tétraèdre sur le plan horizontal, de telle sorte que l'une des arêtes latérales du solide soit parallèle au plan vertical. Ainsi soient ABC (*fig.* 168) la base du tétraèdre reposant sur le plan horizontal de projection et (As, $a's'$) une arête parallèle au plan vertical. Les plans perpendiculaires sur le milieu des arêtes AB, AC ont pour traces horizontales les droites Mo, No respectivement perpendiculaires sur AB, AC en leurs milieux, et se coupent suivant une droite verticale ayant o pour projection horizontale et $o'\omega$ pour projection verticale. Or le plan perpendiculaire sur le milieu de l'arête SA est perpendiculaire sur le plan vertical, puisque SA est parallèle à ce plan ; il a donc pour trace verticale la droite $o'g'$ perpendiculaire sur le milieu de $s'a'$; par suite il coupe la droite ($o,\omega o'$) en un point dont la projection verticale est o'. Le centre de la sphère circonscrite a ainsi pour projections o et o' ; quant à son rayon, il a pour projections Ao, $a'o'$, et pour vraie grandeur $o'a'_1$.

99 .Problème 11. *Inscrire une sphère dans un tétraèdre.*

Le centre de la sphère inscrite dans un tétraèdre étant un

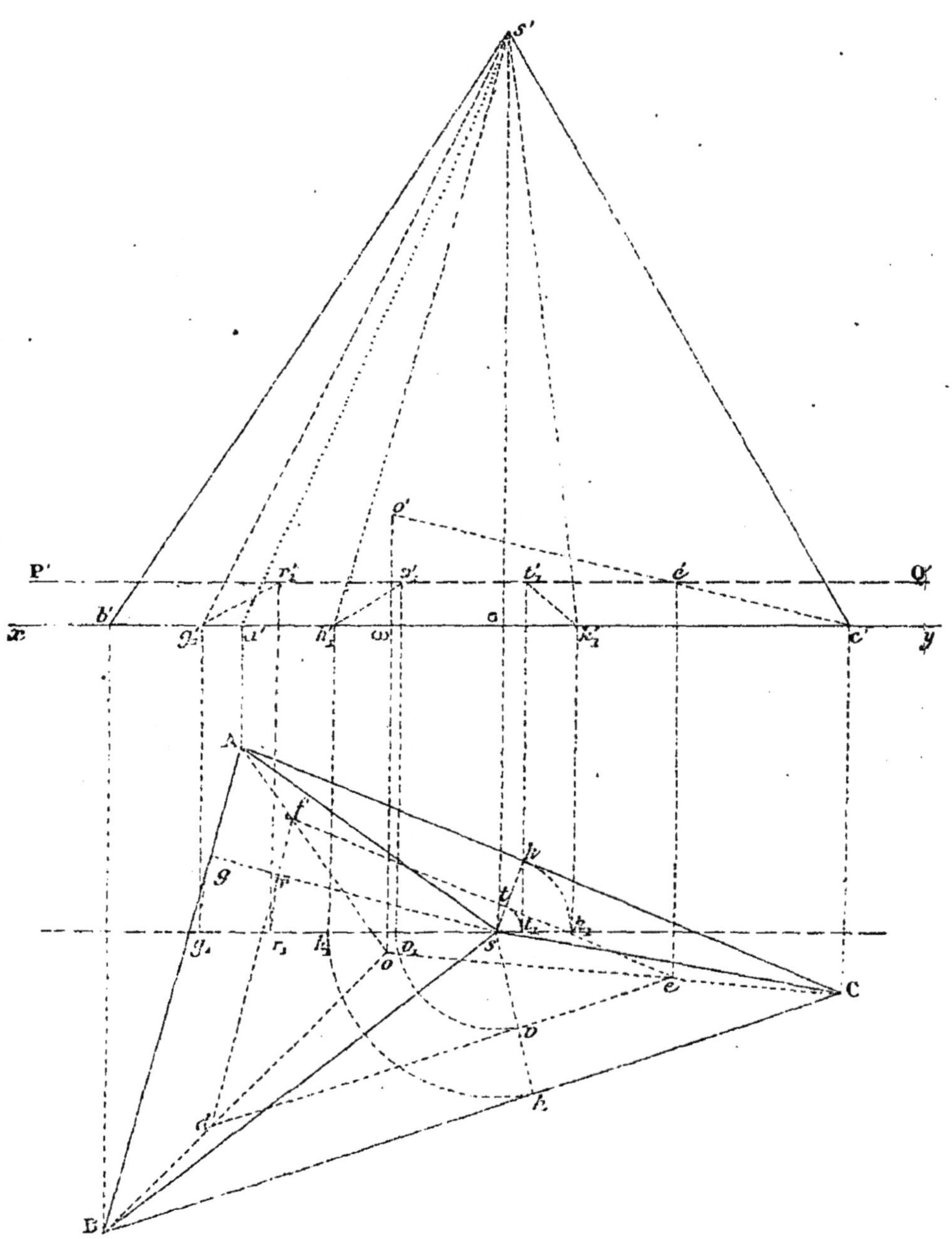

point situé à égale distance des quatre faces, se trouve à la rencontre des plans bissecteurs des dièdres du solide ; on peut donc, pour le déterminer, construire trois de ces plans bissecteurs, et chercher leur intersection ; mais il est préférable d'employer le procédé qui va être indiqué.

Soient (*fig.* 169), *s*ABC, *s'a'b'c'* les projections du tétraèdre donné dont on a placé la base sur le plan horizontal. Coupons le tétraèdre par un plan horizontal P'Q' et cherchons les droites suivant lesquelles ce plan coupe les plans bissecteurs des dièdres AB, BC, AC. Ces droites sont parallèles aux lignes AB, BC, AC, puisque le plan sécant est horizontal ; il suffira donc, pour les déterminer, d'avoir un point de chacune d'elles. Pour cela abaissons *sh* perpendiculaire sur BC, imaginons le point *h* joint au point S de l'espace et faisons tourner le plan du triangle S*sh* autour de *s*S pour l'amener à être parallèle au plan vertical de projection. Le point *h* vient en h_1, et se projette alors verticalement en h'_1 ; le triangle S*sh* est donc projeté verticalement en vraie grandeur en $\sigma s' h'_1$. L'angle $s' h'_1 \sigma$ est l'angle plan du dièdre BC ; la bissectrice $h'_1 v'_1$ de cet angle est toute entière dans le plan bissecteur du dièdre BC, et elle rencontre le plan sécant en un point projeté actuellement en $v'_1 v_1$. Lorsque l'on ramène le plan du triangle dans sa position première, le point v_1 vient en *v* sur *sh*, et l'on a ainsi la projection horizontale d'un point du plan bissecteur du dièdre BC. On obtient, au moyen de constructions semblables, les projections *r* et *t* de deux points, l'un du plan bissecteur du dièdre AB, l'autre du plan bissecteur du dièdre AC. Menant par les trois points *r*,*t*,*v* des droites respectivement parallèles à AB, AC, BC, on forme le triangle *def* qui est la projection horizontale de l'intersection du plan P'Q' avec un tétraèdre qui aurait ABC pour base, pour faces les trois plans bissecteurs et pour sommet le centre de la sphère cherchée. Or A,B,C sont déjà des points appartenant aux arêtes de ce tétraèdre ; donc A*f*, B*d*, C*e*, sont les projections de ces arêtes, et leur point *o* de rencontre est la projection horizontale du centre de la sphère. La projection verticale *o'* est à la rencontre de la perpendiculaire *oo'* abaissée sur la ligne de terre avec la droite *c'e'* projection verticale de C*e*. Le rayon de la sphère est égal à *o'ω*.

Fig.170

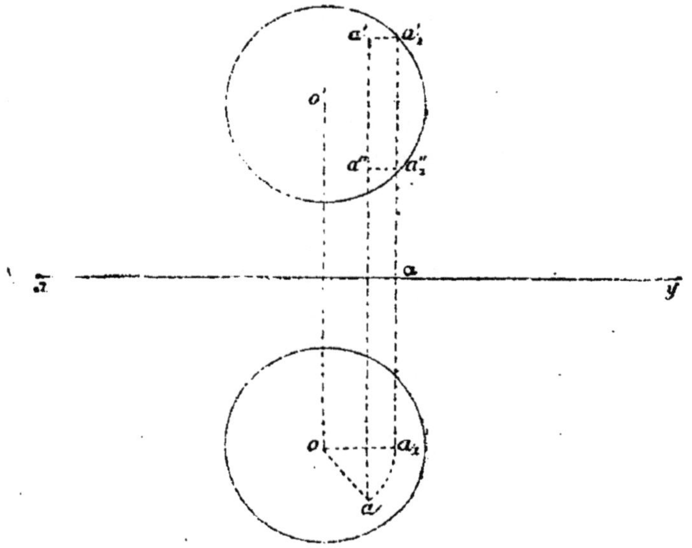

Fig.171

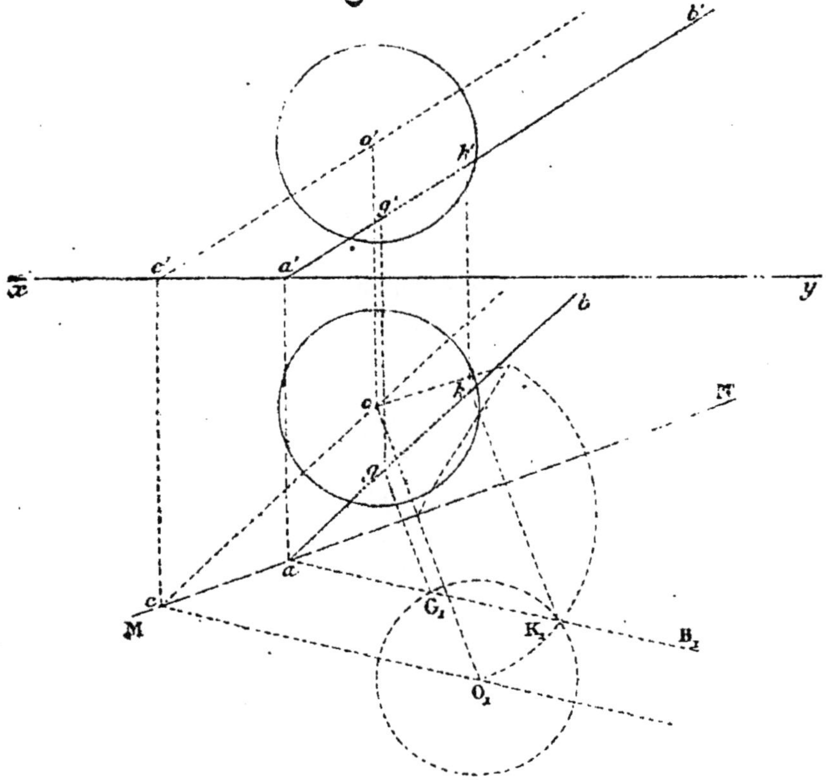

Remarque. Si le plan sécant passait au-dessus du centre de la sphère, on chercherait ses rencontres avec les faces du tétraèdre OABC supposées prolongées.

100. Problème 12. *Connaissant la projection horizontale d'un point de la surface d'une sphère donnée, déterminer la projection verticale de ce point.*

Soient (*fig.* 170), o, o' les projections du centre de la sphère donnée et a la projection horizontale d'un point de la surface de cette sphère. Joignons oa, imaginons dans l'espace le centre O joint au point A. Supposons que le plan projetant horizontalement la droite OA de l'espace tourne autour de la projetante oO jusqu'à ce qu'il se soit placé parallèlement au plan vertical de projection. Dans cette position, le point a vient en a_1 sur la droite oa_1 parallèle à xy, et la projection verticale du point A de l'espace se trouve quelque part sur la perpendiculaire $a_1\alpha$ menée sur xy. D'ailleurs le grand cercle qui contient le rayon OA a actuellement pour projection verticale le cercle dont le centre est o'. Donc la projection cherchée sera à la rencontre de la perpendiculaire $a_1\alpha$ prolongée avec la circonférence de ce cercle. On voit ainsi qu'il existe deux points a''_1, a'_1 répondant à la question. Lorsque l'on ramène le plan Ooa dans sa position primitive, ces points viennent en a'' et a' sur la perpendiculaire menée du point a à la ligne de terre et sont les projections demandées.

101. Problème 13. *Déterminer les points d'intersection d'une sphère et d'une droite.*

Soient (o, o'), $(ab, a'b')$ les projections du centre de la sphère et celles de la droite donnée (*fig.* 171). Par le centre O et la droite AB, faisons passer un plan (39) ; ce plan, qui a pour trace horizontale MN, coupe la sphère suivant un grand cercle. Déterminons le rabattement de ce cercle et celui de la droite AB, lorsque le plan tourne autour de MN pour se placer sur le plan horizontal. Le cercle vient en O_1 et la droite en aB_1. Elle coupe le cercle rabattu en deux points G_1, K_1 qui ne sont autres que les rabattements des points cherchés. On aura donc résolu la question en déterminant, par les procédés connus, les projections (g, g'), (k, k') de ces points.

Le problème peut encore être résolu au moyen de la méthode

indiquée n° 88. On mène une horizontale du plan passant par le centre de la sphère et la droite donnée et l'on fait tourner ce plan autour de l'horizontale jusqu'à ce qu'il devienne parallèle au plan horizontal de projection. La projection horizontale du cercle suivant lequel ce plan coupe la sphère se confond alors avec la projection horizontale de celle-ci, et la projection horizontale de la droite prend une certaine position dans laquelle elle coupe la projection du cercle en deux points qui sont les points demandés et qu'on n'a plus qu'à ramener dans leur position normale.

102. Problème 14. *Déterminer l'intersection d'une sphère et d'un plan.*

Pour résoudre ce problème, on abaisse du centre de la sphère une perpendiculaire sur le plan et l'on en détermine le pied. On a ainsi le centre du cercle, suivant lequel la sphère est coupée par le plan. On construit ensuite un triangle rectangle ayant pour hypoténuse le rayon de la sphère, et pour l'un des côtés de l'angle droit la perpendiculaire que l'on a abaissée du centre sur le plan : l'autre côté de l'angle droit de ce triangle est le rayon de la section. On n'a donc plus qu'à construire les projections d'un cercle dont on connaît le rayon et les projections du centre, question qui a été traitée plus haut (54).

103. Problème 15. *Mener par une droite donnée un plan tangent à une sphère donnée.*

Pour résoudre ce problème, on mène par le centre de la sphère un plan perpendiculaire sur la droite donnée, et l'on détermine la section de la sphère par ce plan. Du point où il rencontre la droite donnée, on mène une tangente à la circonférence de la section : le plan passant par cette tangente et la droite donnée est le plan tangent demandé.

Ce problème comporte deux solutions, lorsque la droite donnée est extérieure à la sphère. Si elle lui est tangente, il n'y a qu'un seul plan satisfaisant à la question : ce plan est celui conduit par la droite perpendiculairement au rayon mené au point de contact.

———

EXERCICES.

1. Déterminer la distance d'un point du plan vertical à un point du plan horizontal.

2. Étant données les projections d'un point, trouver sur la ligne de terre un second point dont la distance au premier soit égale à une ligne donnée.

3. Étant données les projections d'un point et la projection horizontale d'un second point, déterminer sa projection verticale, sachant qu'il est distant du premier point d'une longueur donnée.

4. Étant donnés un point du plan horizontal et une droite du plan vertical, trouver sur cette droite un point dont la distance au point donné soit égale à une droite donnée.

5. Construire les projections d'un point, connaissant sa distance à la ligne de terre et sa distance à l'un des plans de projection.

6. Déterminer la distance d'un point du plan vertical à une droite du plan horizontal.

7. Construire les projections d'un point, connaissant ses distances à deux points donnés sur la ligne de terre, et sachant qu'il a sa projection horizontale située sur une droite donnée dans le plan horizontal.

8. Connaissant la projection horizontale d'une droite, un point de cette droite et l'angle qu'elle fait avec le plan horizontal, construire sa projection verticale.

9. Connaissant la projection horizontale d'une droite, un point de cette droite, et l'angle qu'elle fait avec le plan vertical, construire sa projection verticale.

10. Mener par un point donné une droite qui forme un angle donné avec le plan horizontal et qui rencontre une droite donnée située dans le plan horizontal.

11. Mener dans un plan donné une droite qui fasse avec l'un des plans de projection un angle donné.

12. Mener par une droite donnée un plan qui fasse avec l'un des plans de projection un angle donné.

13. Étant donnés l'une des traces d'un plan et l'angle qu'elle fait avec l'autre trace, construire cette dernière.

14. Mener par un point donné un plan parallèle à une droite donnée et qui fasse avec l'un des plans de projection un angle donné.

15. Étant données deux droites qui se coupent situées sur le plan horizontal et une troisième droite quelconque, déterminer sur cette dernière un point à égale distance des deux premières droites.

16. Étant donnée la trace horizontale d'un plan, construire sa trace verticale sachant que le plan est distant d'une longueur donnée d'un point donné.

17. Étant données les traces d'un plan et la projection horizontale d'un point dont la distance au plan est donnée, déterminer la projection verticale du point.

18. Étant donnée l'une des traces d'un plan parallèle à la ligne de terre, construire l'autre trace connaissant la distance du plan à la ligne de terre.

19. Mener par un point donné un plan perpendiculaire sur deux plans donnés.

20. Par un point pris sur une droite donnée, élever à cette droite une perpendiculaire qui rencontre une seconde droite donnée.

21. Étant donnés une droite et deux points en dehors, trouver sur la droite un point également distant des deux points donnés.

22. Construire le lieu des points d'un plan donné situés à égale distance de deux points donnés en dehors de ce plan.

23. Étant donnés un plan et une droite qui se rencontrent, mener dans le plan par le pied de la droite une perpendiculaire sur celle-ci.

24. Mener un plan parallèle à un plan donné et qui en soit distant d'une longueur donnée.

25. Déterminer sur une droite donnée un point dont la distance à un plan donné soit égale à une longueur donnée.

26. Étant donnés l'angle de deux droites, leurs projections horizontales et leurs traces horizontales, construire les projections verticales de ces deux droites.

27. Étant donnés les traces horizontales de deux plans qui se coupent, la projection horizontale de leur intersection et l'angle qu'ils font entre eux, construire les traces verticales de ces deux plans.

28. Étant donnés un plan et une droite située dans ce plan, mener par la droite une série de plans formant entre eux et avec le plan donné des angles égaux.

29. Étant donnés un point et un plan parallèle à la ligne de terre ,mener par le point un second plan parallèle à la ligne de terre et faisant avec le plan donné un angle donné.

30. Mener par une horizontale d'un plan donné un second plan formant avec le premier un angle donné.

31. Construire les projections d'un parallélipipède connaissant les longueurs des arêtes et les angles que ces droites font entre elles.

32. Construire les projections d'un cube connaissant la longueur des arêtes, les projections de l'une d'elles et la projection horizontale d'une seconde arête.

33. Construire les projections d'un cube ayant l'une de ses diagonales perpendiculaire au plan horizontal.

34. Construire les projections d'une pyramide hexagonale régulière connaissant le côté de base, sachant que la base repose sur le plan bissecteur du premier dièdre, de telle sorte que l'un de ses côtés est parallèle à la ligne de terre, et sachant de plus que le sommet de la pyramide est dans le plan vertical de projection.

35. Étant donnée la projection horizontale d'une pyramide SABC dont la base ABC repose à volonté sur le plan horizontal de projection, construire la projection verticale du solide sachant que le dièdre SA est droit.

36. Étant donnés dans un tétraèdre SABC, la base ABC, les arêtes SA, SB et le dièdre AC, construire les projections du solide en plaçant la base à volonté sur le plan horizontal.

37. Étant donnés le côté de base et la hauteur d'une pyramide hexagonale régulière, construire les projections de cette pyramide en plaçant l'une de ses faces latérales sur le plan horizontal.

38. Étant donnés dans un tétraèdre SABC le dièdre AB et les arêtes AB, BC, AC, SA, SB, construire les projections du solide en plaçant sa base ABC à volonté sur le plan horizontal.

39. Construire les projections d'une pyramide régulière à base carrée connaissant le côté de base et l'un des dièdres latéraux.

40. Étant donnés la trace horizontale d'un plan, les projections d'un point de ce plan et les projections horizontales de deux autres points du plan, déterminer les projections d'un quatrième point, connaissant ses distances aux trois premiers. Construire ensuite les projections et la vraie grandeur de la section faite dans le tétraèdre ayant les quatre points pour sommets, par un plan perpendiculaire à l'une des arêtes de ce tétraèdre.

41. Étant donnée l'arête d'un tétraèdre régulier, construire ses projections en plaçant la base sur le plan horizontal de telle sorte que l'un de ses côtés soit parallèle à la ligne de terre. Construire ensuite les projections et la vraie grandeur de la section déterminée dans le tétraèdre par un plan passant par la ligne de terre et faisant avec le plan horizontal un angle donné.

42. Déterminer les projections de la section faite dans une pyramide donnée, par un plan mené par une parallèle à la trace horizontale d'une des faces de la pyramide et faisant avec cette face un angle donné.

43. Déterminer les points de rencontre d'une pyramide et d'une droite données.

44. Construire les projections d'un prisme connaissant sa base, une arête et les angles qu'elle forme avec les côtés adjacents.

45. Construire les projections et la vraie grandeur de la section faite dans une pyramide par le plan bissecteur de l'un de ses dièdres.

46. Étant données les projections d'un cône droit à base circulaire dont la base repose sur le plan horizontal, ainsi que la projection verticale d'un des points de sa surface latérale, déterminer la projection horizontale de ce point.

47. Construire les projections d'un cône droit à base circulaire connaissant le rayon de base, la longueur de la génératrice, et sachant que le cône repose sur le plan horizontal de projection par l'une de ses génératrices.

48. Construire les projections de la section faite dans un cône droit à base circulaire ayant sa base sur le plan horizontal, par un plan perpendiculaire au plan vertical de projection.

49. Trouver la plus courte distance d'un point à une sphère donnée.

50. Couper une pyramide triangulaire par un plan passant par une droite donnée sur l'une des faces du solide, de telle sorte que la section soit un triangle rectangle.

Sujets de composition donnés aux examens de l'École navale.

1. Représenter quatre points situés dans un plan au moyen de leurs projections ; déterminer ensuite la vraie grandeur des diagonales du quadrilatère ayant ces quatre points pour sommets, ainsi que l'angle que font entre elles ces diagonales. (1853)

2. Étant donnés deux plans, l'un situé d'une manière quelconque par rapport aux plans de projection, l'autre parallèle à la ligne de terre, déterminer les angles que forme leur intersection avec la trace horizontale du premier et la trace verticale du second. (1854)

3. Construire les projections d'une pyramide hexagonale régulière dont la base repose sur un plan perpendiculaire au plan vertical et faisant avec le plan horizontal un angle de 30°. Construire les projections et la vraie grandeur de la section faite dans cette pyramide par un plan ayant même trace horizontale que le plan de base et faisant avec le plan horizontal un angle de 53°. (1855)

4. Construire les projections d'un parallélipipède dont on connaît les arêtes ainsi que les angles qu'elles font entre elles. Déterminer les projections d'une diagonale du solide ainsi que les angles qu'elle forme avec les plans de projection. (1856)

5. Le rayon d'une sphère est de 0^m. 08 ; la projection horizontale du centre est située à 0^m. 09 de la ligne de terre et la projection verticale à 0^m. 10. On coupe cette sphère par un plan vertical distant du centre de 0^m. 04 et faisant avec le plan vertical de projection un angle de 30° ; on demande les projections et la véritable forme de la section. On déterminera la projection verticale de la section par ses deux axes principaux. (1857).

6. Construire les projections des tangentes menées par un point donné à la section déterminée dans une sphère par un plan parallèle au plan vertical de projection passant par le point donné. On prendra le rayon de la sphère $= 0^m,03$. (1858.)

7. Étant données la projection horizontale d'une pyramide quadrangulaire dont la base est située dans un plan parallèle à la ligne de terre et la projection verticale du sommet de cette pyramide, construire la projection verticale du solide. (1859.)

8. Étant données les projections d'une pyramide triangulaire placée d'une manière quelconque dans l'espace, construire les projections d'une pyramide égale reposant par l'une de ses faces sur le plan horizontal. (1860.)

9. Étant donnés un cube dont l'une des faces est située dans le plan horizontal et une seconde dans le plan vertical, et un plan dont chacune des traces fait avec la ligne de terre un angle de 45°, on demande de déterminer en vraie grandeur la figure obtenue en projetant le cube sur le plan donné. (1861.)

10. Construire les projections d'un prisme triangulaire droit sachant que : 1° les arêtes latérales ont une longueur donnée, sont parallèles à un plan vertical donné quelconque et font avec le plan horizontal un angle donné ; 2° la base est un triangle équilatéral de côté donné dont un côté est parallèle au plan horizontal de projection et est situé à une distance donnée de ce plan. (1862.)

11. Construire les projections d'un prisme triangulaire oblique dont on connaît la base, les arêtes latérales et leur inclinaison sur le plan de base. Déterminer la hauteur du prisme et construire les projections et la vraie grandeur de la section droite. (1863.)

12. Trouver sur un plan donné un point qui soit situé à des distances données de deux points donnés l'un sur le plan horizontal, l'autre sur le plan vertical. (1864.)

13. Étant donnés un plan quelconque et les projections d'une pyramide triangulaire dont la base repose sur le plan horizontal, on fait tourner la pyramide autour de la trace horizontale du plan donné jusqu'à ce que son sommet soit dans ce plan ; déterminer les projections de la pyramide dans cette nouvelle position. (1865.)

14. Déterminer les projections horizontale et verticale de six rectangles égaux ayant un côté commun et faisant entre eux deux à deux des angles de 60°. On prendra à volonté les plans de projection. (1866.)

15. Étant donné un parallélipipède placé d'une manière quelconque par rapport aux plans de projection, et dont A, B, C représentent trois arêtes contiguës, on propose d'amener le parallélipipède par trois rotations successives : la première autour d'un axe vertical, la deuxième autour d'un axe perpendiculaire au plan vertical, la troisième autour

d'un axe vertical, dans une position telle que les arêtes A et
B soient parallèles au plan horizontal et l'arête C parallèle au
plan vertical. (1867.)

16. On propose de construire les projections d'un tétraèdre
régulier A B C D sachant :

1° Que les arêtes ont toutes 98^{mm} de longueur ;

2° Que la projection horizontale a du sommet A est à 114^{mm}
de la ligne de terre ;

3° Que la projection horizontale b du sommet B est à droite
de a, à une distance de 81^{mm} de ce point et à une distance de
33^{mm} de la ligne de terre ;

4° Que la projection horizontale c du sommet C est à
gauche de a et de b, à une distance de 60^{mm} de a et à une
distance de 48^{mm} de b ;

5° Que la projection verticale d' du sommet D est située
au-dessous de la projection verticale a' de A et à une distance
de 43^{mm} de la ligne de terre. (1868.)

17. On donne la projection horizontale d'un parallélipipède rectangle et la projection verticale d'un sommet ; construire la projection verticale du parallélipipède. (1869.)

18. On propose de tracer avec l'indication des parties
vues et des parties cachées les deux projections d'un tronc de
pyramide creux dont les bases soient des pentagones et dont
la hauteur ait une longueur donnée. On supposera les plans
de bases placés d'une manière quelconque par rapport aux
plans de projection. (1870.)

19. Étant donné un plan dont la trace verticale fait un
angle de 36° avec la ligne de terre et dont la face postérieure
est inclinée de 49° 30' sur la face supérieure du plan horizontal, trouver les projections d'une droite satisfaisant aux
conditions suivantes :

1° La droite perce le plan dans le premier dièdre à 27^m,50
de la trace verticale du plan et à 34^m,10 de la trace horizontale ;

2° La partie supérieure de la droite fait un angle de 54°
avec la partie supérieure de la trace verticale du plan et un

angle de 67° 30' avec la partie antérieure de la trace horizontale.

Nota. — 1° L'échelle sera prise à $\dfrac{1}{500}$ et les angles devront être construits géométriquement et à part.

2° Chaque candidat devra donner une explication sommaire de l'épure. (1871.)

20. Dans un plan perpendiculaire au plan vertical et faisant un angle de 60° avec le plan horizontal, on prend un point équidistant des deux plans de projection et situé à 0^m,06 de la trace horizontale. De ce point comme centre et dans ce plan on décrit un cercle de rayon $= 0^m,03$. Sur le diamètre perpendiculaire à la trace horizontale du plan et de part et d'autre du centre, on prend une longueur double du rayon, et des extrémités de la droite ainsi obtenue, on mène des tangentes au cercle. Cela posé, on demande :

1° Les projections du cercle et du quadrilatère circonscrit ;

2° La longueur des côtés et des diagonales du quadrilatère ;

3° La grandeur des angles du même quadrilatère. (1872).

21. Étant donné un plan dont la trace verticale fait un angle de 60° avec la ligne de terre, et dont la partie visible de la trace horizontale fait un angle de 130° 30' avec la trace verticale, trouver les projections d'un cercle satisfaisant aux conditions suivantes :

1° Le plan du cercle est parallèle au plan donné et est situé à 9^m,6 au dessus de lui ;

2° Le centre du cercle est à 15^m,9 en avant du plan vertical et à 18^m au-dessus du plan horizontal ;

3° Le côté du pentagone régulier inscrit dans le cercle est égal à 6^m,3.

On construira les angles géométriquement. L'échelle de dessin sera de 3^{mm},333 par mètre. (1873.)

22. Dans un plan passant par la ligne de terre, incliné de 30° sur le plan horizontal, on construit un rectangle dont les côtés ont 0^m,08 et 0^m,1, un des grands côtés étant placé sur la ligne de terre. On imagine deux sphères ayant pour diamètres les deux grands côtés du rectangle, et l'on demande les traces du plan du petit cercle intersection de ces deux sphères et sa projection horizontale. (1874.)

23. Un plan incliné de 60° sur le plan horizontal passe par une droite située dans ce dernier plan et faisant un angle de 30° avec la ligne de terre. Dans le plan incliné on trace un triangle équilatéral dont le côté = 0^m,05, un des côtés parallèle à la trace horizontale étant placé à 0^m,04 de cette trace. Un tétraèdre a pour base ce triangle et pour hauteur 10 centimètres comptés sur la perpendiculaire au plan menée par le centre du triangle. Après avoir fait les projections du tétraèdre, on indiquera la suite des constructions sans les démontrer, et les parties invisibles sur les deux plans de projection. (1875.)

24. On donne un plan P'αP dont la trace horizontale αP fait un angle de 30° avec la ligne de terre ; le plan est incliné de 55° sur le plan vertical. On donne un point A dans ce plan distant de 0^m,02 du plan horizontal et de 0^m,03 du plan vertical. Ce point est le centre de base d'un cône droit situé sur la face supérieure du plan et dont le rayon est de 0^m,03. La hauteur du cône = 0^m,12. Construire les projections de ce cône. (1876.)

25. Trois points A, B, C du premier dièdre sont dans des plans de profil distants de 0^m,02 pour les points A et B et de 0^m,06 pour les points B et C. Le point A est distant de 0^m,03 du plan horizontal et de 0^m,01 du plan vertical ; le point B est distant de 0^m,06 du plan horizontal et de 0^m,03 du plan vertical ; le point C est distant de 0^m,03 du plan horizontal et de 0^m,02 du plan vertical. Déterminer les traces du plan qui passe par les deux points A et B et est distant de 0^m,03 du point C. Mesurer et donner l'angle de ce plan avec le plan déterminé par les trois points donnés. (1877.)

26. Un point situé dans le premier dièdre est distant de 0^m,05 du plan horizontal et de 0^m,045 du plan vertical. Ce point est le centre d'un hexagone régulier dont le plan est parallèle au plan horizontal, et dont l'un des côtés parallèle au plan vertical a 0^m,03 de longueur. Cet hexagone est la base commune de deux pyramides régulières, dont l'une a son sommet dans le plan horizontal et dont l'autre a le sien à une distance de $0^m,07$ de ce plan.

On demande de construire l'ombre de ces pyramides sur les plans de projection, sachant qu'il existe dans le premier dièdre une source lumineuse qui envoie des rayons parallèles à une droite faisant un angle de 19° avec le plan horizontal et de 33° avec le plan vertical. (1878)

27. Un point A est situé dans la partie antérieure du plan horizontal à $0^m,05$ de la ligne de terre; un second point B placé dans le premier dièdre à droite de A est distant de $0^m,02$ du plan horizontal, de $0^m,03$ du plan vertical et de $0^m,04$ du point A.

On demande de construire les projections du cercle dont le plan est perpendiculaire à la droite AB, dont le centre est au point B et qui a $0^m,03$ pour rayon. (1879)

28. Étant donnés un point (a,a') et une droite (BB'), dont les positions sont déterminées comme il suit :

$$a\alpha = 0^m,020 \qquad \alpha p = 0^m,0035 \qquad P = 56° 30'$$
$$\alpha a' = 0^m,050 \qquad \alpha q = 0^m,0155 \qquad Q = 60°.$$

1° Mener par le point (a,a') une droite XX' perpendiculaire à la droite (BB') et faisant avec la ligne de terre un angle $\varphi = 49°$.

2° Construire la plus courte distance de la droite (BB') et de la droite (XX').

3° Construire sur cette plus courte distance et sur les deux droites (XX'), (BB'), un parallélipipède rectangle dont les côtés pris respectivement le long de (BB') et de (XX') ont pour longueurs $0^m,030$ et $0^m,035$.

Remarque. Le problème admet plusieurs solutions. On choisira celle des droites (XX') qui est la moins inclinée sur le plan horizontal, et pour parallélipipède celui qui est le plus en haut et à gauche. (1880.)

29. On donne un hexagone régulier de côté $= 3^{cm}$; le centre et le milieu de l'un des côtés sont dans la partie antérieure du plan horizontal, le centre est à 5^{cm} de la ligne de terre. Le plan de l'hexagone fait un angle de 39° avec le plan horizontal et la trace horizontale fait un angle de 53° avec la ligne de terre. Cet hexagone est la base d'une pyramide régulière dont la hauteur $= 15^{cm}$ et dont le sommet est dans le second dièdre.

Trouver les projections de la pyramide et celles de la section faite par le plan bissecteur du premier dièdre. (1881.)

APPENDICE

A L'USAGE

DES CANDIDATS A L'ÉCOLE DE SAINT-CYR

PROBLÈMES RELATIFS AUX PLANS TANGENTS.

1. Des lignes courbes et de leurs tangentes. On nomme *ligne courbe* toute ligne qui n'est ni droite, ni composée de lignes droites.

Lorsque tous les points d'une ligne courbe sont situés dans le même plan, cette ligne porte le nom de *courbe plane;* dans le cas contraire, elle est dite à *double courbure.* Ainsi la circonférence, l'ellipse sont des courbes planes; l'hélice est une courbe à double courbure.

On nomme *tangente* à une courbe la limite des positions que prend une sécante en tournant autour d'un de ses points d'intersection avec la courbe jusqu'à ce qu'un second point d'intersection, se rapprochant indéfiniment du premier, vienne se confondre avec lui.

2. Définition géométrique des surfaces. Génératrice. Directrice. Plan directeur. Surface directrice. Toute surface peut être considérée comme engendrée par le mouvement d'une ligne de forme et de grandeur constantes, ou bien encore de forme et de grandeur variables suivant une loi déterminée. La ligne qui dans son mouvement engendre la surface, se nomme *génératrice;* elle est en général assujettie à rencontrer dans toutes ses positions successives une ou plusieurs lignes fixes nommées *directrices.* Le mouvement de la génératrice peut être réglé au moyen d'un plan qui porte le nom de *plan directeur*, ou encore au moyen d'une surface qui est alors la *surface directrice*.

Les surfaces qui sont engendrées par le mouvement d'une ligne droite se nomment *surfaces réglées*. Parmi les surfaces réglées, les unes sont *développables*, c'est-à-dire peuvent être étendues sur un plan sans déchirure ni duplicature ; les autres, non développables, sont dites *surfaces gauches*.

3. Plan tangent. *Si d'un point pris sur une surface on trace autant de courbes que l'on veut sur la surface, les tangentes menées à ces courbes par le point sont toutes situées dans un même plan que l'on nomme* PLAN TANGENT *à la surface au point considéré.*

Supposons qu'il s'agisse d'une surface engendrée par le mouvement d'une ligne de forme invariable, ce qui est d'ailleurs le seul cas dont nous aurons à nous occuper ; soient P (*fig. 1*) un point de la surface et AA' la génératrice passant par ce point. Considérons une autre position BB' de la génératrice, et supposons que le point Q situé sur cette génératrice soit venu se placer en P en suivant le chemin CC' sur la surface lorsque BB' est venu prendre la position AA'. Traçons sur la surface la courbe DD' passant par le point P et rencontrant BB' au point R, puis joignons PQ, PR, QR.

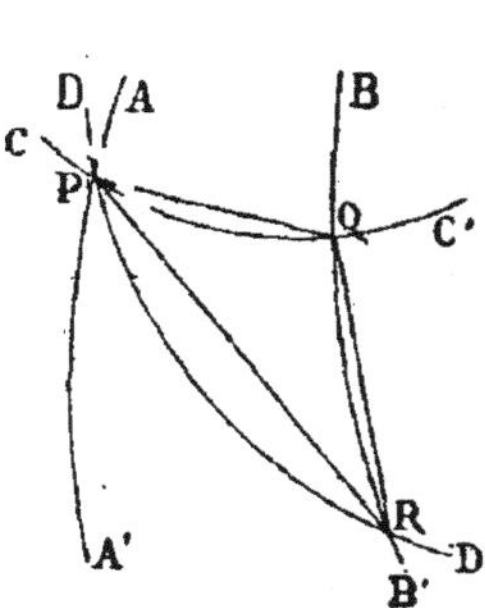

Imaginons maintenant que la ligne BB' se rapproche indéfiniment de AA' et vienne coïncider avec cette dernière ligne ; alors le point Q se confondra avec le point P, le point R avec le même point P, et les sécantes RQ, PQ, PR deviendront des tangentes en P aux courbes AA', CC', DD'. Mais pendant leur mouvement les trois sécantes sont restées toujours contenues dans le même plan PQR ; donc, lorsqu'elles deviennent tangentes, le même plan les contient encore. C'est le *plan tangent* à la surface au point P.

Il résulte de ce qui précède que, pour construire le plan tangent en un point donné d'une surface, il suffit de tracer sur la surface deux courbes passant par le point, de mener par celui-ci des tangentes à ces courbes, et de faire ensuite passer un plan par les deux tangentes.

4. Normale. On désigne sous le nom de *normale* la perpendiculaire au plan tangent à une surface menée par le point de contact.

Si donc on connaît la direction de la normale en un point donné d'une surface et que l'on mène par ce point un plan perpendiculaire à cette direction, on aura le plan tangent à la surface au point donné.

5. Définition générale des surfaces cylindriques et coniques. On nomme *surface cylindrique* toute surface engendrée par une ligne droite qui se meut en restant constamment parallèle à une direction donnée et en s'appuyant sur une ligne fixe également donnée.

Une surface cylindrique est déterminée lorsque l'on connaît les projections de sa directrice et celles de sa direction.

On nomme *trace* horizontale ou verticale d'une surface cylindrique le lieu des intersections de ses génératrices avec le plan horizontal ou avec le plan vertical de projection. Une surface cylindrique peut être donnée par sa direction et sa trace sur l'un des plans de projection.

On nomme *surface conique* toute surface engendrée par une droite qui passe constamment par un point fixe nommé *centre* ou *sommet*, et qui se meut autour de ce point en s'appuyant sur une ligne donnée. Une surface conique se compose de deux parties nommées *nappes* qui ont le sommet pour point commun.

Une surface conique est déterminée lorsque l'on connaît son sommet et sa directrice. Ses *traces* sur les plans de projection sont les lieux des intersections de ses génératrices avec ces plans. Une surface conique peut être donnée par son sommet et sa trace soit horizontale, soit verticale.

Les surfaces cylindriques et coniques sont développables. En effet, si l'on considère dans ces surfaces deux positions successives de la génératrice, ces deux positions sont dans le même plan ; on peut, par suite, considérer les surfaces comme polyédrales et ayant pour faces des éléments plans compris entre deux positions très-voisines l'une de l'autre de la génératrice. Si l'on fait tourner chaque élément plan autour de la génératrice qui le sépare de l'élément voisin, on pourra amener un premier élément sur le plan du suivant; le plan unique ainsi formé pourra être amené de même sur le plan du troisième élément, et ainsi de suite. La surface sera donc ainsi amenée à être étendue tout entière sur un plan.

6. Plans tangents aux surfaces cylindriques et coniques. Leurs propriétés remarquables.

Théorème. *Tout plan tangent à une surface cylindrique ou conique contient une génératrice tout entière et est tangent à la surface en chaque point de la génératrice qu'il contient.*

Soit (*fig.* 2) une surface cylindrique : menons deux génératrices AA', BB'; traçons sur la surface les courbes quelconques MM', PP', et menons les sécantes MM', PP'. Supposons

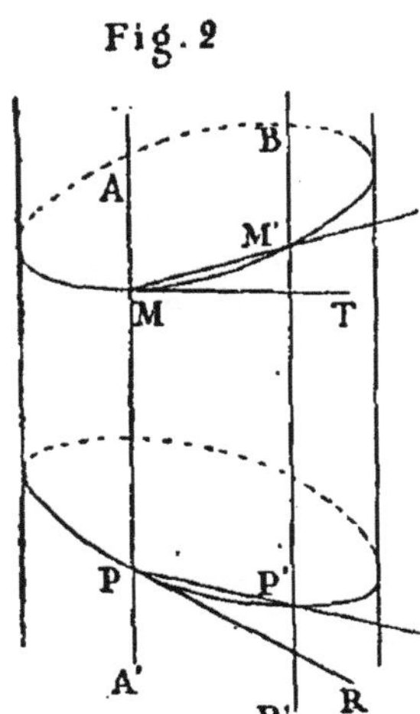

Fig. 2

que le plan des deux génératrices AA', BB' tourne autour de AA' de telle sorte que la seconde génératrice BB', s'approchant indéfiniment de AA', vienne se confondre avec cette dernière ligne. A la limite, le plan AA'BB' se confondra avec le plan qui serait conduit par AA' et la tangente MT à la courbe MM', lequel est le plan tangent en M, car AA' peut être regardée comme étant sa propre tangente. Mais à ce moment la droite PP' sera devenue tangente en P à la courbe PP', et il en sera évidemment de même pour toutes les sécantes menées dans les mêmes conditions aux courbes que l'on aura tracées sur la surface. Le plan AMT, passant par la génératrice AA', contient donc les tangentes menées aux courbes tracées sur la surface par chacun des points de AA'. Il est donc tangent à la surface en tous les points de cette génératrice.

La démonstration serait absolument la même pour une surface conique.

Corollaires. Si l'on suppose que la courbe PP' est plane et résulte de la section faite dans la surface par un plan quelconque, on déduit aisément du théorème qui vient d'être établi le principe suivant :

Lorsqu'un plan est tangent à une surface cylindrique ou conique, sa trace sur un plan quelconque coupant la surface est tangente à la trace de la surface sur ce plan.

Ce principe peut encore s'énoncer comme il suit :

Lorsque l'on coupe une surface cylindrique ou conique par un plan, la tangente en un point quelconque de la courbe résultant de la section n'est autre que l'intersection du plan sécant avec le plan tangent à la surface mené par le point considéré.

On peut déduire également du même théorème que *la tangente à une courbe se projette suivant une tangente à la projection de la courbe*, excepté lorsque cette tangente est perpendiculaire au plan de projection, auquel cas sa projection se réduit à un point.

7. Problème 1. *Mener un plan tangent à une surface cylindrique par un point pris sur cette surface.*

Pour mener un plan tangent à un cylindre par un point pris sur la surface, on construit la génératrice AB passant par ce point; puis, ayant coupé le cylindre par un plan, on mène par le point où la génératrice AB rencontre ce plan une tangente à la courbe résultant de la section. Il reste à faire passer par AB et la tangente un plan qui, en vertu du théorème précédemment démontré (6), est le plan tangent demandé.

Lorsque le cylindre est donné par sa direction et sa trace horizontale, le plan sécant dont on vient de parler devient le plan horizontal de projection, la courbe résultant de la section est la trace horizontale de la surface donnée, et la tangente à cette trace est alors la trace horizontale du plan tangent. Nous nous plaçons dans ces conditions dans l'épure qui suit et dans celles relatives aux problèmes 2, 3, 4, 5 et 6.

Soient donc (*fig.* 3) (*mn*; *m'n'*) la direction d'un cylindre et HK sa trace horizontale. Proposons-nous de mener un plan tangent au cylindre par un point de sa surface ayant *o* pour projection horizontale.

Nous commencerons par déterminer la projection verticale

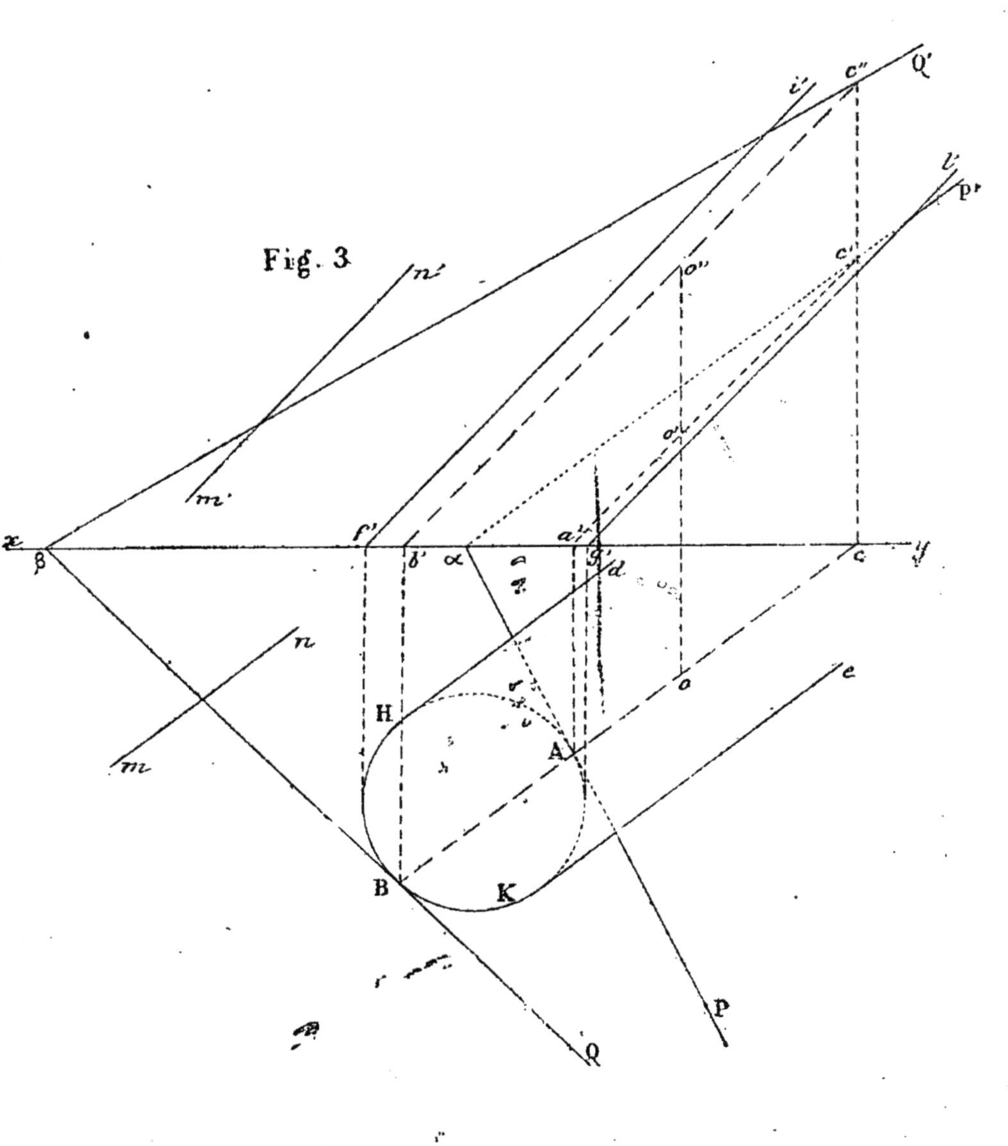

Fig. 3

de ce point. Pour cela, menons par le point *o* la droite *c*AB parallèle à *mn* et concevons un plan vertical conduit par cette droite. Ce plan coupera la surface du cylindre suivant deux génératrices ayant pour projection horizontale la droite *c*B et pour projections verticales les droites *a′c′*, *b′c″* menées parallèlement à *m′n′* par les points *a′*, *b′*, projections verticales des points A et B, lesquels ne sont autres que les traces horizontales des génératrices en question. En menant donc du point *o* sur la ligne de terre une perpendiculaire, nous aurons aux points *o′* et *o″* de rencontre de cette perpendiculaire avec *c′a′* et *b′c″* les projections verticales de deux points de la surface du cylindre ayant l'un et l'autre *o* pour projection hori-zontale.

Le plan tangent au point (*o*, *o′*) doit contenir la génératrice (*c*A, *c′a′*) qui passe par ce point; il doit aussi contenir la tangente à la trace horizontale HK du cylindre, menée par le point A, trace horizontale de la génératrice. Nous aurons donc la trace horizontale αP du plan tangent en menant cette tangente, et sa trace verticale αP′ en joignant le point α à la trace verticale *c′* de la génératrice (*c*A, *c′a′*).

Une construction analogue donne le plan QβQ′ tangent au cylindre au point (*o*, *o″*).

Remarque 1. Si l'une des tangentes à la trace HK du cylindre ne rencontrait pas la ligne de terre dans les limites de l'épure, on pourrait obtenir un point de la trace verticale du plan tangent en menant une horizontale quelconque de ce plan et déterminant la trace verticale de cette horizontale.

Remarque 2. Menons à la trace horizontale HK du cylindre les tangentes H*d*, K*e* parallèles à *mn* : ces tangentes seront les limites de la projection du cylindre sur le plan horizontal. Elles détermineront, avec la partie HBK de la trace, le *con-tour apparent* du cylindre sur le plan horizontal de projection. Nous obtiendrons de même le *contour apparent* sur le plan vertical en menant des tangentes à la trace HK perpendiculairement à la ligne de terre, et traçant par les points *f′*, *g′*, où elles rencontrent cette ligne, les droites *f′i″*, *g′l″* parallèles à la projection verticale *m′n′* de la direction du cylindre.

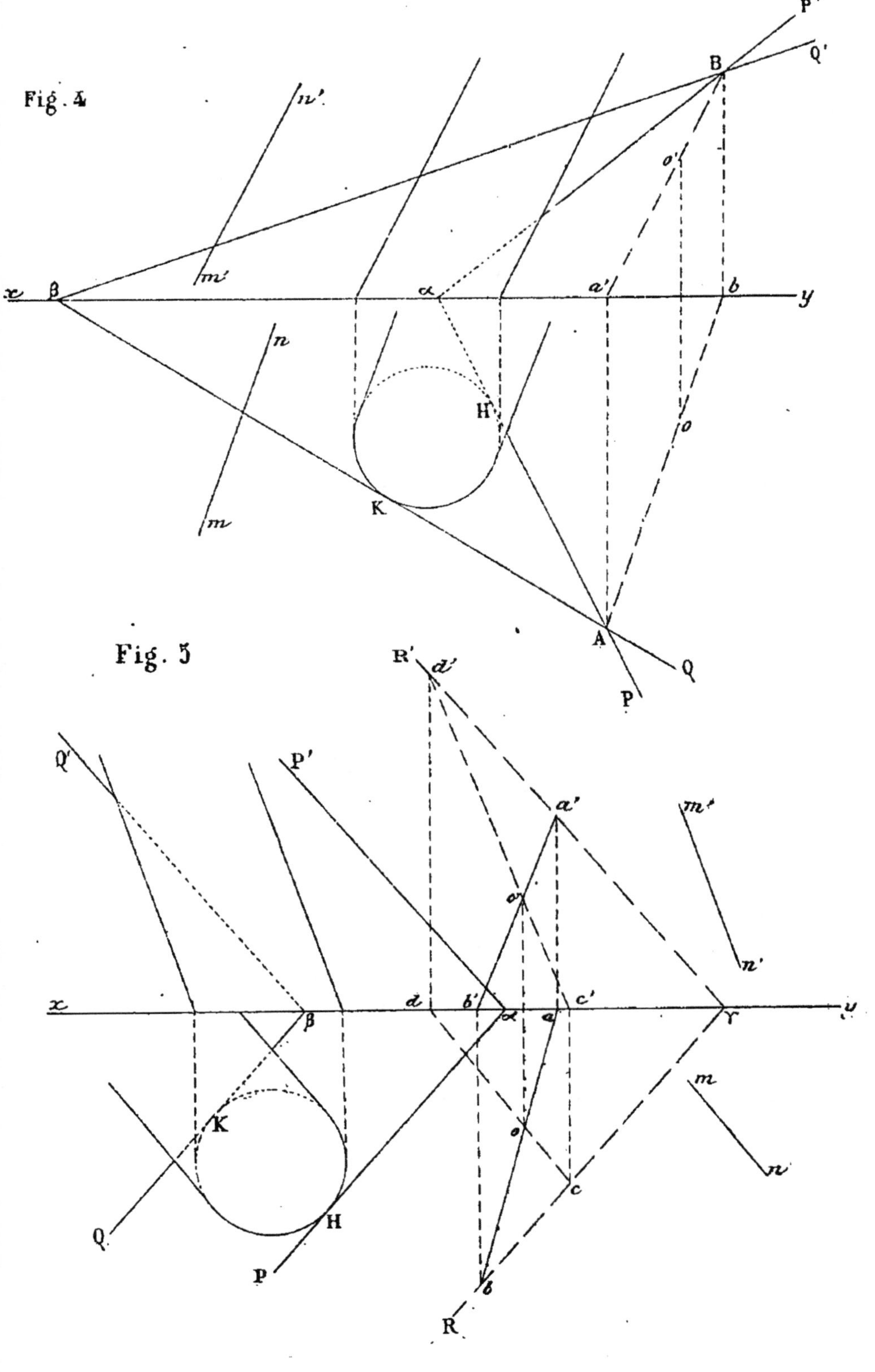

Fig. 4
Fig. 5

8. Problème 2. *Mener un plan tangent à une surface cylindrique par un point extérieur.*

Il suffit, pour résoudre ce problème, de mener par le point donné une parallèle AB à une génératrice du cylindre, de couper le cylindre par un plan et de mener une tangente à la section par le point où la droite AB rencontre le plan sécant. Le plan passant par AB et cette tangente est le plan tangent demandé (6).

Soient (*fig. 4*) (*mn, m'n'*) la direction du cylindre donné, HK sa trace horizontale, et (*o, o'*) les projections du point par lequel on veut mener un plan tangent au cylindre. Menons par ce point la droite (A*b*, *a'*B) parallèle aux génératrices et déterminons ses traces A, B. Par le point A menons une tangente à la trace HK; cette tangente αP sera la trace horizontale du plan tangent demandé. La trace verticale αP' s'obtiendra en joignant le point α au point B. Il y a évidemment autant de solutions que l'on peut mener de tangentes à la trace HK par le point A. L'épure indique un second plan Q'BQ répondant à la question.

9. Problème 3. *Mener un plan tangent à une surface cylindrique parallèlement à une droite donnée.*

Supposons menée par un point de la droite AB donnée une parallèle CD aux génératrices du cylindre. Le plan passant par les deux droites AB et CD sera parallèle au plan tangent demandé, puisque celui-ci doit être parallèle à la droite AB et doit contenir une génératrice du cylindre. On n'aura donc, après avoir construit l'intersection du plan (AB, CD) avec un plan coupant le cylindre, qu'à mener parallèlement à cette droite des tangentes à la courbe d'intersection et qu'à faire passer des plans par chacune de ces tangentes et la génératrice passant par le point de contact.

Ainsi soient (*fig. 5*) (*mn, m'n'*) la direction, HK la trace horizontale du cylindre donné et (*ab, a'b'*) la droite parallèlement à laquelle on veut mener le plan tangent. Par un point (*o, o'*) de cette droite, menons la droite (*cd, c'd'*) parallèle à la direction du cylindre, et construisons les traces γR, γR' du plan passant par ces deux droites. Il suffira ensuite de mener les droites Pα, Qβ tangentes à la trace HK et parallèles à γR,

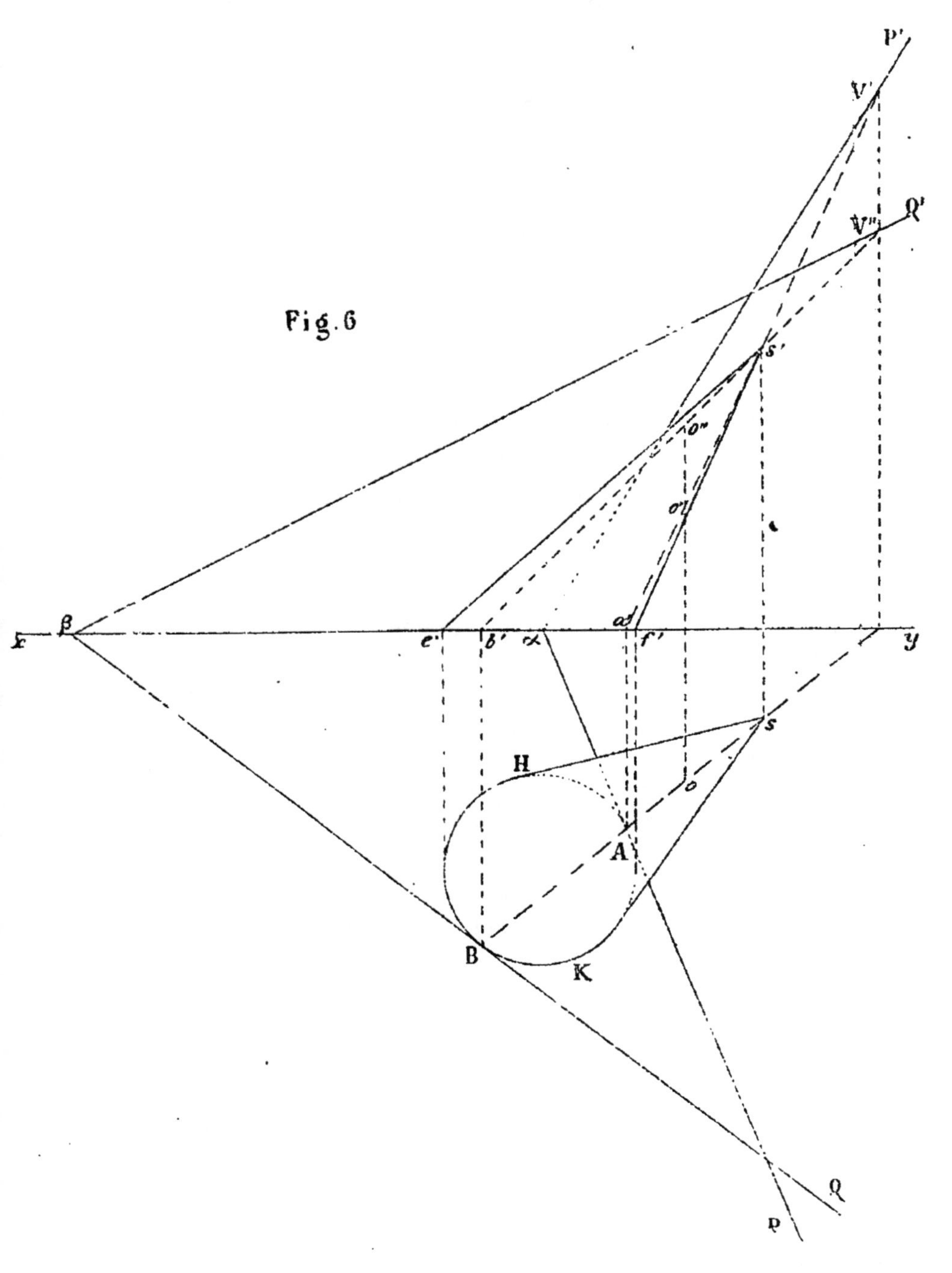

Fig. 6

puis les droites αP', βQ' parallèles à γR'. On aura ainsi, en P'αP, Q'βQ, deux plans tangents au cylindre répondant à la question, et en général autant de solutions qu'on pourra mener de tangentes à HK parallèlement à γR.

10. Problème 4. *Mener un plan tangent à une surface conique par un point pris sur cette surface.*

La marche à suivre pour résoudre ce problème est la même que celle indiquée pour le problème 1 (7). Ayant joint le sommet S du cône au point O donné sur la surface, on coupe celle-ci par un plan, et au point où ce plan est rencontré par la génératrice SO on mène une tangente à la courbe résultant de la section. Le plan passant par cette tangente et la génératrice SO est le plan tangent demandé.

Soient (*fig.* 6) HK la trace horizontale d'une surface conique, (*s, s'*) les projections du sommet et *o* la projection horizontale d'un point de la surface par lequel on se propose de mener un plan tangent.

Joignons *os* et imaginons un plan vertical ayant *os* pour trace horizontale. Ce plan coupera le cône suivant deux génératrices SA, SB ayant pour projection horizontale la droite *os* et pour traces horizontales les points A et B. On aura leurs projections verticales *s'a'*, *s'b'* en joignant le point *s'* aux projections verticales *a'*, *b'* des points A et B. Si donc on élève en *o* sur la ligne de terre une perpendiculaire, les points *o'*, *o"* où cette perpendiculaire rencontrera les droites *s'a'*, *s'b'* seront les projections verticales de deux points de la surface conique ayant l'un et l'autre pour projection horizontale le point *o*.

Le plan tangent au point (*o, o'*) doit contenir la génératrice (*sA, s'a'*) et de plus la tangente menée à la trace HK du cône au point A, trace horizontale de la génératrice; il aura donc pour trace horizontale cette tangente Pα et pour trace verticale la droite αP' qui joint le point α à la trace verticale V' de la génératrice SA.

On obtiendra de la même façon les traces βQ, βQ' d'un second plan tangent au cône mené par le point (*o, o"*).

Remarque. Les tangentes menées du point *s* à la trace HK de la surface conique limitent la projection horizontale du

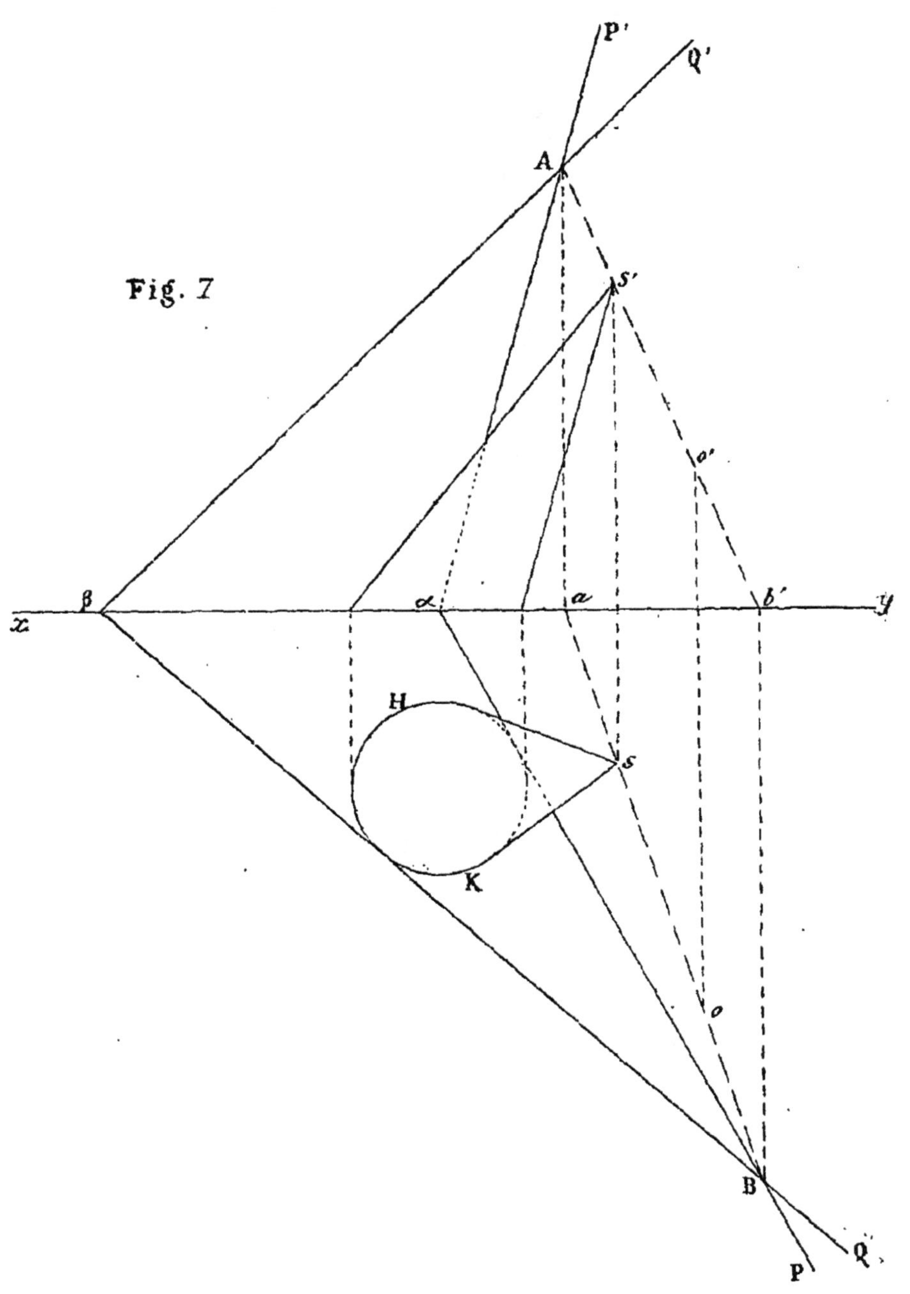

Fig. 7
P'
Q'
A
S'
o'
x
β
α
a
b'
y
H
s
K
o
B
P
Q

cône réduit à une seule nappe et déterminent ainsi le *contour apparent* de la figure sur le plan horizontal. De même, le *contour apparent* sur le plan vertical est déterminé par les droites *s'e'*, *s'f'* qui joignent le point *s'* aux points *e'*, *f'* où la ligne de terre est rencontrée par les tangentes à la trace HK, menées perpendiculairement à cette ligne de terre.

11. Problème 5. *Mener un plan tangent à une surface conique par un point extérieur à cette surface.*

Joignons le point donné O au sommet S du cône; le plan tangent demandé devra contenir la droite SO, puisqu'il doit passer nécessairement par le sommet S, point commun à toutes les génératrices. Coupons maintenant la surface par un plan qui rencontre la droite SO, et, par le point B de rencontre de SO avec ce plan, imaginons une tangente à la courbe résultant de la section : le plan tangent devra contenir cette droite (6); donc, si l'on fait passer un plan par la droite SO et la tangente, on aura le plan demandé.

Soient donc (*fig.* 7) HK la trace horizontale du cône donné, (*s*, *s'*) son sommet et (*o*, *o'*) le point donné. Ayant joint *s'o'*, *so*, on détermine les traces de la droite ainsi obtenue. Par la trace horizontale B, on mène Pα tangente à HK, et l'on joint le point α à la trace verticale A de la droite (*s'o'*, *so*); on a ainsi un plan PαP' répondant à la question.

On obtient de même un second plan tangent QβQ', et l'on a en général autant de solutions que l'on peut mener de tangentes à la trace HK par le point B.

12. Problème 6. *Mener un plan tangent à une surface conique parallèlement à une droite donnée.*

Si l'on mène par le sommet S du cône une parallèle CD à la droite AB donnée, le plan demandé devra contenir cette parallèle. D'autre part, si l'on coupe le cône par un plan rencontrant CD en un point D, et que l'on mène par le point D une tangente à la courbe résultant de la section, il est clair que le plan demandé devra également contenir cette tangente (6); donc on l'obtiendra en faisant passer un plan par la tangente et la droite CD.

Soient donc (*fig.* 8) HK la trace horizontale du cône donné,

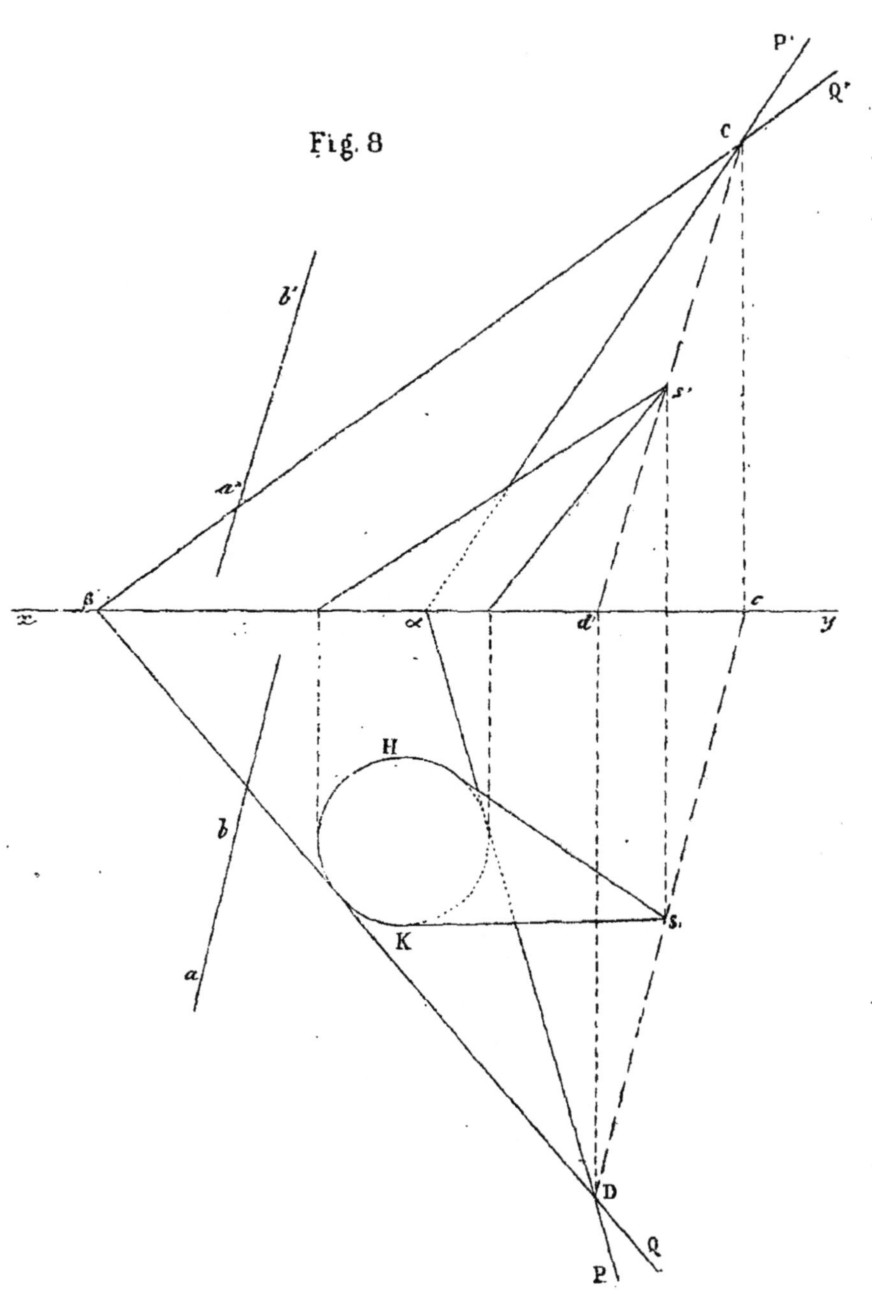

Fig. 8
P'
Q'
C
b'
a'
s'
x
β
α
d'
c
y
H
b
K
a
s,
D
Q
P

(s, s') son sommet et ($a'b'$, ab) la droite parallèlement à laquelle on veut mener un plan tangent au cône. On mène par le sommet (s, s') la droite (Cd', cD) parallèle à ($a'b'$, ab), et ayant déterminé les traces C, D de cette parallèle, on mène par la trace horizontale D la droite Pα tangente à HK, et l'on joint αC · on a ainsi en PαP' un plan répondant à la question. On obtient, comme l'indique l'épure, un second plan tangent QβQ' parallèle à la droite donnée. On a en général autant de solutions que l'on peut mener de tangentes à la trace HK par le point D.

13. Remarque. Dans les épures qui précèdent, nous avons pris, comme traces horizontales des surfaces cylindriques et coniques considérées, des circonférences. Il est clair que les raisonnements employés pour résoudre les problèmes n'en conservent pas moins toute leur généralité, puisqu'ils ont été établis indépendamment de la forme particulière affectée par la trace de la surface en question.

14. Surfaces de révolution. Parallèles. Méridiens. On nomme *surface de révolution* toute surface engendrée par une ligne quelconque tournant autour d'une ligne droite ou *axe*. Telles sont la surface d'une sphère, la surface d'un cylindre ou d'un cône droit à base circulaire.

On nomme *méridien* un plan quelconque passant par l'axe d'une surface de révolution. Chaque méridien coupe la surface suivant une ligne nommée *méridienne*. Il résulte de la définition de la surface de révolution que toutes les méridiennes sont égales entre elles.

On nomme *parallèle* la circonférence de cercle obtenue en coupant une surface de révolution par un plan perpendiculaire à l'axe. Chaque parallèle peut être considéré comme décrit par un point de la ligne génératrice de la surface pendant sa rotation autour de l'axe. Le rayon d'un parallèle est égal à la perpendiculaire abaissée du point qui décrit le parallèle, sur l'axe de la surface.

Une surface de révolution est déterminée par son axe de rotation et sa ligne méridienne.

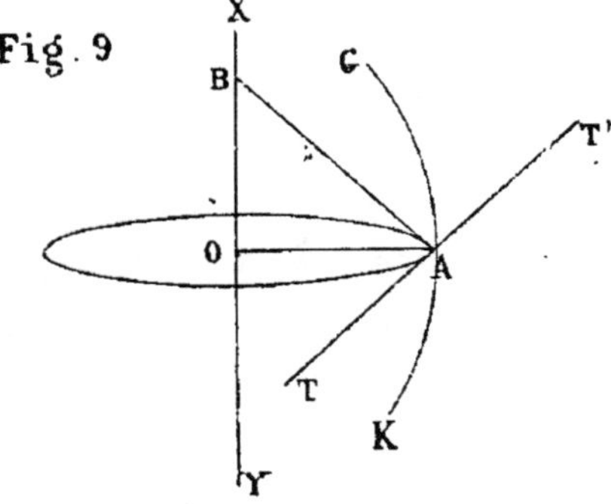

Fig. 9

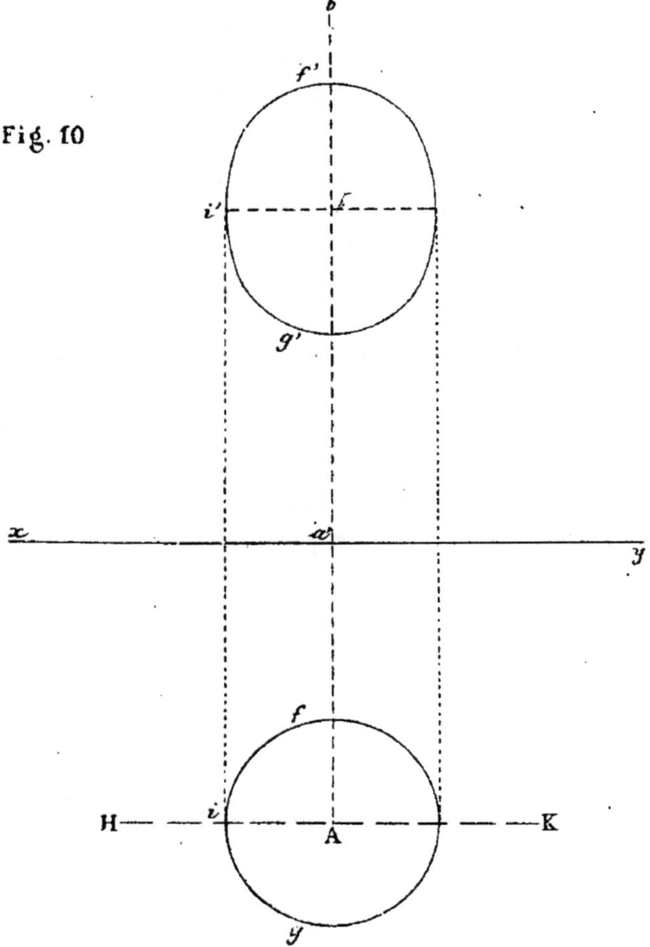

Fig. 10

15. Plans tangents aux surfaces de révolution. Leurs propriétés remarquables.

Théorème. *Le plan tangent à une surface de révolution est perpendiculaire au méridien qui passe par le point de contact.*

En effet, considérons la surface engendrée par une ligne GK (*fig.* 9) tournant autour d'un axe XY, et soit un plan tangent à cette surface au point A. Ce plan contiendra la tangente TT′ menée au parallèle ayant OA pour rayon. Or cette tangente perpendiculaire à OA est également perpendiculaire à une droite AB menée à la rencontre de l'axe, en vertu du théorème des trois perpendiculaires. Donc TT′ est perpendiculaire sur le plan BOA, et il en est par conséquent de même du plan tangent en A. Mais le plan BOA n'est autre que celui du méridien passant par le point A : le théorème est donc démontré.

Corollaire. La normale en un point A quelconque d'une surface de révolution rencontre l'axe XY de cette surface, puisqu'elle est perpendiculaire au plan tangent mené en A et qu'elle se trouve ainsi contenue dans le plan BOA du méridien passant par le point A.

On peut encore remarquer que toutes les normales à une surface de révolution menées par les différents points d'un même parallèle vont couper l'axe de la surface au même point.

16. Problème. *Connaissant la courbe méridienne d'une surface de révolution, mener par un point de cette surface un plan tangent à la surface.*

Supposons qu'une surface de révolution soit donnée par sa courbe méridienne et par son axe (A, *a′b′*) que nous prendrons vertical (*fig.* 10). La projection verticale de cette surface s'obtiendra en menant par l'axe un plan HK parallèle au plan vertical de projection, lequel coupera la surface suivant une méridienne se projetant en vraie grandeur suivant *f′i′g′*. La projection horizontale de la surface sera le cercle *fig*, projection du plus grand de ses parallèles.

Ceci posé, soit proposé de mener un plan tangent à la surface par un point de cette surface ayant *m* pour projection

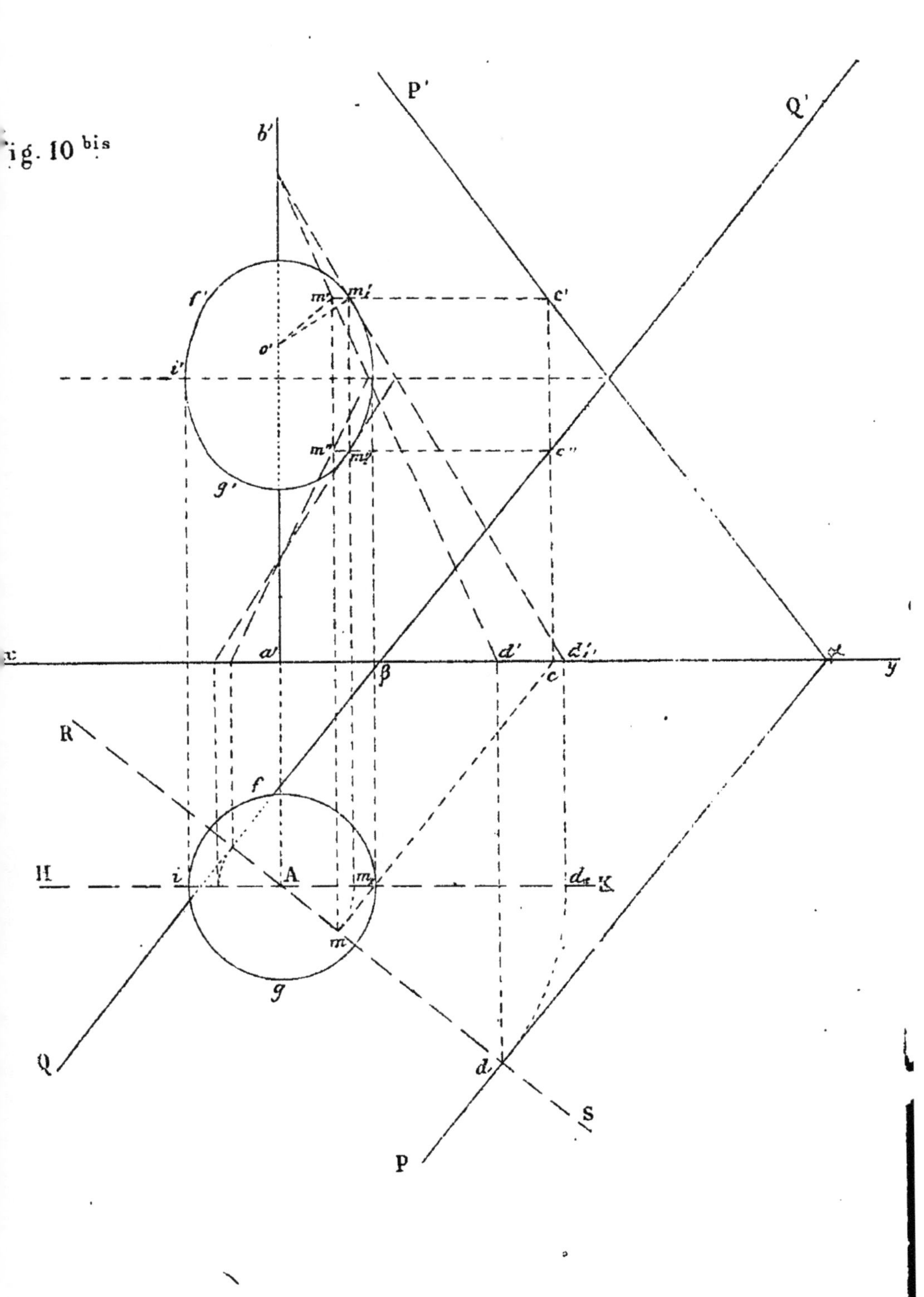

ig. 10 bis
P'
Q'
b'
f'
m' m'
c'
o'
i'
m'' m'
c''
g'
x
a'
d'
d''
A
y
β
d'
c
R
f
Q
i
A
m
d
K
H
m
g
Q
d
S
P

horizontale. On commencera par déterminer la projection verticale de ce point. Pour cela, on joint Am et l'on imagine un plan vertical RS passant par l'axe et le point en question. Ce plan coupe la surface suivant une méridienne égale à la figure $f'i''g'$; si on le fait tourner autour de l'axe (A$a'b'$) pour l'amener à être parallèle au plan vertical de projection, le point m vient en m_1, et la méridienne coïncidant alors avec $f'i'g'$, si l'on élève en m_1 une perpendiculaire à la ligne de terre, les points m'_1, m''_1 où cette perpendiculaire coupe la ligne $f'i'g'$ sont les projections verticales de deux points de la surface ayant le point m_1 pour projection horizontale. Ramenant maintenant le plan RS à sa position primitive, les projections m'_1, m''_1 se déplacent suivant des parallèles à la ligne de terre, et l'on a en m', m'', à la rencontre de ces parallèles avec la perpendiculaire menée à xy par le point m, les projections des deux points de la surface ayant m pour projection horizontale.

Considérons le point (m, m') : le plan tangent à la surface mené au point (m, m') doit contenir la tangente au parallèle et aussi la tangente au méridien menées par ce point. La tangente au parallèle, étant contenue dans un plan parallèle au plan horizontal de projection, est une horizontale (mc, $m'c'$) ayant sa projection horizontale mc perpendiculaire à RS. La trace horizontale du plan tangent sera donc parallèle à mc et sa trace verticale passera par le point c', trace verticale de l'horizontale.

Pour construire les projections de la tangente au méridien passant par le point (m, m'), on remarquera que cette tangente doit se projeter verticalement en vraie grandeur lorsque le plan RS qui la contient a tourné autour de l'axe (A, $a'b'$) pour se placer parallèlement au plan vertical de projection. Comme à ce moment le point m' a pris la position m'_1, on n'aura qu'à mener par ce point une tangente $m'_1d'_1$ à la courbe $f'i'g'$; puis on abaissera d'_1d_1 perpendiculaire sur HK, et l'on aura ainsi les projections de la tangente, le plan RS étant placé parallèlement au plan vertical de projection. Lorsque l'on ramène ce plan RS à sa position première, les projections de la tangente deviennent ($m'd'$, md) et sa trace horizontale est en d. Menant donc par le point d la droite Pα parallèle à mc et joignant $\alpha c'$

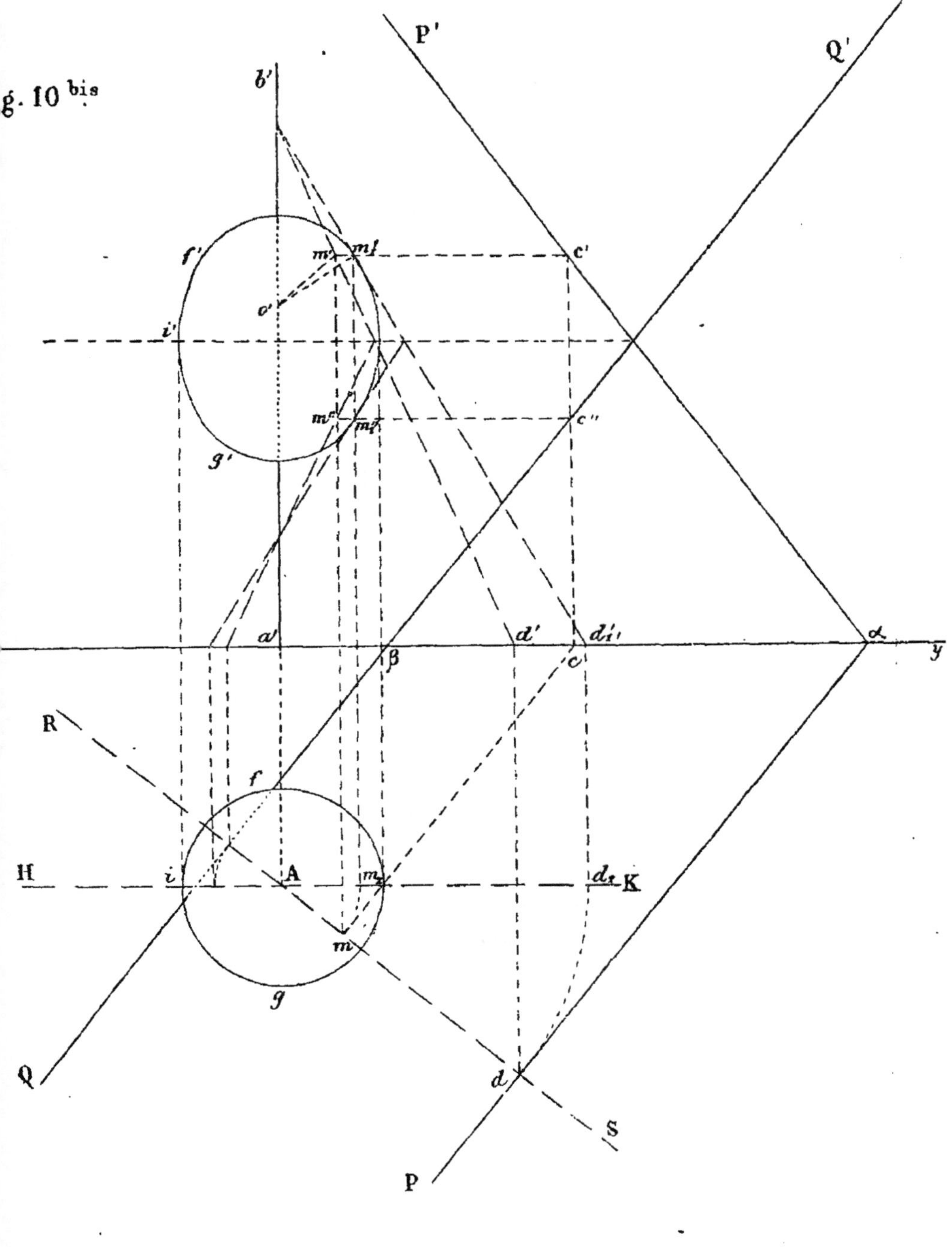

g. 10 bis
P'
Q'
b'
f'
m' m'
c'
o'
i'
m'' m''
c''
g'
a'
d'
d'
α
y
β
d'
c
R
f
H
i
A
m
d₁
K
Q
m
g
d
S
P

on a en P'αP les traces du plan tangent à la surface au point (m, m').

On construit de la même façon les traces Q'βQ du plan tangent à la surface mené au point (m, m'').

Remarque. Le problème qui consiste à mener un plan tangent à une surface de révolution par un point pris sur cette surface peut encore être résolu en menant par le point donné une normale à la surface et faisant ensuite passer par le point un plan perpendiculaire à la normale. On aura la projection verticale $o'm'$ de cette normale, le point donné étant (m, m') (*fig.* 10 *bis*), en menant une perpendiculaire à la projection m'_1d' de la tangente en (m, m') amenée à être parallèle au plan vertical de projection et en joignant le point o' de rencontre de la perpendiculaire avec l'axe au point m' (15, Corollaire.) Quant à la projection horizontale de la normale, elle n'est autre que (Am). On voit par là que sur l'épure la trace αP' du plan tangent mené en (m, m') doit être perpendiculaire sur la droite $o'm'$ [1].

<hr>

PROBLÈMES RELATIFS AUX INTERSECTIONS DE SURFACES.

17. Problème 1. *Construire la section faite dans la surface d'un cylindre droit vertical par un plan perpendiculaire à l'un des plans de projection. Tangente à la courbe d'intersection. Vraie grandeur de cette courbe. Développement du cylindre et de la courbe d'intersection. Y rapporter la tangente.*

Soit (*fig.* 11) AB la trace horizontale d'un cylindre droit vertical. Les génératrices de ce cylindre sont perpendiculaires au plan horizontal de projection; par suite, la surface du cylindre se projette verticalement suivant le rectangle $a'b'c'd'$ et horizontalement suivant la trace AB elle-même.

<hr>

1. Lorsque la surface donnée est celle d'une sphère, la normale en un point quelconque est le rayon mené à ce point; on aura donc le plan tangent à une sphère en un point donné de la surface en menant par ce point un plan perpendiculaire au rayon qui y aboutit.

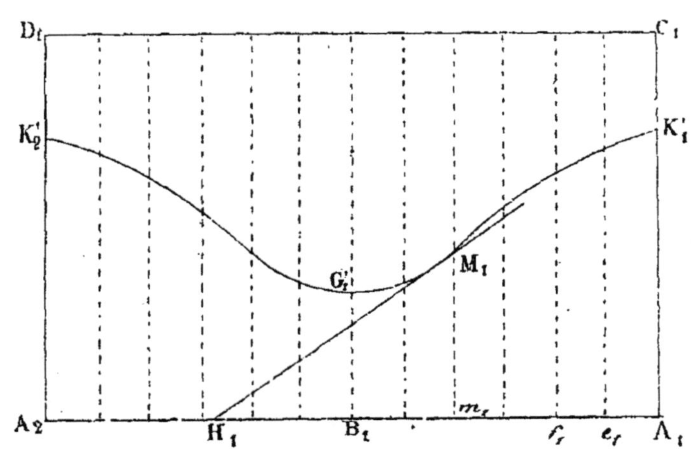

Fig. II
x
y
P
P'
d'
c'
b'
a'
k'
e'
f'
m'
g'
α
H
B
A
K₁
G₂
E₁
F₁
M₁
m
e
f
D₁
C₁
K'₂
K'₁
G'₂
M₁
A₂
H₁
B₁
m₁
f₁
e₁
A₁

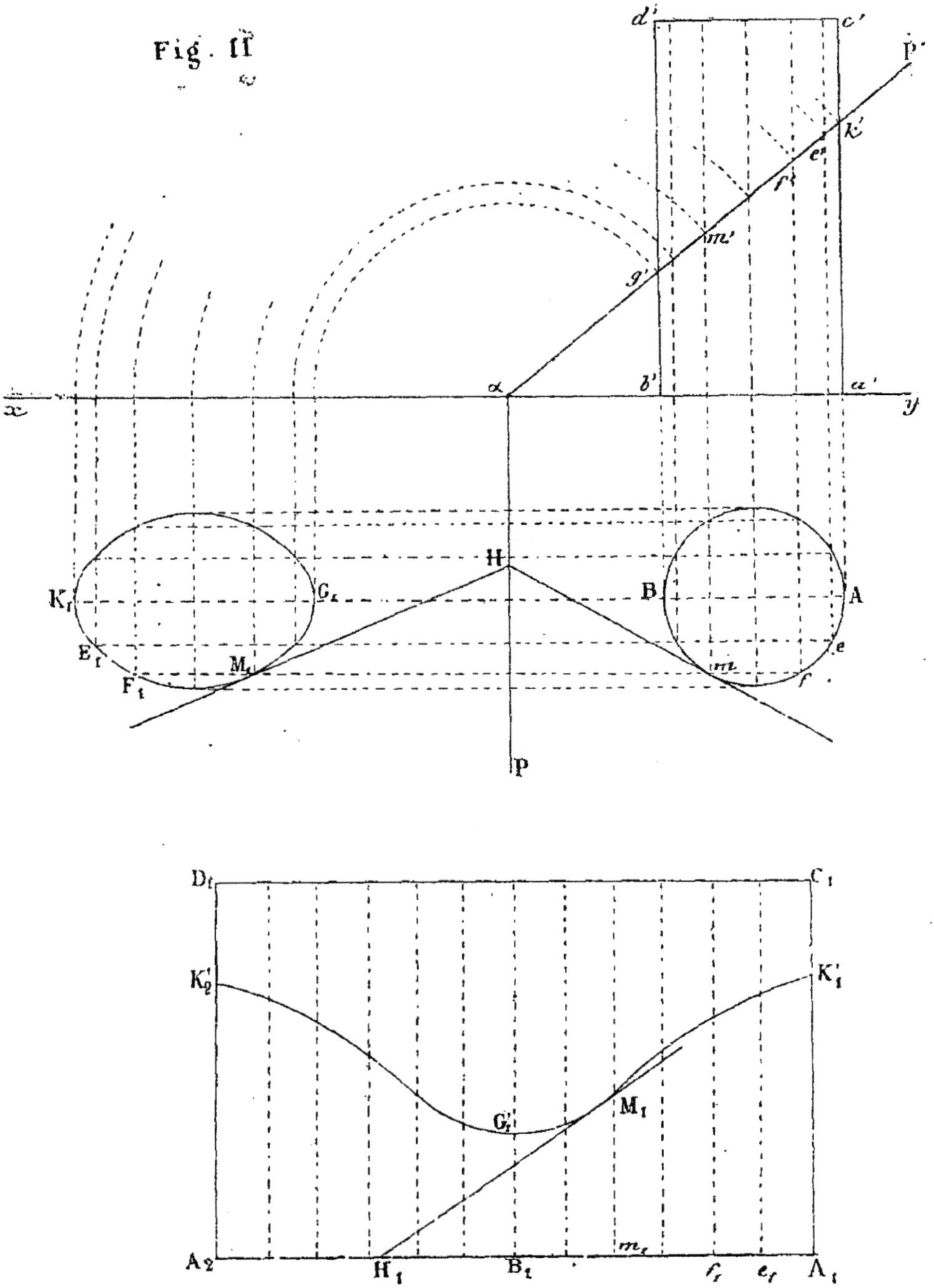

Coupons le cylindre par un plan $P'\alpha P$ perpendiculaire au plan vertical de projection et faisant avec le plan horizontal un angle $P'\alpha y$. La section aura pour projection verticale la droite $g'k'$ et pour projection horizontale la trace AB du cylindre.

Si nous menons une tangente à la courbe d'intersection en un certain point (m, m'), cette tangente sera contenue dans le plan $P'\alpha P$ et aussi dans le plan tangent au cylindre suivant la génératrice passant par le point (m, m'). Ce dernier plan a pour trace horizontale la tangente mH menée à la trace horizontale du cylindre et il est vertical : donc la tangente en (m, m') a mH pour projection horizontale et $m'\alpha$ pour projection verticale.

Pour obtenir la vraie grandeur de la courbe d'intersection du cylindre et du plan $P'\alpha P$, on supposera que ce plan tourne autour d'une de ses traces, la trace horizontale par exemple, pour se rabattre sur le plan horizontal de projection, et l'on déterminera, à l'aide du procédé connu, les rabattements d'autant de points de la section que l'on voudra. Joignant ensuite les points ainsi trouvés par un trait continu, on aura en $G_1 M_1 K_1$ une ellipse, vraie grandeur de la section.

Dans le mouvement du plan $P'\alpha P$ autour de αP, le point M vient se rabattre en M_1 et le point H, situé sur l'axe de rotation, conserve sa position. Si donc on joint HM_1, cette droite représentera la vraie grandeur de la partie de la tangente en M à la courbe d'intersection comprise entre sa trace horizontale H et son point M de contact.

Pour développer le cylindre ainsi que la courbe d'intersection, on imagine en général la trace horizontale AB partagée, à partir d'un certain point, A par exemple, en arcs assez petits pour que chacun d'eux puisse être regardé comme se confondant sensiblement avec sa corde. On porte ensuite les longueurs de ces arcs à la suite les unes des autres sur une ligne droite $A_1 A_2$, et l'on élève aux points de division des perpendiculaires à la ligne $A_1 A_2$ ayant chacune pour longueur la hauteur $a'c'$ du cylindre. Dans le cas où, comme il est indiqué dans la figure, la trace horizontale AB du cylindre est une circonférence, on en calcule la longueur, et ayant tracé une droite $A_1 A_2$ égale à cette longueur, on divise $A_1 A_2$ en un certain nombre de parties égales, douze par exemple, et l'on

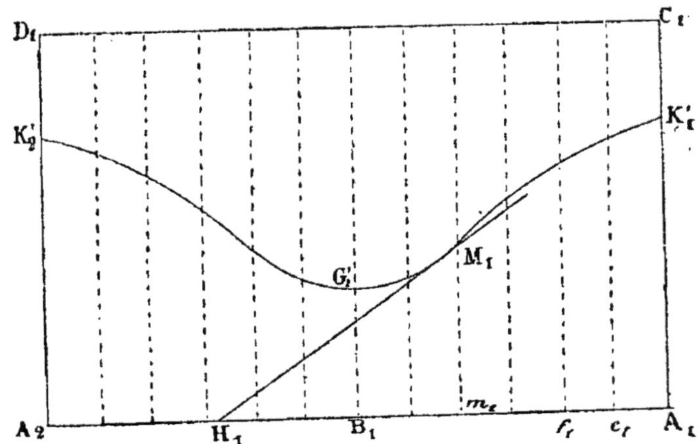

Fig. II 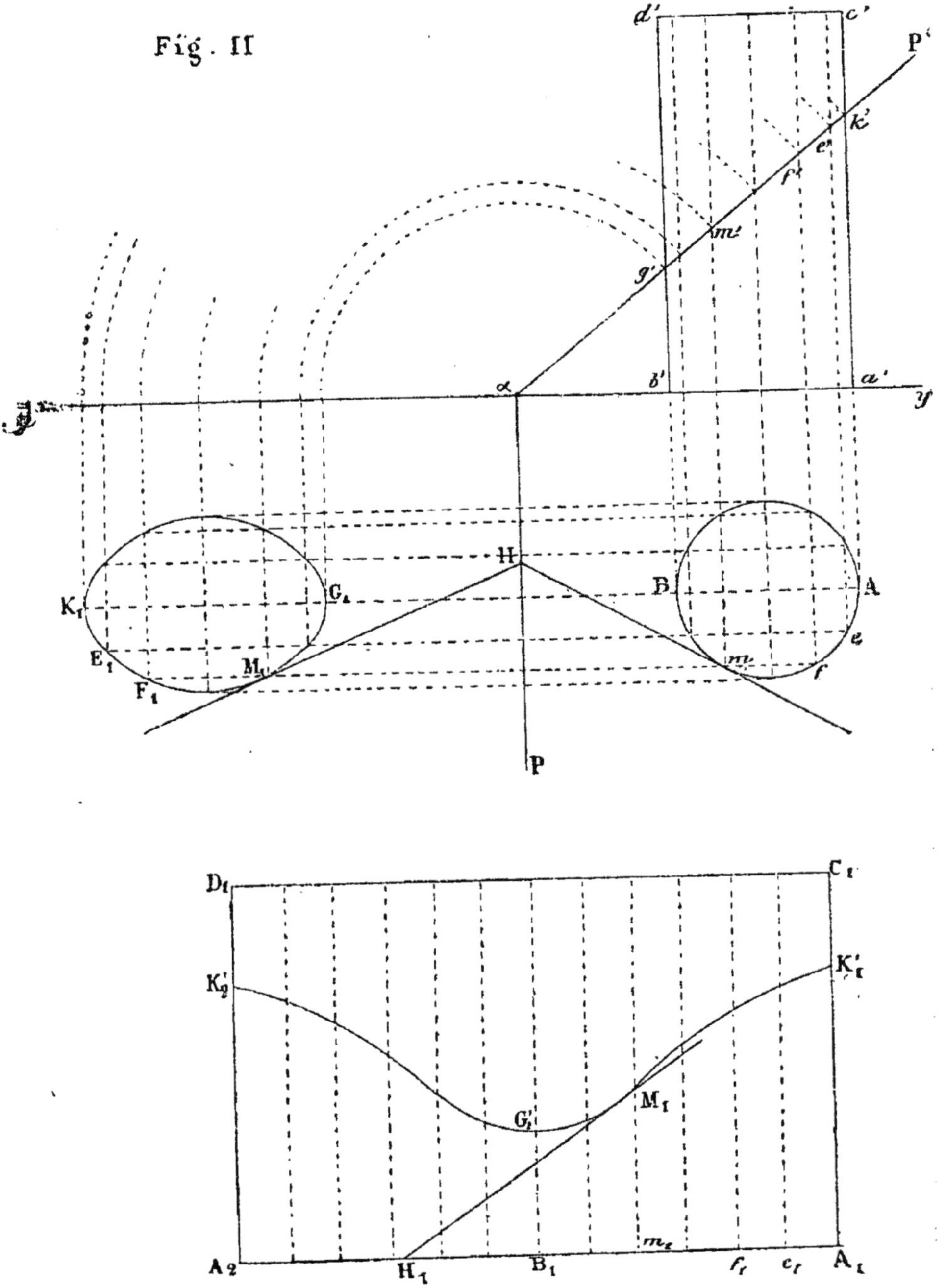
P'
d'
c'
k'
e'
f'
m'
g'
α
b'
a'
y
H
K₁
G₂
B
A
e
E₁
M₁
m
f
F₁
P
D₁
C₁
K₂'
K₁'
G'
M₁
m₂
A₂
H₁
B₁
f₁
e₁
A₁

élève aux points de division des perpendiculaires égales à la hauteur du cylindre. Ces perpendiculaires représentent les génératrices du cylindre ayant pour traces horizontales les points de division de la circonférence AB divisée elle-même à partir du point A en douze parties égales.

Le rectangle $A_1C_1D_1A_2$ est le développement de la surface du cylindre. Pour construire le développement de la courbe d'intersection, on prendra sur chaque perpendiculaire représentant une génératrice, à partir de son point de rencontre avec A_1A_2, une longueur égale à la distance au plan horizontal du point de rencontre du plan sécant P'αP avec la génératrice représentée par la perpendiculaire. En joignant par un trait continu les points ainsi obtenus, on obtient la courbe $K'_1G'_1K'_2$, qui est le développement demandé.

La position prise sur le développement de la surface du cylindre par la trace horizontale de la génératrice passant par le point M, étant m_1, le point M se trouve ainsi représenté en M_1 à la rencontre de la perpendiculaire élevée en m_1 à A_1A_2 avec le développement de la courbe d'intersection.

Si l'on prend $m_1H_1 = mH$ et que l'on joigne H_1M_1, cette droite représentera, rapportée sur le développement de la courbe d'intersection, la tangente en M à la surface cylindrique. On peut en effet regarder le triangle $M_1H_1m_1$ comme représentant la position que prend le triangle MmH de l'espace, lorsque, tournant autour de la génératrice Mm, il vient s'appliquer sur le plan de la surface cylindrique développée.

18. Problème 2. *Construire la section faite dans un cône droit à base circulaire par un plan perpendiculaire à l'un des plans de projection. Tangente. Vraie grandeur. Placer le plan sécant de manière à obtenir l'ellipse, l'hyperbole et la parabole.*

1° Cas de l'ellipse. Soit (*fig.* 12) SAB un cône droit à base circulaire dont la base AB repose sur le plan horizontal de projection et dont le sommet se projette en (*s, s'*). Coupons ce cône par un plan P'αP perpendiculaire au plan vertical de projection, mené de telle sorte qu'il rencontre toutes les génératrices d'une même nappe SAB. L'intersection de ce plan avec le cône sera une ellipse dont nous allons construire les projections.

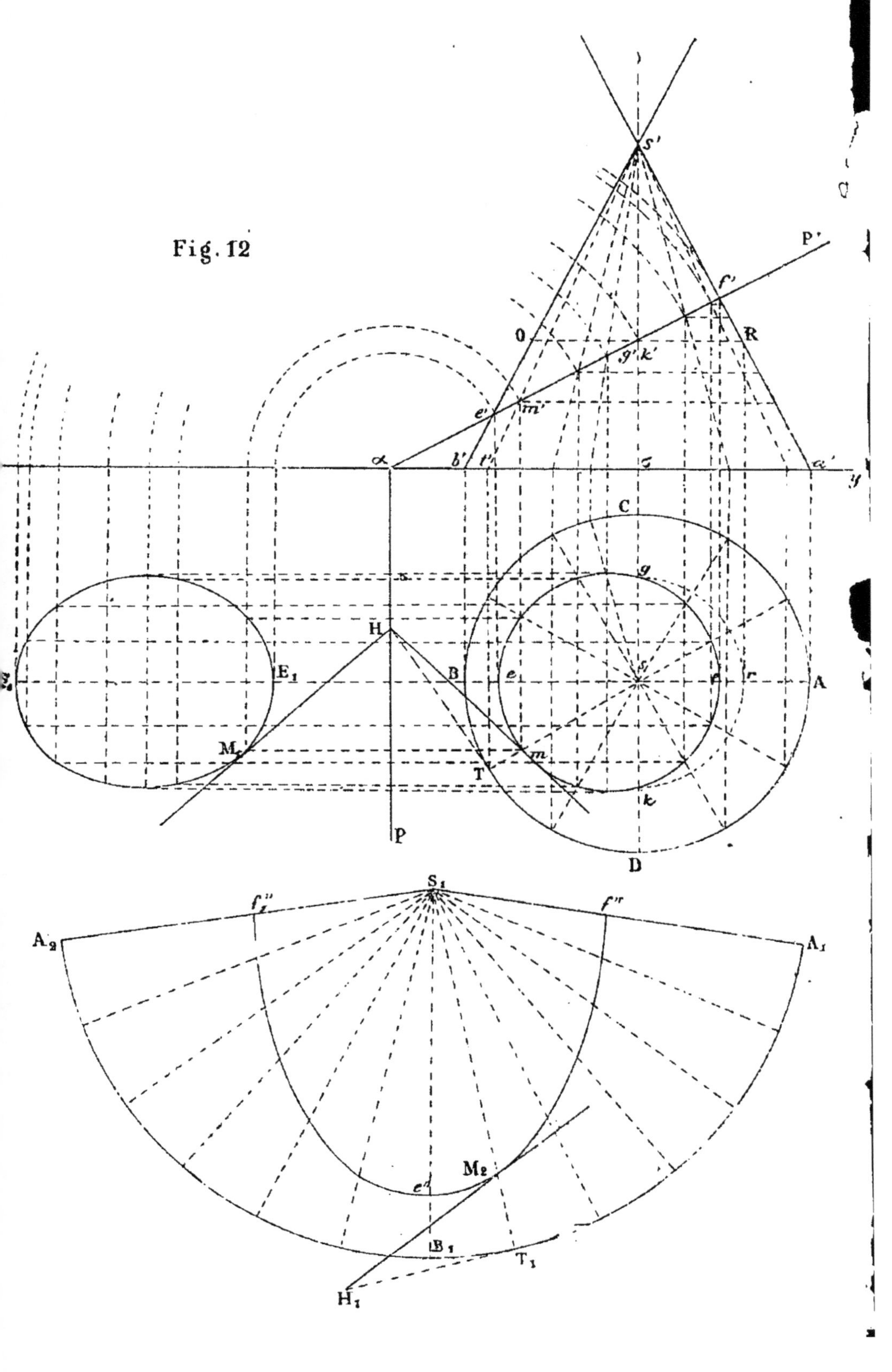

Fig. 12
P'
S'
O
R
g' k'
e'
m'
α
b' t'
z
a'
y
C
g
H
B
e
f
r
A
E_1
M_2'
m
T
k
D
P
S_1
f_2''
f''
A_2
A_1
M_2
e''
B_1
T_1
H_1

La projection verticale est la droite $e'f'$. Pour obtenir la projection horizontale, on mènera une génératrice quelconque $s't'$, sT, et du point m' où $s't'$ rencontre $\alpha P'$, on abaissera mm' perpendiculaire sur la ligne de terre jusqu'à la rencontre de sT; on aura ainsi en m la projection horizontale du point de rencontre de la génératrice avec le plan sécant. Ayant répété cette construction pour autant de génératrices que l'on voudra, on joindra les points ainsi déterminés par un trait continu et l'on aura la projection horizontale de la section du cône par le plan $P'\alpha P$.

On devra remarquer que la construction qui vient d'être indiquée pour obtenir la projection horizontale du point de rencontre d'une génératrice avec le plan sécant est en défaut lorsqu'il s'agit des génératrices SC, SD situées dans le plan de profil contenant l'axe du cône. On emploie, lorsqu'il s'agit de ces génératrices, un plan horizontal OR mené par le point de rencontre de $\alpha P'$ avec ss'. Ce plan coupe la surface conique suivant une circonférence qui se projette horizontalement en vraie grandeur, et le plan $P'\alpha P$ suivant une perpendiculaire au plan vertical ayant σD pour projection horizontale. En décrivant donc du point s comme centre avec $g'R$ pour rayon une circonférence, on aura, comme il est aisé de le reconnaître, aux points g et k de rencontre de cette circonférence avec sC, sD, les projections horizontales des points de rencontre du plan $P'\alpha P$ avec les génératrices SC, SD.

Pour obtenir les projections de la tangente menée à la courbe d'intersection du cône avec le plan $P'\alpha P$ en un point (m, m') de cette courbe, on remarquera que cette tangente n'est autre que l'intersection du plan $P'\alpha P$ et du plan tangent au cône suivant la génératrice ST qui passe par le point (m, m'). Or la trace horizontale de ce plan tangent est la tangente HT à la trace horizontale du cône; donc le point H, où la droite HT rencontre αP, est la trace horizontale de la tangente demandée; par suite, Hm est la projection horizontale de cette tangente et $\alpha m'$ en est la projection verticale.

La vraie grandeur E_1F_1 de la section s'obtient par les procédés ordinaires. Le grand axe de l'ellipse est la droite E_1F_1. Pour avoir le petit axe, il suffirait de rabattre les points où le plan $P'\alpha P$ rencontre les génératrices dont les projections

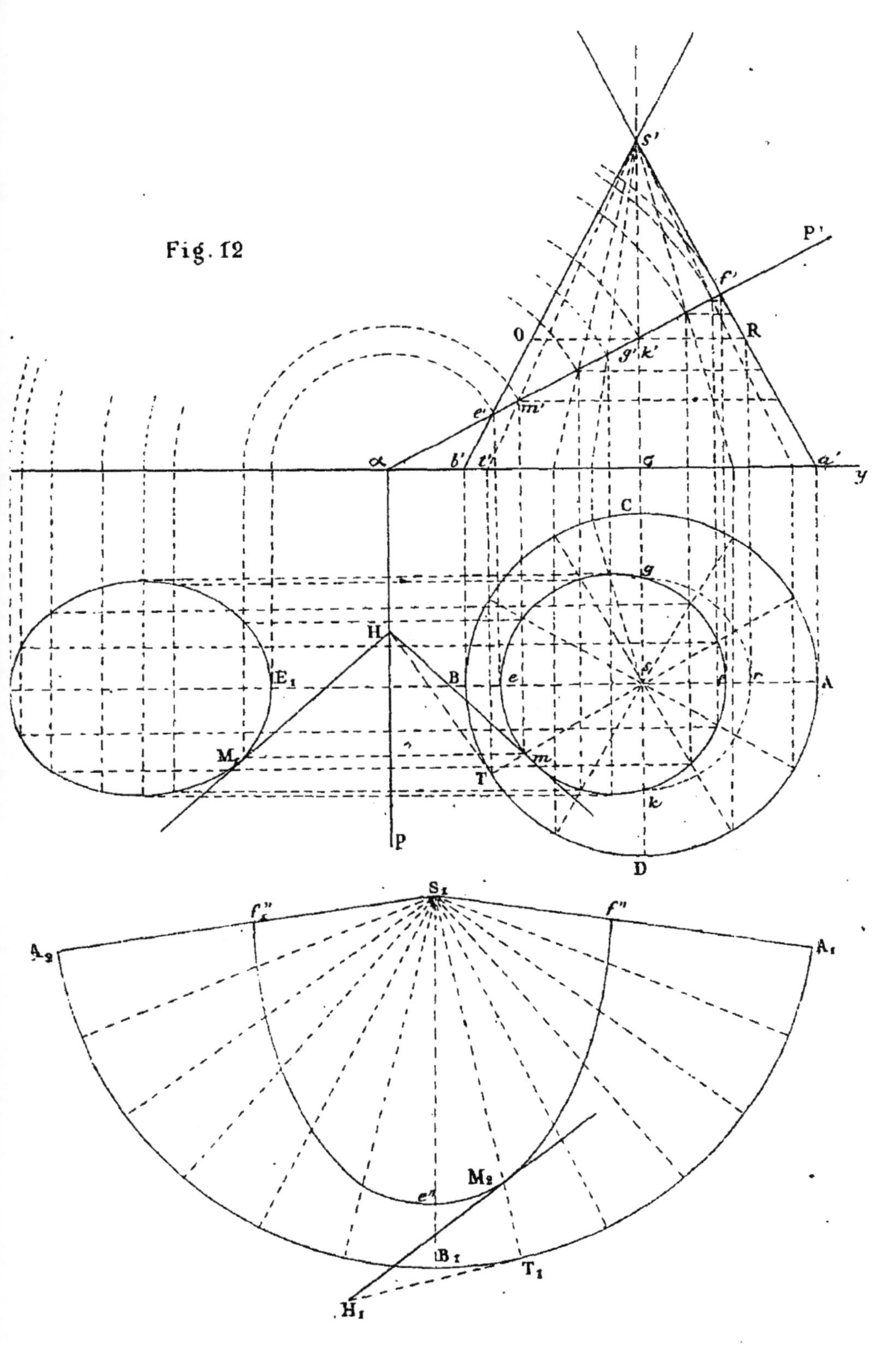

Fig. 12

verticales passent par le milieu de $e'f'$. La tangente au point (m, m') est rabattue suivant HM_1.

Pour développer la surface du cône avec la courbe d'intersection, on supposera que l'on ouvre cette surface suivant la génératrice SA et qu'on l'étende sur un plan. On obtiendra ainsi un secteur circulaire ayant son rayon égal à la génératrice du cône et dont on pourra calculer l'angle au sommet au moyen de la formule de géométrie qui donne la longueur l d'un arc de graduation n appartenant à une cercle de rayon R $\left(l = \dfrac{\pi R n}{180} \right)$. Faisant ici l'application de cette formule, il vient, en représentant par α l'angle cherché,

$$2 \pi s A = \frac{\pi s'a' \times \alpha}{180},$$

d'où l'on tire

$$\alpha = 360 \times \frac{sA}{s'a'}.$$

Ayant donc mené deux droites S_1A_1, S_1A_2 formant entre elles un angle égal à l'angle α, on décrira du sommet S_1 de cet angle, comme centre, avec la génératrice du cône comme rayon, un arc de cercle, et le secteur $A_1S_1A_2$ ainsi obtenu sera le développement de la surface du cône.

Ceci fait, ayant partagé la circonférence de base du cône a partir du point A en un certain nombre de parties égales, douze par exemple, on partagera de même l'arc du secteur en douze parties égales, et l'on joindra les points de division au point S_1. Ces droites représenteront les génératrices du cône aboutissant aux points de division de la circonférence AB ; en portant sur chacune d'elles, à partir du point S_1, une longueur égale à la distance du sommet du cône à laquelle la génératrice qu'elle représente est coupée par le plan P'αF, et joignant ensuite par un trait continu les points ainsi trouvés, on aura le développement de la courbe d'intersection.

Les distances du sommet du cône aux points où le plan P'αP coupe les génératrices SA, SB parallèles au plan vertical sont représentées en vraie grandeur en $s'f'$ et $s'e'$. Pour obtenir celles relatives aux autres génératrices, il suffit de mener, comme l'indique l'épure, par le point de rencontre de la

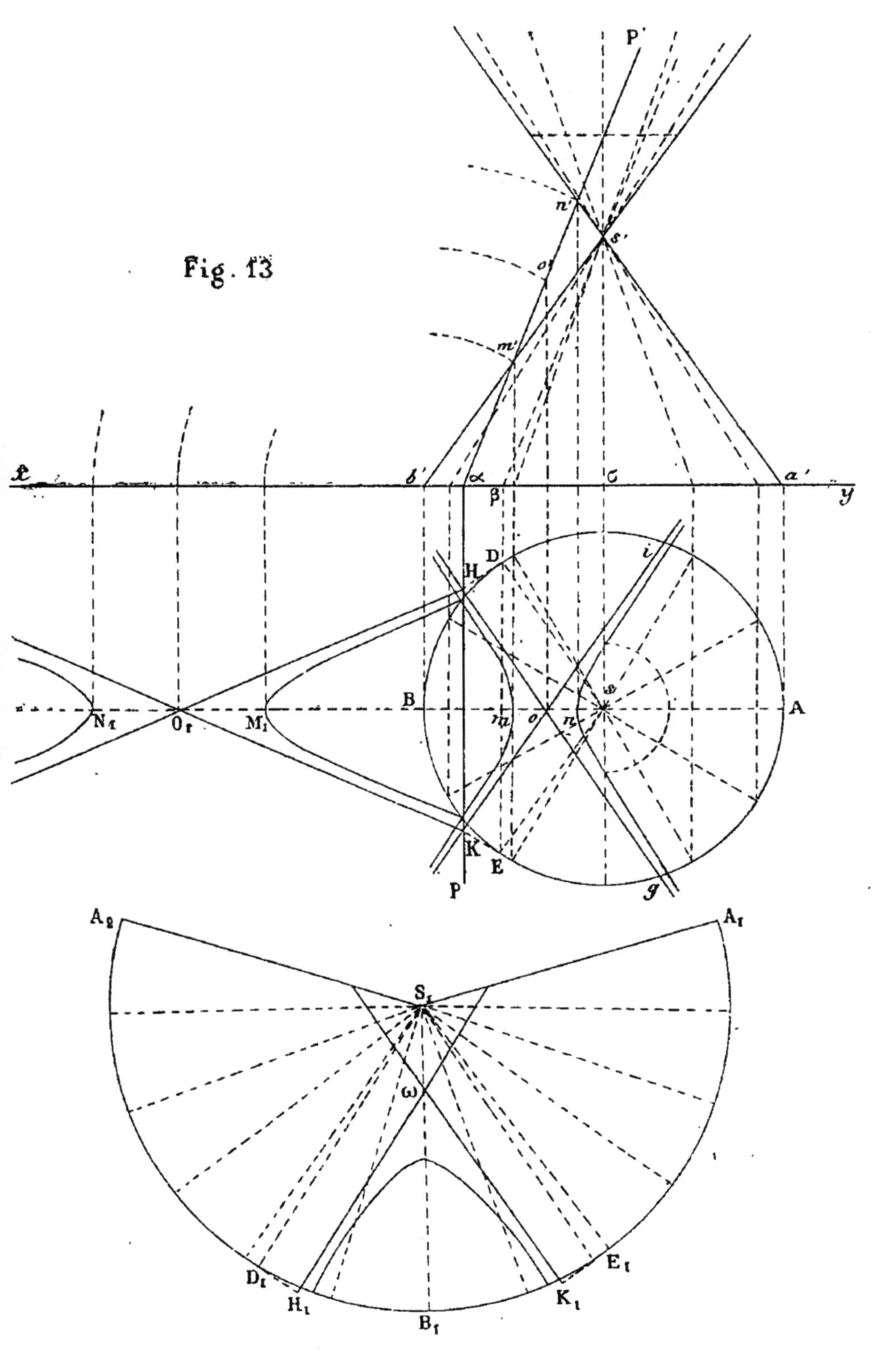

Fig. 13

projection verticale de chacune des génératrices avec αP' une parallèle à la ligne de terre : la distance du point s' au point où la parallèle vient couper $s'a'$ est la distance demandée.

Enfin, pour rapporter la tangente MH sur le développement, il suffira de mener au point $T_{,}$, pied de la génératrice passant par le point M, une tangente $T_{,}H_{,}$ à l'arc du secteur, égale en longueur à la droite TH. Il est facile de voir que la droite obtenue en joignant $H_{,}M_{,}$ est la tangente demandée.

2° Cas de l'hyperbole. Supposons maintenant que le plan sécant P'αP (*fig.* 13) rencontre les deux nappes du cône. La courbe d'intersection sera alors une hyperbole.

Les procédés à employer pour construire les projections de cette courbe, sa vraie grandeur et son développement sont les mêmes que ceux qui viennent d'être employés pour l'ellipse. Nous ne rentrerons donc pas dans le détail des constructions indiquées sur la figure. Nous nous proposerons seulement de déterminer les asymptotes de la courbe.

Ces droites ne sont autres que des tangentes à l'hyperbole menées par des points situés à l'infini. Chacune d'elles sera donc donnée par l'intersection du plan sécant P'αP avec le plan tangent au cône mené suivant une génératrice rencontrée à l'infini par ce plan P'αP.

Ceci posé, menons par le sommet du cône un plan $s'\beta$E parallèle au plan P'αP : ce plan $s'\beta$E coupe le cône suivant deux génératrices SD, SE, toutes deux parallèles au plan P'αP, et par suite rencontrées par ce plan à l'infini. Ce sont donc les génératrices par lesquelles passent les plans tangents au cône contenant les asymptotes. Ces plans tangents ont donc pour traces horizontales les tangentes DH, EK menées à la trace horizontale du cône. On a, par suite, aux points H et K, où les droites DH, EK rencontrent αP, les traces horizontales des asymptotes cherchées. Celles-ci auront alors pour projections horizontales les parallèles Hg, Ki aux projections sD, sE; elles se projettent d'ailleurs verticalement sur αP'.

Le rabattement des asymptotes a été déterminé en joignant le rabattement $O_{,}$ de leur point de rencontre à leurs traces horizontales H et K. Pour les rapporter sur le développement

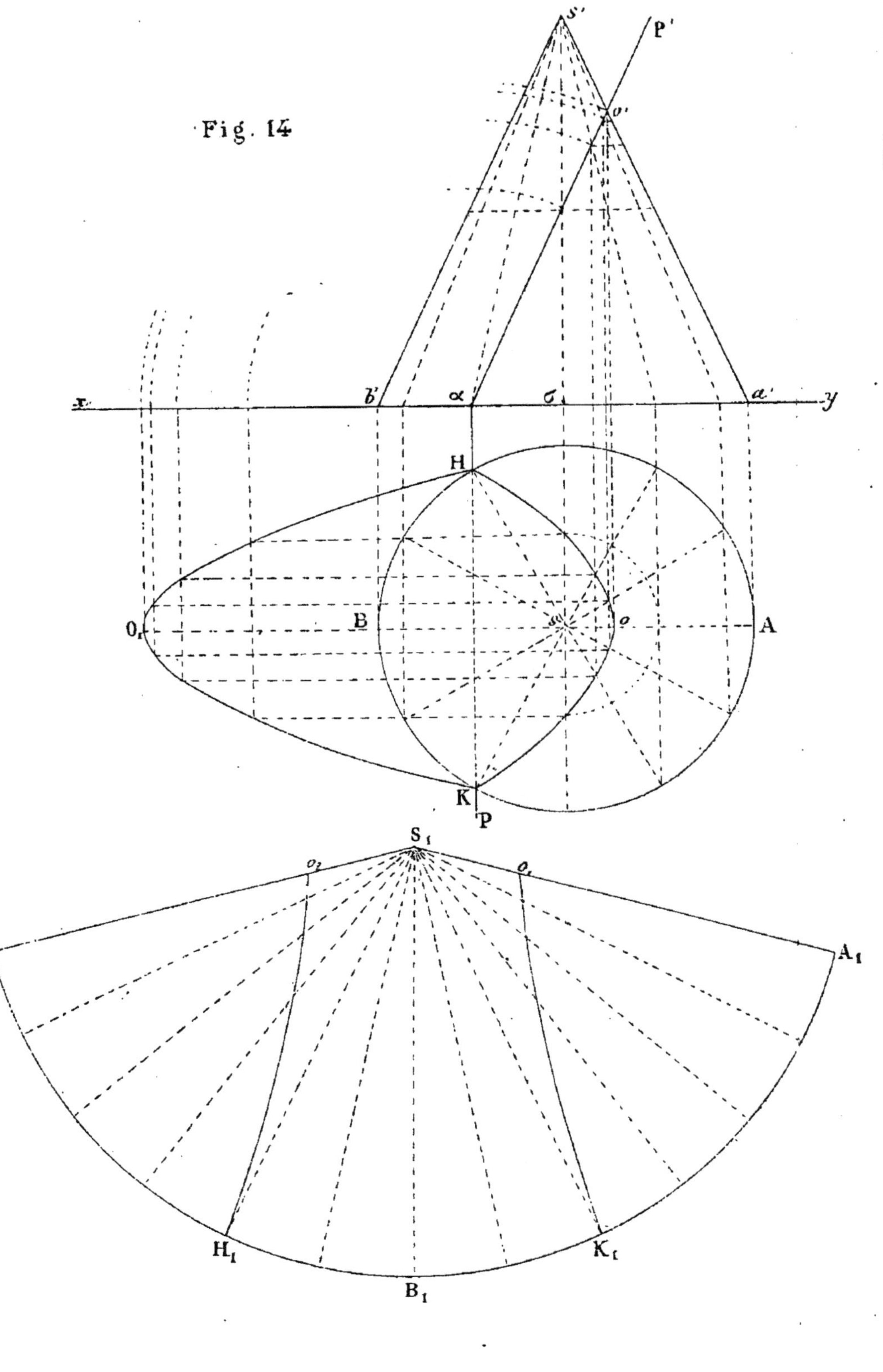

Fig. 14
S'
P'
o'
x
b'
α
σ
a'
y
H
B
O
o
A
K
P
S₁
o₂
o₁
A₁
H₁
K₁
B₁

de la courbe, on a rapporté sur ce développement les génératrices SD, SE, en S_1D_1, S_1E_1, puis on a mené en D_1, E_1 les
tangentes D_1H_1, E_1K_1 que l'on a prises égales à DH, EK, et
l'on a enfin mené respectivement parallèles à S_1D_1, S_1E_1 les
droites $H_1\omega$, $K_1\omega$, qui sont les asymptotes demandées.

3° Cas de la parabole. Lorsque le plan sécant est parallèle à une génératrice, la courbe d'intersection est une parabole. Les projections de cette courbe, sa vraie grandeur
et son développement s'obtiennent au moyen de procédés
tout à fait semblables à ceux dont il a été fait usage dans les
cas qui précédent. Nous renverrons donc sans nouvelles ex-
plications à la figure 14, laquelle donne l'épure de la section
du cône SAB par un plans P'αP parallèle à la génératrice SB.

PROBLÈMES

19. Problème 1. *Déterminer les points d'intersection d'une
droite et d'un cylindre.*

On fait passer par la droite un plan P parallèle aux génératrices du cylindre. Ce plan coupe la surface suivant des génératrices ayant pour traces horizontales les points de rencontre de la trace horizontale du plan avec celle du cylindre.
On construit ces génératrices et l'on a les points d'intersection demandés à leurs rencontres avec la droite donnée.

20. Problème 2. *Déterminer les points d'intersection d'une
droite et d'un cône.*

On fait passer un plan P par la droite donnée et le sommet du cône et l'on détermine comme dans le problème précédent les génératrices suivant lesquelles le plan P coupe la
surface conique.

Les points d'intersection demandés se trouvent à la rencontre de ces génératrices avec la droite donnée.

21. Problème 3. *Mener un plan tangent à deux cylindres
ayant même trace horizontale.*

On mène par un point quelconque deux droites respectivement parallèles aux génératrices de l'un et de l'autre cylindre et l'on fait passer un plan P par ces deux droites. Puis on construit un plan parallèle au plan P, ayant sa trace horizontale tangente à la trace horizontale des deux cylindres : ce plan est le plan demandé.

22. Problème 4. *Mener un plan tangent à deux cônes ayant même trace horizontale.*

On joint entre eux les sommets des deux cônes et, par la droite ainsi obtenue, on mène un plan ayant sa trace horizontale tangente à la trace horizontale des deux cônes : ce plan est le plan demandé.

23. Problème 5. *Mener à un cylindre un plan tangent faisant avec le plan horizontal un angle donné.*

On construit un cône de révolution ayant son axe vertical et dont les génératrices font avec le plan horizontal l'angle donné, et l'on mène à ce cône un plan tangent P parallèle aux génératrices du cylindre.

Le plan demandé s'obtient en construisant un plan parallèle au plan P, ayant sa trace horizontale tangente à la trace du cylindre donné.

24. Problème 6. *Mener à un cône un plan tangent faisant avec le plan horizontal un angle donné.*

On construit comme dans le problème précédent un cône de révolution dont les génératrices font avec le plan horizontal l'angle donné et dont le sommet est celui du cône donné.

En construisant un plan tangent aux deux cônes, on a le plan demandé. Cette construction s'effectue en faisant passer un plan par le sommet commun des deux cônes et une tangente commune à leurs traces horizontales.

ÉLÉMENTS

DE

GÉOMÉTRIE COTÉE

EXTRAIT DU PROGRAMME

des Connaissances exigées pour l'admission à l'École militaire de Saint-Cyr.

GÉOMÉTRIE COTÉE

Projections cotées. — Représentation de la droite. — Pente d'une droite. — Représentation du plan. — Pente d'un plan. — Échelle de pente.

Problèmes élémentaires : 1° Graduer une droite passant par deux points et placer sur cette droite un point de cote donnée;

2° Graduer une droite dont on donne la projection, la pente et un point;

3° Distance de deux points;

4° Mener par un point une parallèle à une droite;

5° Reconnaître si deux droites se coupent et déterminer la cote de leur point de rencontre;

6° Trouver la cote d'un point dont la projection est donnée et qui est sur un plan donné;

7° Faire passer un plan par trois points ; .

8° Faire passer par deux points un plan de pente donnée ;

9° Trouver l'intersection de deux plans ;

10° Trouver l'intersection d'une droite et d'un plan ;

11° Abaisser d'un point une perpendiculaire sur un plan.

Exercices sur la représentation des polyèdres simples. — Plates-formes avec rampes. — Tas de sable, etc.

Notions élémentaires sur les surfaces topographiques. — Courbes de niveau. — Lignes de plus grande pente. — Lignes d'égale pente.

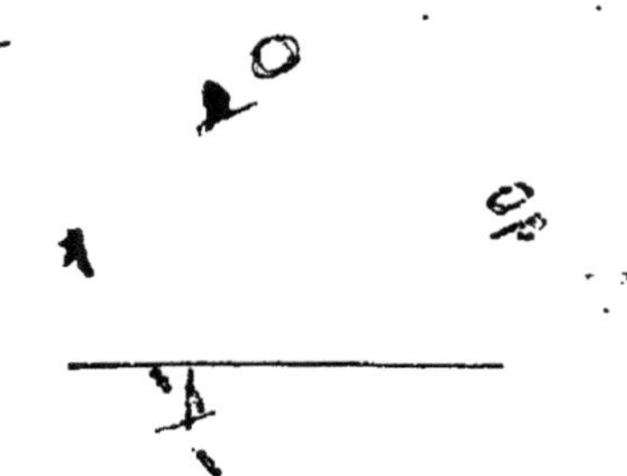

ÉLÉMENTS

DE

GÉOMÉTRIE COTÉE

1. Dans la géométrie cotée ou méthode des plans cotés on détermine la position d'un point de l'espace au moyen de sa projection sur un plan horizontal pris d'ailleurs arbitrairement, et de sa *cote*, c'est-à-dire d'un nombre exprimant la distance du point au plan horizontal choisi, cette distance étant évaluée à l'aide d'une certaine unité de longueur, le mètre par exemple.

Le plan horizontal porte le nom de *plan de comparaison*. La cote d'un point de l'espace est positive ou négative suivant que ce point est situé au-dessus ou au-dessous du plan de comparaison. Nous ne considérerons dans ce qui va suivre que des points à cotes positives.

2. Un point de l'espace est donc représenté sur un plan coté par sa projection près de laquelle on inscrit un nombre qui donne la cote du point. Lorsque plusieurs points sont situés sur une même verticale, ils ont une projection commune accompagnée des cotes de chacun d'eux.

LA LIGNE DROITE

3. Une ligne droite est déterminée lorsque l'on connaît deux de ses points : elle est par suite représentée sur un plan côté par les projections et les cotes de deux points lui appartenant.

Scient (fig. 1) *a* et *b* les projections de deux points d'une droite AB de l'espace, 1, 6 et 3, 3 leurs cotes respectives. En joignant *ab*, on obtient la projection de la droite AB. Une partie quelconque de la projection d'une droite se nomme *base* et la différence des cotes des deux extrémités d'une base se nomme la *hauteur* correspondant à cette base. Ainsi *ac* est une base prise sur la droite *ab*, et si la cote du point *c* est 2,3, la hauteur qui correspond à *ac* est 2,3 — 1,6 ou 0,7.

Les bases prises sur une même droite sont proportionnelles aux hauteurs correspondantes. Supposons, en effet, que l'on fasse tourner autour de *ab*, pour le rabattre sur le plan de comparaison, le plan vertical qui projette la droite AB (fig. 1). Les points A et B de l'espace viendront se placer en A et B, à l'extrémité des perpendiculaires élevées en *a* et *b* sur *ab* et ayant pour longueurs respectives les cotes 1,6 et 3,3. Par suite, la droite de l'espace sera rabattue en AB, et le point de cette droite, dont la projection est *c*, viendra en C sur la perpendiculaire élevée en *c* à *ab*. Or si l'on mène AM, CN parallèles à *ab*, on forme les triangles semblables ACM, BCN qui donnent la proportion $\dfrac{AM}{CN} = \dfrac{CM}{BN}$. La proposition est donc démontrée puisque les deux termes du premier rapport sont deux bases prises sur la projection de la droite AB, et les deux termes du second rapport sont les hauteurs correspondant à ces bases.

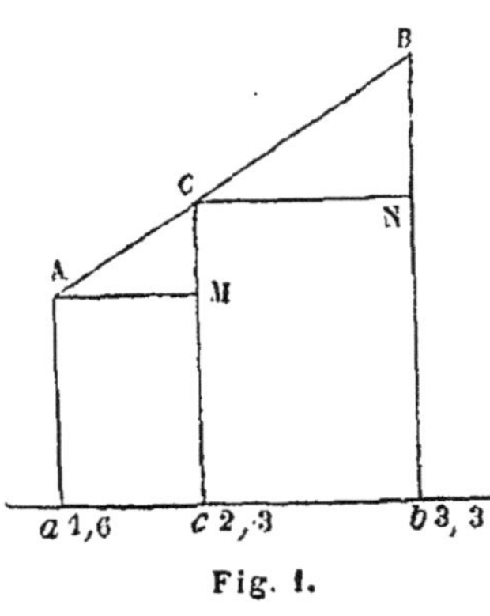

Fig. 1.

4. Une horizontale se représente sur un plan coté par sa projection accompagnée de deux cotes égales. Une verticale se représente par un point, sans cote si la verticale est indéfinie, et accompagné des cotes des deux extrémités de la verticale si elle est limitée.

5. Remarque. — Les cotes des points de l'espace représentés sur un plan coté expriment les distances réelles de ces points au plan de comparaison, mais les longueurs représentant les projections des droites sont en général réduites dans un certain rapport, vu l'impossibilité où l'on serait de les représenter en vraie grandeur sur un plan embrassant une certaine étendue. Ainsi, par exemple, on peut convenir que chaque longueur réelle de un mètre sera représentée sur le plan par une longueur de un centimètre. On dit alors que le plan est construit à l'échelle de $\frac{1}{100}$ et l'on doit, dans ce cas, lorsqu'on a mesuré une longueur sur le plan, multiplier le nombre par 100, pour avoir la véritable valeur de la longueur. D'un autre côté, il faut lorsqu'on est conduit à opérer un rabattement comme on l'a fait précédemment (3), réduire les cotes à l'échelle choisie, afin d'obtenir une figure semblable à celle de l'espace. Ainsi, dans la figure 1, l'échelle du plan étant $\frac{1}{100}$ et les cotes étant exprimées en prenant le mètre pour unité, on devra prendre aA $=$ 16 millimètres et bB $=$ 33 millimètres.

6. On nomme *pente d'une droite* la tangente trigonométrique de l'angle que fait la droite avec l'horizon. Ainsi la pente de la droite AB (fig. 1) est $\frac{MC}{AM}$, rapport qui représente la tangente de l'angle CAM que forme la droite avec sa projection horizontale. Il résulte de cette définition que la pente d'une droite n'est autre chose que le rapport constant existant entre une hauteur correspondant à une base quelconque prise sur la droite et cette base.

7. On nomme *échelle de pente d'une droite*, la projection de la droite sur laquelle on a marqué les projections d'une suite de ses points ayant pour cotes des nombres entiers consécutifs (cotes rondes). Les distances qui séparent ces points sur la projection de la droite sont toutes égales, ce qui résulte de la proportionnalité des bases et des hauteurs d'une même droite. On nomme *intervalle* la distance horizontale de deux points d'une droite dont les cotes rondes diffèrent de un mètre.

On indiquera plus loin (10) le moyen de graduer une droite, c'est-à-dire de construire son échelle de pente.

8. Problème 1. *Étant donnée une droite, déterminer sur
cette droite un point de cote donnée..*

Soit *ab* la projection de la droite donnée par deux points
a et *b* ayant pour cotes respec-
tives 1,6 et 3,3. (Fig. 2). Supposons que l'on veuille trouver
la projection d'un point de la
droite ayant 2,3 pour cote.

Fig. 2.

c étant la projection demandée, on a d'après la proportionnalité des bases et des hauteurs

$$\frac{ac}{ab} = \frac{2,3 - 1,6}{3,3 - 1,6} = \frac{0,7}{1,7} = \frac{7}{17},$$

d'où l'on tire

$$ac = \frac{7}{17}\,ab;$$

la distance *ac* étant connue, la projection *c* demandée se
trouve déterminée.

On peut encore trouver la position du point *c* en menant
par le point *a* une droite indéfinie *ax*
(fig. 3), faisant avec *ab* un angle
quelconque et sur laquelle on prendra des longueurs *ab′*, *ac′* proportionnelles à 3,3 — 1,6 et 2,3 — 1,6.
Joignant *bb′*, et menant *cc′* parallèle
à *bb′*, cette droite rencontrera *ab* en
un point *c* qui sera le point demandé,
car on a

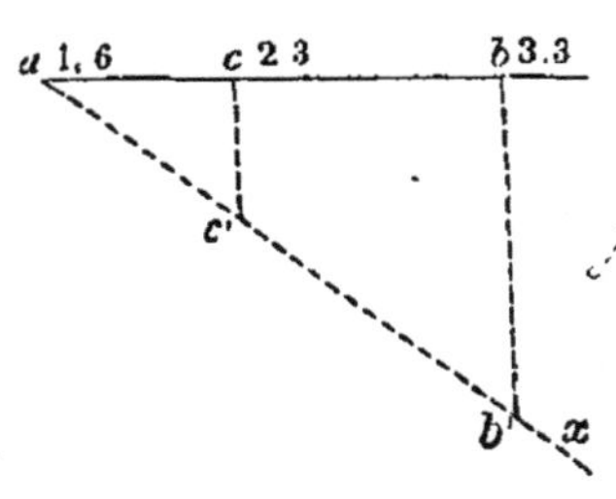

Fig. 3.

$$\frac{ac}{ab} = \frac{ac′}{ab′} = \frac{2,3 - 1,6}{3,3 - 1,6} = \frac{7}{17}.$$

En supposant enfin que l'on ait rabattu la droite comme il
a été indiqué (3) en AB (fig. 4), on obtiendra le point *c* en
prenant BN = 3,3 — 2,3, menant NC parallèle à *ab* et abaissant de son point C de rencontre avec AB, la perpendiculaire C*c* sur la projection *ab*.

9. Problème 2. *Étant donnée une droite, déterminer la
cote d'un de ses points dont la projection est donnée.*

Soit *ab* (fig. 2) la droite donnée : supposons que l'on veuille obtenir la cote du point de cette droite dont la projection donnée est *c*. On aura, en nommant *x* la cote cherchée,

$$\frac{ac}{ab} = \frac{x - 1,6}{3,3 - 1,6}.$$

Remplaçant *ac* et *ab* par leurs valeurs mesurées à l'échelle du plan, on tirera de cette égalité la valeur de *x*.

On pourrait encore, après avoir construit le rabattement de AB (fig. 4), élever en *c* la perpendiculaire *c*C à *ab* et mesurer cette perpendiculaire à l'échelle du plan. Le nombre résultant de cette mesure serait la cote demandée.

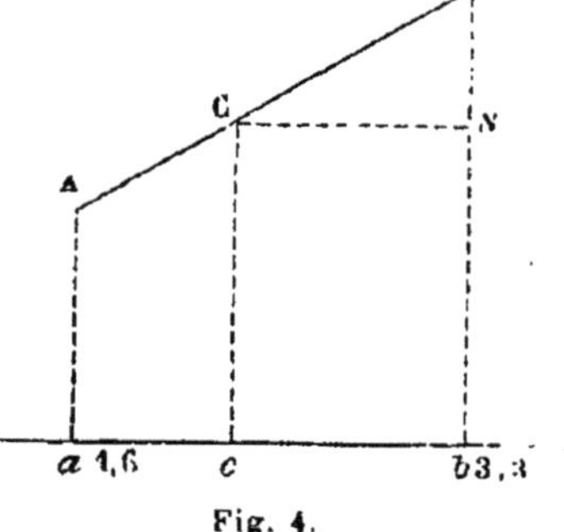

Fig. 4.

10. Problème 3. *Construire l'échelle de pente d'une droite donnée.*

Pour construire l'échelle de pente d'une droite, on cherche les projections de deux points de la droite ayant pour cotes deux nombres entiers consécutifs (problème 1), et l'on porte sur la projection de la droite, à partir de l'un de ces points, la distance qui les sépare autant de fois que l'on veut.

Ainsi, soit à construire l'échelle de pente de la droite *ab* (fig. 5), déterminée par les projections *a* et *b* ayant respectivement pour cotes 5,4 et 12,6.

On déterminera les projections *c* et *d* des points de cette droite ayant pour cotes 8 et 9, par exemple, et l'on n'aura plus qu'à porter la distance *cd* un certain nombre de fois à droite et à gauche des points *c* et *d*. Les points de division auront ainsi des cotes rondes 7, 8, 9, 10, 11..., et la droite sera graduée.

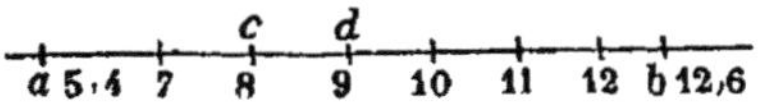

Fig. 5.

11. Problème 4. *Déterminer la pente d'une droite donnée.*

Soit (fig. 5) *ab* la droite donnée, 5,4 la cote du point *a*

13

et 12,6 celle du point *b*. D'après la définition de la pente d'une droite (6), il suffira de diviser la différence des cotes de *a* et *b*, soit 12,6 — 5,4, ou 7,2 par la distance *ab* mesurée à l'échelle du plan. En supposant cette dernière distance égale à 9,6, on aura : pente de $ab = \dfrac{7,2}{9,6} = \dfrac{72}{96} = \dfrac{3}{4}$.

12. Problème 5. *Étant données la projection et la pente d'une droite, ainsi qu'un point de cette droite, construire son échelle de pente.*

Il suffit, pour construire l'échelle de pente d'une droite, de connaître les projections et les cotes de deux de ses points (10). Donc, comme un point de la droite est donné, le problème revient à trouver la projection et la cote d'un second point de cette droite. Soit donc *ab*, la projection de la droite, dont on veut construire l'échelle de pente (fig. 6). Supposons que *a* soit la projection d'un point de la droite ayant pour cote 3,6 et que la pente $= \dfrac{3}{4}$.

Cherchons un point de la droite ayant pour cote 5 par exemple, et soit *c* la projection de ce point. D'après la définition de la pente, on a

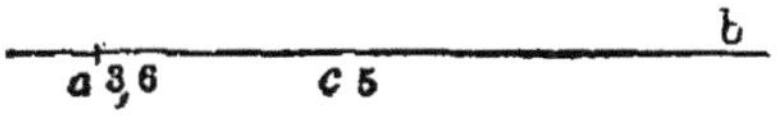

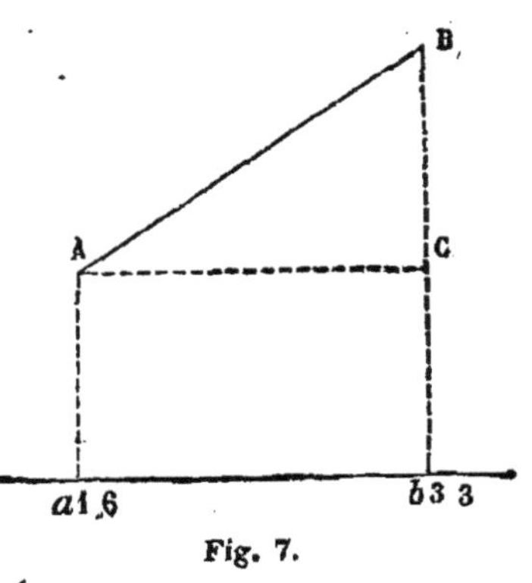

Fig. 6.

$$\frac{3}{4} = \frac{5 - 3,6}{ac},$$

relation d'où l'on peut tirer la valeur de *ac*. Le point *c*, une fois connu, il sera facile de graduer la droite (10). Il est clair d'ailleurs que la longueur *ac* devra être portée de côté ou d'autre du point *a* suivant le sens de la pente de la droite *ab*.

13. Problème 6. *Trouver la distance de deux points.*

Soient (fig. 7) *a* et *b* les projections des points donnés, 1,6 et 3,3 leurs cotes respectives. La distance des points **A** et B est l'hypoténuse d'un triangle

Fig. 7.

rectangle ABC, dont les côtés de l'angle droit sont AC $= ab$
et BC $=$ Bb — Aa, c'est-à dire égale la différence des cotes
des points B et A. On aura donc en nommant d la distance
demandée :

$$d = \sqrt{\overline{1,7}^{\,2} + \overline{ab}^{\,2}},$$

ab représentant la longueur ab mesurée à l'échelle du plan.

14. Droites parallèles. Théorème. *Deux droites*
parallèles ont leurs projections
parallèles; leurs pentes sont
égales et leurs cotes croissent
dans le même sens.

Soit, en effet, AB, CD,
deux droites de l'espace parallèles (fig. 8). On démontre
en géométrie que leurs projections sur un même plan
(que nous supposons ici hori-
zontal) sont parallèles. De plus, si l'on mène AH, CK, parallèles à ab et cd, les triangles BAH, DCK, sont semblables et
donnent la proportion

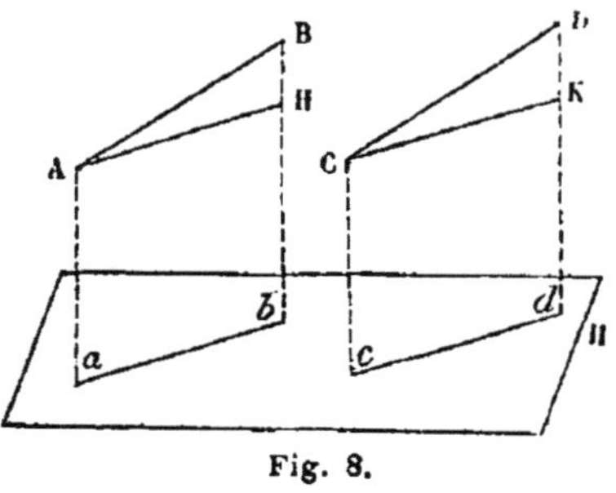

Fig. 8.

$$\frac{BH}{AH} = \frac{DK}{CK};$$

les pentes des deux parallèles AB, CD sont donc égales.

Enfin il est évident que le parallélisme des droites ne saurait exister si elles étaient inclinées en sens contraire : donc
leurs cotes doivent croître dans le même sens.

On reconnaît aisément que réciproquement deux droites
remplissant toutes ces conditions sont parallèles.

15. Problème 7. *Mener par un point une parallèle à une*
droite donnée.

Soit ab, une droite donnée par les projections a et
b de deux de ses points et
leurs cotes 11,2 et 17,3
(fig. 9), et soit c un point de cote $= 9,5$ par lequel on veut

Fig. 9.

mener une parallèle à *ab*. On mènera *cd* parallèle à *ab*, et
ayant pris *cd* = *ab*, on affectera le point *d* de la cote 15,6
égale à 9,5, augmenté de la différence entre 17,3 et 11,2,
c'est-à-dire de 6,1. De cette façon, les droites *ab*, *cd*, auront
même pente et leurs cotes croîtront dans le même sens. Donc
elles seront parallèles.

16. Droites qui se coupent. Lorsque deux droites
se coupent, leurs projections
se coupent en un point ayant
même cote sur l'une et l'autre
des deux droites. Cette condition est nécessaire et suffi-
sante.

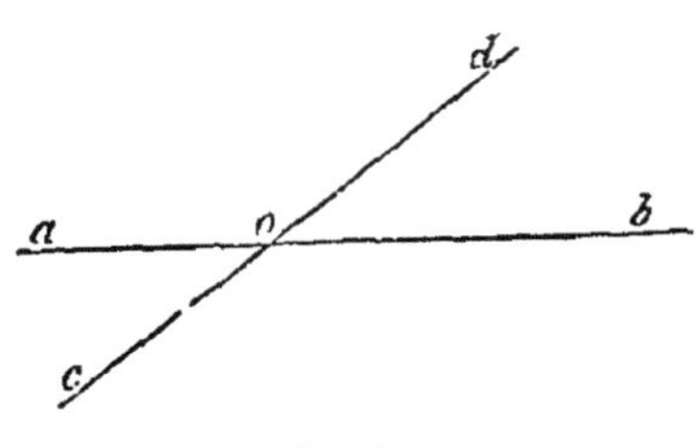

Fig. 10.

Donc, pour reconnaître si
deux droites données *ab*, *cd*, se
coupent (fig. 10), on détermi-
nera (problème 2) la cote du point *o* de rencontre des projections, considéré comme appartenant à l'une, puis à l'autre
des deux droites. Si cette cote est la même dans les deux
cas, les deux droites se coupent en un point ayant *o* pour
projection et pour cote la valeur trouvée.

LE PLAN

17. On nomme *ligne de plus grande pente* d'un plan une
droite tracée dans ce plan et
ayant une pente plus grande que
toute autre droite du plan. La
ligne de plus grande pente est
perpendiculaire sur la trace horizontale et aussi par conséquent
sur les horizontales du plan.
Soit, en effet (fig. 11) AB perpendiculaire sur la trace horizontale MN d'un plan P, ec, menons

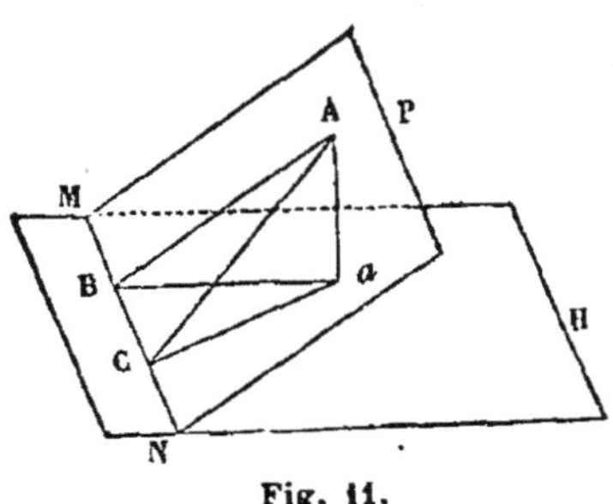

Fig. 11.

une seconde droite AC dans ce plan, oblique sur MN.

Par définition, la pente de la droite AB est $\dfrac{Aa}{aB}$ et celle de AC

est $\dfrac{Aa}{aC}$. Or la droite Ca est oblique sur MN, elle est donc plus grande que la perpendiculaire aB, et par suite la pente de AC est moindre que celle de AB. La droite AB est donc ligne de plus grande pente du plan P. Comme $\dfrac{Aa}{aB} = tg$ ABa et $\dfrac{Aa}{aC} = tg$ ACa : l'angle ABa est plus grand que l'angle ACa. Ainsi la ligne de plus grande pente d'un plan fait avec sa projection horizontale un angle plus grand que celui que forme toute autre droite du plan avec sa projection horizontale.

Il est évident que les lignes de plus grande pente d'un plan sont toutes parallèles entre elles.

On nomme *échelle de pente* d'un plan, l'échelle de sa ligne de plus grande pente. On représente cette échelle au moyen de deux traits d'inégale force, très rapprochés l'un de l'autre, et dont l'un, le plus fin, porte la graduation.

18. Un plan est déterminé sur un plan coté par sa ligne de plus grande pente graduée en échelle de pente. Cette droite, une fois connue, permet de construire autant d'horizontales du plan que l'on veut. Il est clair qu'un plan est également déterminé lorsque l'on donne deux de ses horizontales.

Un plan horizontal est donné par la cote commune à tous ses points. Un plan vertical est donné par sa trace horizontale non accompagnée d'une cote.

Deux plans parallèles ont leurs échelles de pente parallèles. Les intervalles marqués sur ces échelles sont égaux et les cotes croissent dans le même sens.

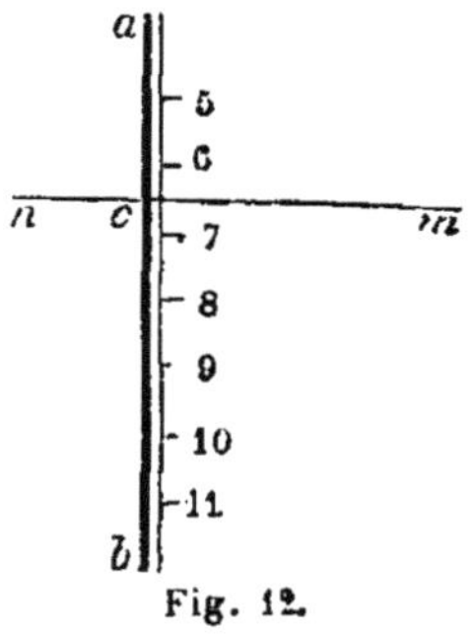

19. Problème 8. *Connaissant la projection d'un point situé sur un plan donné, trouver sa cote.*

Soient (fig. 12) ab l'échelle de pente d'un plan et m la projection d'un point situé dans ce plan. Pour déterminer la cote de ce point, on

Fig. 12.

mènera *mn* perpendiculaire sur *ab*, et l'on aura ainsi la projection d'une horizontale du plan passant par le point projeté en *m*. On n'aura donc plus pour obtenir la cote demandée qu'à chercher la cote du point *c* de rencontre de l'horizontale *mn* avec l'échelle de pente du plan. (Problème 2.)

20. Problème 9. *Faire passer un plan par trois points.*

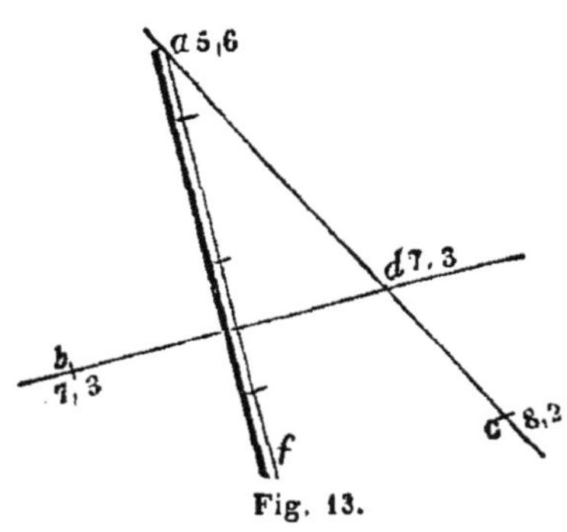

Fig. 13.

Soient *a*, *b*, *c*, les projections des points donnés (fig. 13); 5,6; 7,3 et 8,2, leurs cotes respectives. Pour faire passer un plan par ces trois points, c'est-à-dire pour déterminer l'échelle de pente de ce plan, on joindra deux des points, *a* et *c* par exemple, et l'on déterminera la projection *d* du point de *ac*, ayant pour cote la cote 7,3 du point *b*. En joignant *bd* on aura une horizontale du plan passant par les trois points. Il suffira, donc, pour avoir la ligne de plus grande pente demandée d'abaisser *af* perpendiculaire sur *bd* et de graduer ensuite cette ligne *af*.

Le problème se résoudrait de la même façon si le plan était donné par deux droites ou par une droite et un point.

21. Problème 10. *Faire passer par deux points un plan de pente donnée.*

Soient (fig. 14) deux points *a* (8,4) et *b* (5,7), par lesquels

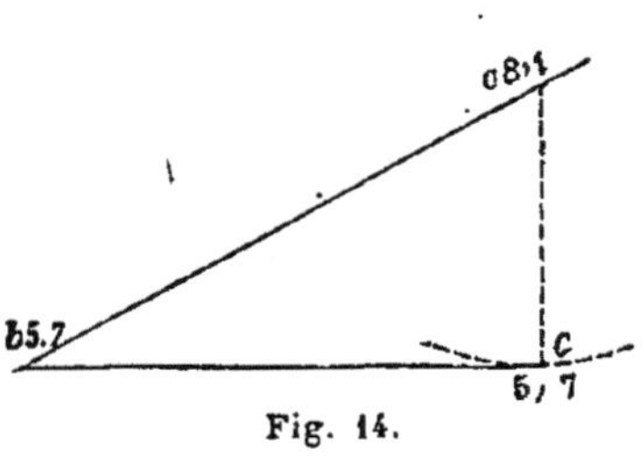

Fig. 14.

on veut faire passer un plan ayant une pente donnée, $\frac{3}{4}$ par exemple. Supposons le problème résolu et soit *bc* l'horizontale du plan passant par le point *b*. Abaissons *ac* perpendiculaire sur *bc* ; cette dernière droite sera tangente à la circonférence décrite du point *a* comme centre avec *ac* pour rayon. Or la longueur *ac* peut être déterminée. En effet, *ac* est une ligne de plus grande pente du plan demandé et d'après la définition de la pente d'une droite, on a :

$$\frac{3}{4} = \frac{8,4 - 5,7}{ac} \quad \text{d'où} \quad ac = 3,6.$$

On décrira donc, du point a comme centre avec un rayon égal à 3,6, une circonférence à laquelle on mènera du point b une tangente bc, qui sera une horizontale du plan demandé. On n'aura donc plus qu'à mener une perpendiculaire à bc et qu'à la graduer : ce sera l'échelle de pente du plan.

Pour que le problème soit possible, il faut que l'on ait $ac < ab$. Or la pente de ab est $\dfrac{8,4 - 5,7}{ab}$ ou $\dfrac{2,7}{ab}$ et celle du plan est $\dfrac{2,7}{ac}$: il faut donc que la pente donnée soit supérieure ou au moins égale à celle de la droite qui joint les deux points donnés. Si elle est supérieure, il y a deux solutions, car alors on peut du point b mener deux tangentes à la circonférence de rayon ac ; si elle est égale, on n'a qu'une solution, et dans ce cas, la droite qui joint les deux points donnés est une ligne de plus grande pente du plan demandé.

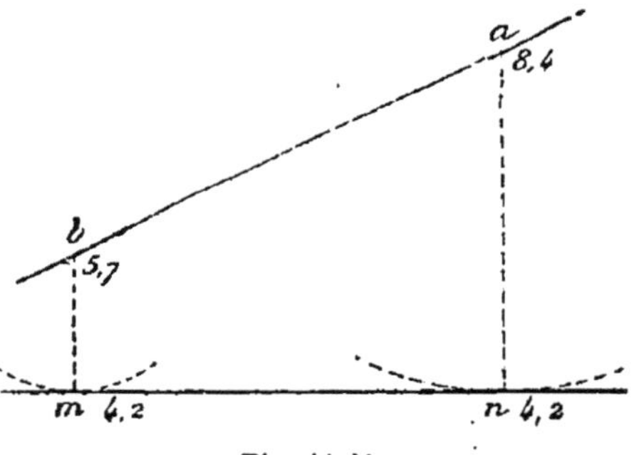

Fig. 14 bis.

Remarque. Supposons que dans le problème qui précède on veuille obtenir non plus l'horizontale de cote 5,7 passant par le point b, mais bien une horizontale de cote quelconque, 4,2 par exemple. — Soit mn cette horizontale (fig. 14 *bis*): abaissons bm, an perpendiculaires sur mn. Ces deux droites sont des lignes de plus grande pente du plan demandé, et l'on peut déterminer leurs longueurs à l'aide des relations

$$\frac{5,7-4,2}{bm} = \frac{3}{4} \quad , \quad \frac{8,4-4,2}{an} = \frac{3}{4}.$$

Ces longueurs étant connues, on décrira des points b et a

comme centres avec des rayons respectivement égaux à *bm*
et *an* des circonférences auxquelles on mènera une tangente
commune extérieure, qui sera l'horizontale demandée. Il est
clair que si l'horizontale à tracer avait sa cote comprise entre
celles des points *a* et *b*, la tangente commune qui donne cette
horizontale devrait être intérieure.

22. Problème 11. *Trouver l'intersection de deux
plans.*

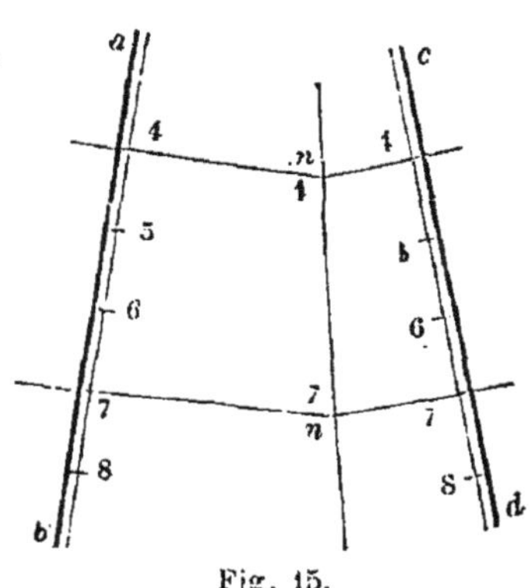

Fig. 15.

Soient (fig. 15) *ab, cd,* les
échelles de pente de deux plans.
En menant deux horizontales
de ces plans ayant même cote,
4 par exemple, on aura en leur
point de rencontre *m* un point
de l'intersection demandée. La
même construction répétée
pour deux autres horizontales
de même cote, 7 par exemple,
donnera un second point *n* de
l'intersection, laquelle se trou-
vera ainsi déterminée par la droite joignant les points *m* et *n*.

Cas particuliers : 1° *Les lignes de plus grande pente des
plans donnés sont parallèles.*

Soient (fig. 16) *ab, cd,* les échelles de pente des plans

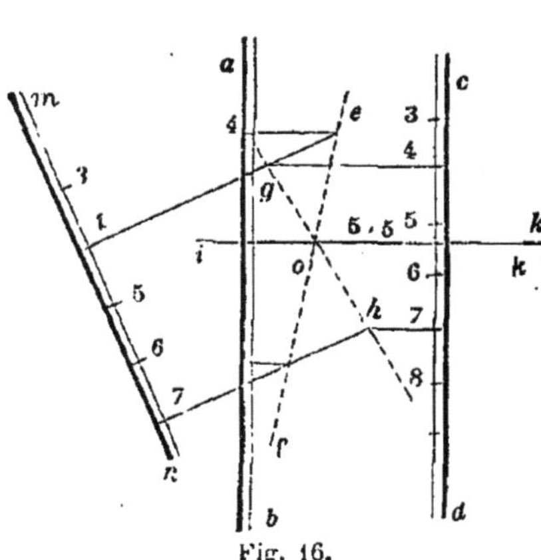

Fig. 16.

donnés. Ces plans ont leurs
horizontales parallèles: ils
se coupent donc suivant une
horizontale dont il suffit
alors de déterminer un point.
Pour cela, on coupe les deux
plans par un plan auxiliaire.
Soit *mn* l'échelle de pente de
ce plan. On détermine les
intersections *ef, gh* du plan
auxiliaire avec les plans donnés et par le point *o* de rencontre de ces intersections,

on mène *ik* perpendiculaire aux échelles de pente des plans donnés. La droite *ik* est l'horizontale suivant laquelle se coupent ces deux plans et on en déterminera aisément la cote.

2° Les projections des horizontales des deux plans donnés se rencontrent en dehors des limites de l'épure.

Dans ce cas, on coupe les plans donnés par deux plans auxiliaires et l'on détermine l'intersection de chacun de ces plans avec les deux plans donnés. Le point de rencontre des intersections du premier plan auxiliaire avec les deux plans donnés est un point de l'intersection demandée ; il en est de même du point de rencontre des intersections du second plan auxiliaire avec les plans donnés. On a donc ainsi deux points de l'intersection cherchée, et par suite cette droite est déterminée.

3° Chacun des plans est donné par deux de ses horizontales.

Soient *ab* (3,7) et *cd* (8,9), deux horizontales de l'un des

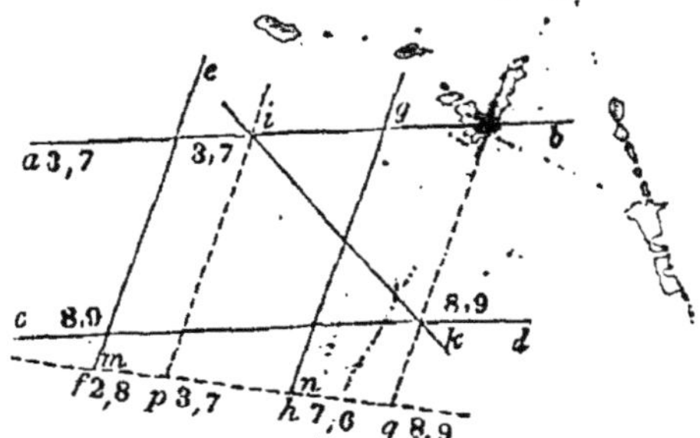

Fig. 17.

plans, et *ef* (2, 8) et *gh* (7, 6), deux horizontales de l'autre plan (fig. 17). Menons dans le plan déterminé par ces deux dernières horizontales une droite quelconque *mn*, et cherchons les points de cette droite ayant pour cotes respectives 3,7 et 8,9 (problème 1). Soient *p* et *q* ces points. En menant *pi* parallèle à *ef* et *qk* parallèle également à *ef*, leurs rencontres *i*, *k* avec *ab* et *cd* donneront deux points communs aux deux plans. L'intersection demandée sera donc la droite *ik*.

4° Les horizontales qui déterminent les deux plans sont parallèles.

On emploie alors un plan auxiliaire comme dans le premier cas (1°). On obtient pour l'intersection demandée une horizontale de l'un et l'autre plan.

23. Problème 12. *Trouver l'intersection d'une droite et d'un plan.*

Pour résoudre ce problème, on fait passer par la droite un plan quelconque, et l'on cherche son intersection avec le plan donné. Le point demandé se trouve à la rencontre de cette intersection avec la droite donnée.

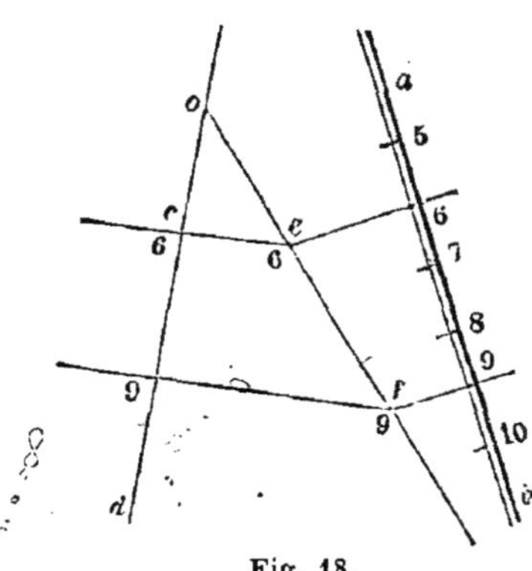

Fig. 18.

Ainsi soient (fig. 18) *ab* l'échelle de pente du plan et *cd* la droite.

Menons des perpendiculaires à *cd* : nous pourrons les considérer comme étant des horizontales d'un plan passant par *cd* et dont cette ligne *cd* serait la ligne de plus grande pente. En cherchant les points de rencontre de ces horizontales avec celles du plan ayant même cote, nous aurons en *ef* l'intersection du plan *ab* avec celui passant par *cd*. Donc le point *o* de rencontre de *ef* avec *cd* sera le point demandé dont on calculera ensuite la côte (9).

24. Problème 13. *Par un point donné sur un plan, mener dans ce plan une droite de pente donnée.*

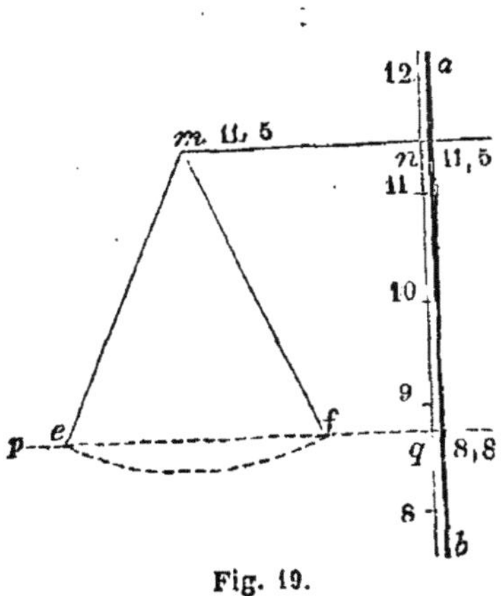

Fig. 19.

Soient (fig. 19) *ab* l'échelle de pente d'un plan et *m* la projection d'un point de ce plan par lequel on veut mener dans le plan une droite ayant une pente donnée, $\frac{15}{16}$ par exemple.

La cote du point *m* étant supposée égale à 11,5; menons l'horizontale du plan ayant cette cote et une seconde horizontale ayant pour cote 8,8 par exemple. En nommant *x* la longueur de la projection de la droite demandée comprise entre les deux horizontales, on a

$$\frac{15}{16} = \frac{11,5 - 8,8}{x} = \frac{2,7}{x},$$

d'où $x = 2,9$. Donc, si l'on décrit du point m, comme centre avec une ouverture de compas égale à la longueur 2,9 évaluée à l'échelle du plan, un arc de cercle, on n'aura plus qu'à joindre les points e et f où cet arc de cercle coupe l'horizontale pq au point m, pour avoir en me, mf, les projections de deux droites répondant à la question.

Le problème n'est possible que si x est au moins égal à nq. Or la pente du plan donné est $\dfrac{11,5 - 8.8}{nq}$ ou $\dfrac{2,7}{nq}$. Donc la pente donnée doit être au plus égale à celle du plan. Si elle est moindre, il y a deux solutions : c'est le cas de la figure 19 ; si elle est égale, l'arc de cercle est tangent à pq, et la droite demandée est une ligne de plus grande pente du plan donné.

25. Droite perpendiculaire sur un plan. Théorème. *Lorsqu'une droite est perpendiculaire sur un plan, sa projection est parallèle à celle d'une ligne de plus grande pente du plan, sa pente est inverse de celle du plan et ses cotes croissent en sens contraire de celles du plan.*

Soit, en effet (fig. 20), une droite AB perpendiculaire sur un plan P et ayant ab pour projection horizontale. Le plan vertical projetant AB coupe le plan horizontal de comparaison suivant MH et le plan P suivant MP qui est une ligne de plus grande pente de ce plan, car le plan projetant AB est à la fois perpendiculaire sur le plan horizontal et sur le plan P. Il résulte de là que la projection ab se confond avec celle de la ligne de plus grande pente MP et est par suite parallèle à la projection de toute autre ligne de plus grande pente du plan P.

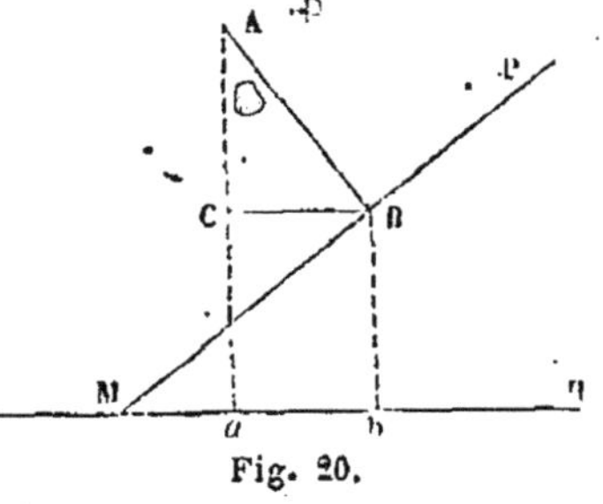

Fig. 20.

De plus, si l'on mène BC parallèle à ab, les triangles semblables ACB, BMb donnent $\dfrac{AC}{BC} = \dfrac{Mb}{Bb}$. Or $\dfrac{AC}{BC}$ est la pente de la droite AB, et $\dfrac{\mathrm{M}b}{\mathrm{B}b}$ est l'inverse de la pente du plan P : donc, les pentes de la droite et du plan sont inverses l'une de l'autre. Enfin, d'après la disposition de la figure, on voit que les cotes de la perpendiculaire AB croissent dans un sens tandis que celles d'une ligne quelconque MB de plus grande pente du plan croissent dans le sens contraire.

On reconnaît aisément que, réciproquement, toute droite satisfaisant à ces conditions par rapport à un plan est perpendiculaire sur ce plan.

26. Problème 14. *Abaisser d'un point une perpendiculaire sur un plan.*

Soient (fig. 21) *ab* l'échelle de pente d'un plan, ayant pour pente $\dfrac{3}{4}$, *m* la projection d'un point ayant pour cote 11,5, et

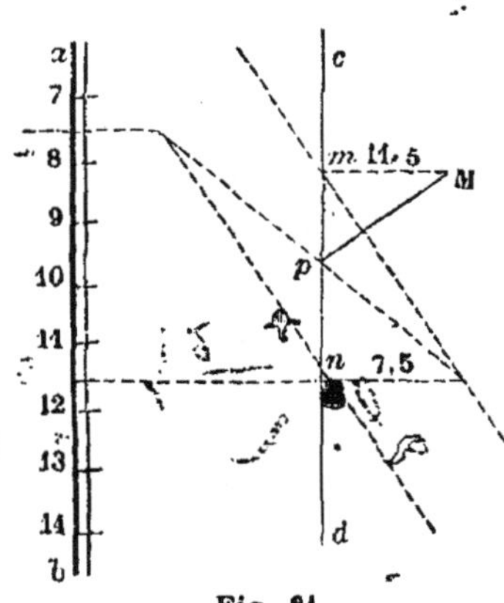

d'où l'on veut abaisser une perpendiculaire sur le plan. La projection de cette perpendiculaire est la droite *cd* menée par e point *m* parallèlement à *ab*. On aura un second point de la perpendiculaire en remarquant que sa pente doit être l'inverse de celle du plan, c'est-à-dire doit égêtre ale à $\dfrac{4}{3}$. Il suffit alors, en effet, de prendre à l'échelle du plan la longueur *mn* = 3, et d'affecter le point *n* de la cote 11,5 — 4 ou 7,5, car, de cette façon, on a bien pente $mn = \dfrac{11,5 - 7,5}{3} = \dfrac{4}{3}$.

Enfin, les cotes du plan allant en croissant de *a* vers *b*, celles de *cd* iront en croissant dans le sens contraire, de telle sorte que cette ligne *cd*, déterminée par les cotes et les projections des points *m* et *n*, est bien la perpendiculaire demandée (25).

Pour trouver le pied *p* de la perpendiculaire, on n'a qu'à

résoudre le problème de l'intersection d'une droite et d'un plan (problème 12).

Si, enfin, on rabat le plan vertical projetant la perpendiculaire cd, sur le plan horizontal passant par le point p, dont on aura calculé la cote, on aura en Mp la vraie grandeur de la perpendiculaire que l'on évaluera en la mesurant à l'échelle du plan. On pourra encore trouver la longueur de la perpendiculaire en résolvant le problème 6 (distance de deux points), puisque les cotes des points m et p seront connues.

EXERCICES SUR LA REPRÉSENTATION DES POLYÈDRES SIMPLES. — PLATES-FORMES AVEC RAMPES. — TAS DE SABLE, ETC.

27. Exercice I. *Représenter un prisme à base hexagonale régulière reposant par cette base sur un plan horizontal de cote donnée, 12 par exemple. On suppose connu le côté de base, et l'on donne en outre la direction et la longueur de la projection d'une arête latérale, ainsi que la pente $\dfrac{3}{4}$ de cette arête.*

On construit un hexagone régulier ABCDEF (fig. 22), ayant pour côté la longueur donnée réduite à l'échelle du plan. On a ainsi la projection de la base du solide que l'on affecte de la cote 12 du plan horizontal sur lequel elle repose. On mène ensuite, suivant la direction donnée, la

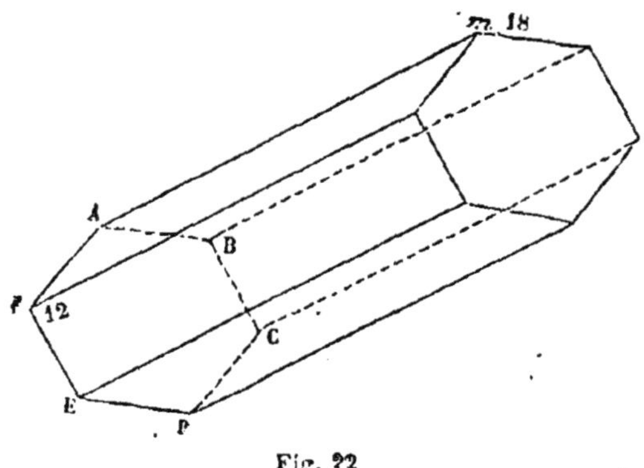

Fig. 22

droite Am, projection d'une arête latérale, et l'on détermine
la cote x du point m au moyen de la relation

$$\frac{3}{4} = \frac{x - 12}{\mathrm{A}m} \ (6),$$

d'où l'on tire, en supposant A$m = 8$, $x = 18$.

18 est donc la cote du plan de base supérieure du prisme
dont la représentation s'achève facilement.

28. Exercice 2. *Représenter une pyramide triangulaire SABC, dont la base ABC repose sur un plan horizontal, ayant
pour cote 8 par exemple. On donne la base ABC, ainsi que la pente
de chacune des faces latérales, soit $\frac{1}{2}$ pour la face SAB, $\frac{2}{3}$ pour la*

face SAC, et $\frac{3}{4}$ pour la face SBC.

On construit (fig. 23) un triangle ABC égal à la base donnée ; on a ainsi la projection de cette base et on l'affecte de
la cote 8. Connais-
sant la pente de
chaque face, on peut
déterminer les hori-
zontales des trois
faces ayant la même
cote 8,5 par exem-
ple. Il suffira, pour
cela, de déterminer
au moyen de la re-

lation pente$= \dfrac{h}{b}$ (6),

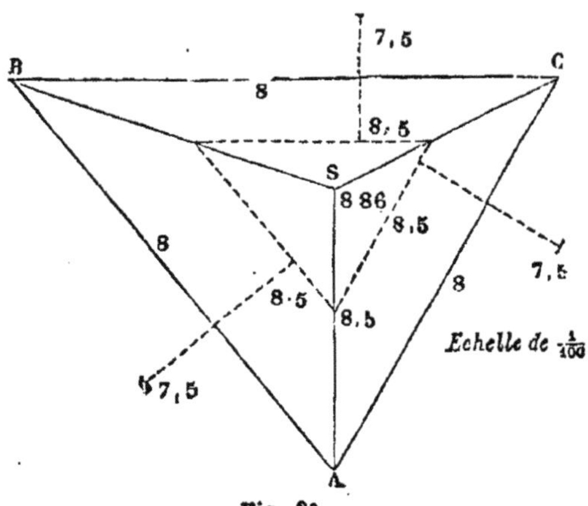

Fig. 23.

les intervalles des
échelles de pente des plans de ces trois faces. On obtiendra
alors aisément les projections AS, BS, des intersections des
faces SAB, SAC et SAB, SBC. Le point S de rencontre de
ces projections est la projection du sommet de la pyramide, et l'on obtient la cote 8,86 de ce point au moyen du
problème 2.

29. Exercice 3. *Représenter un solide ABCD A'B'C'D'*

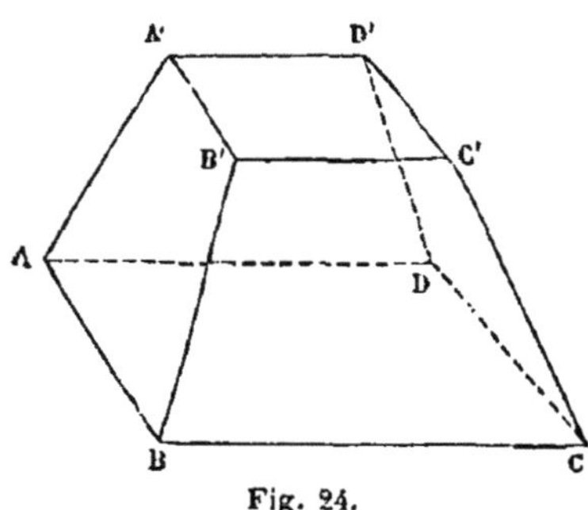
Fig. 24.

(fig. 24) limité par deux faces rectangulaires ABCD, A'B'C'D' parallèles et latéralement par des trapèzes isocèles égaux deux à deux.

On suppose le solide reposant par la face ABCD sur un plan horizontal dont la cote est égale à 10. On donne les dimensions de la face ABCD, sa distance à la face A'B'C'D égale à 0,60, ainsi que les pentes des faces latérales, égales à $\frac{2}{3}$ pour les faces ADA'D', BCB'C', et à $\frac{3}{4}$ pour les deux autres.

On construit avec les dimensions données, réduites à l'échelle du plan, le rectangle ABCD (fig. 25), que l'on affecte de la cote 10; on a ainsi la projection horizontale de la face ABCD. Pour obtenir celle de la face A'B'C'D', on construit le rectangle égal A'B'C'D', ayant ses côtés parallèles à ceux de ABCD et distants de ceux-ci de longueurs δ, δ' que l'on détermine à l'aide des relations

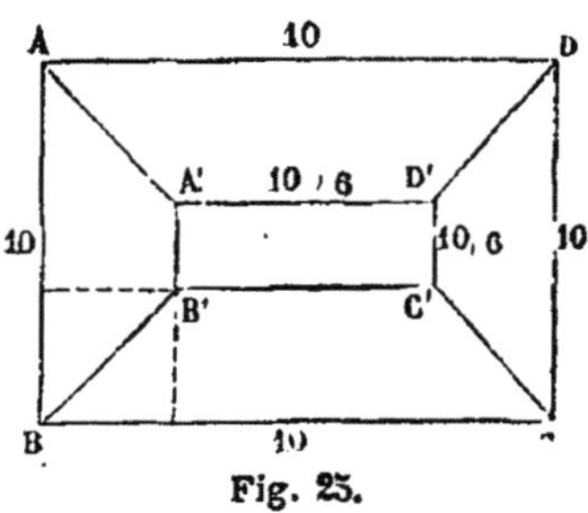
Fig. 25.

$$\frac{2}{3} = \frac{0,60}{\delta}, \quad \frac{3}{4} = \frac{0,60}{\delta'}$$

et que l'on réduit ensuite à l'échelle du plan.

On n'a plus qu'à joindre AA', BB', CC', DD', et qu'à affecter la figure A'B'C'D' de la cote 10 + 0,6 ou 10,6.

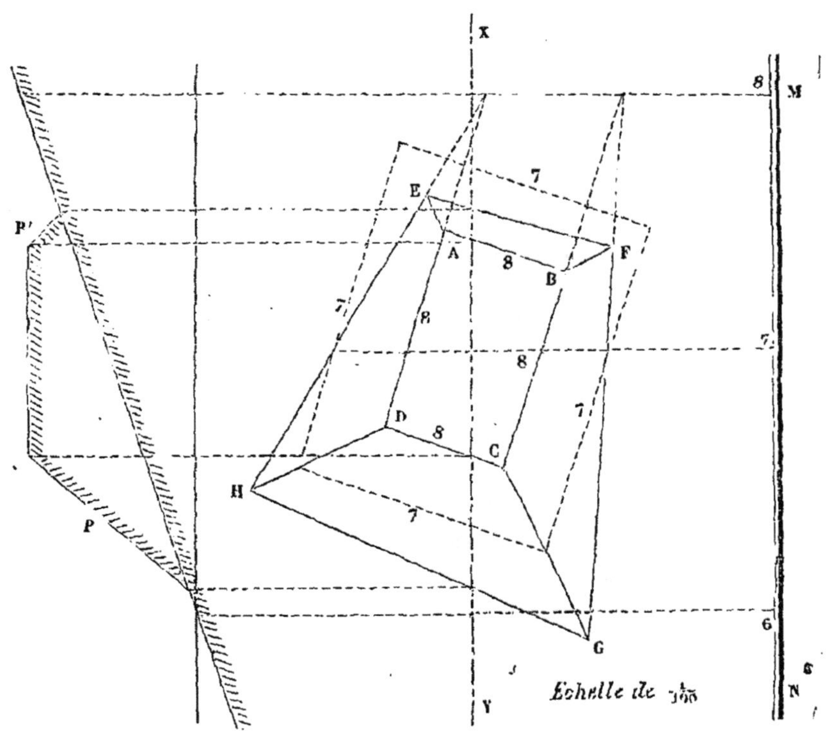

Fig. 26.

30. Exercice 4. *Représenter un solide limité par une face rectangulaire horizontale, quatre faces latérales inclinées également à l'horizon et reposant sur un plan dont on donne l'échelle de pente. (Tas de sable.)*

Soient (fig. 26) MN l'échelle de pente du plan donné. Supposons que la face rectangulaire horizontale ait pour cote 8 et que les faces latérales aient chacune pour pente $\frac{5}{4}$. On construit d'abord le rectangle ABCD, représentant la face horizontale, et l'on affecte la figure de la cote 8. On mène ensuite, par chacun des côtés du rectangle, des plans ayant pour pente $\frac{5}{4}$ (problème 10), et l'on détermine les intersections de ces plans entre eux (problème 11). On a ainsi les arêtes latérales du solide, et pour obtenir sa base EFGH, on n'a plus qu'à construire les intersections de chacune des faces latérales avec le plan ayant MN pour échelle de pente.

On a représenté en PP′ le profil de la figure, c'est-à-dire la section faite par un plan vertical XY, mené suivant une ligne de plus grande pente du plan sur lequel repose le solide. On suppose que la figure résultant de la section, a tourné autour de sa trace sur le plan horizontal de cote égale à 6, pour se rabattre sur ce plan, et l'on a reporté le rabattement parallèlement à lui-même pour dégager la représentation du solide.

31. Exercice 5. *Représenter un solide limité par deux faces rectangulaires parallèles et latéralement par des trapèzes également inclinés sur ces faces, en supposant que le solide repose par sa plus grande face rectangulaire sur un terrain plan incliné.*

Soient (Fig. 26 *bis*) MN l'échelle de pente du plan sur lequel repose le solide, 3ᵐ50 et 5ᵐ90 les dimensions de la grande base, 2ᵐ00 la hauteur du solide et 2 l'inclinaison des faces latérales sur le plan de base. On suppose que le plan MN tourne autour d'une horizontale, celle de cote 10 par exemple, pour se rabattre sur le plan horizontal de même cote et l'on construit la projection A₁B₁C₁D₁E₁F₁G₁H₁ du solide dans cette position du plan MN. (On a supposé dans l'épure que le

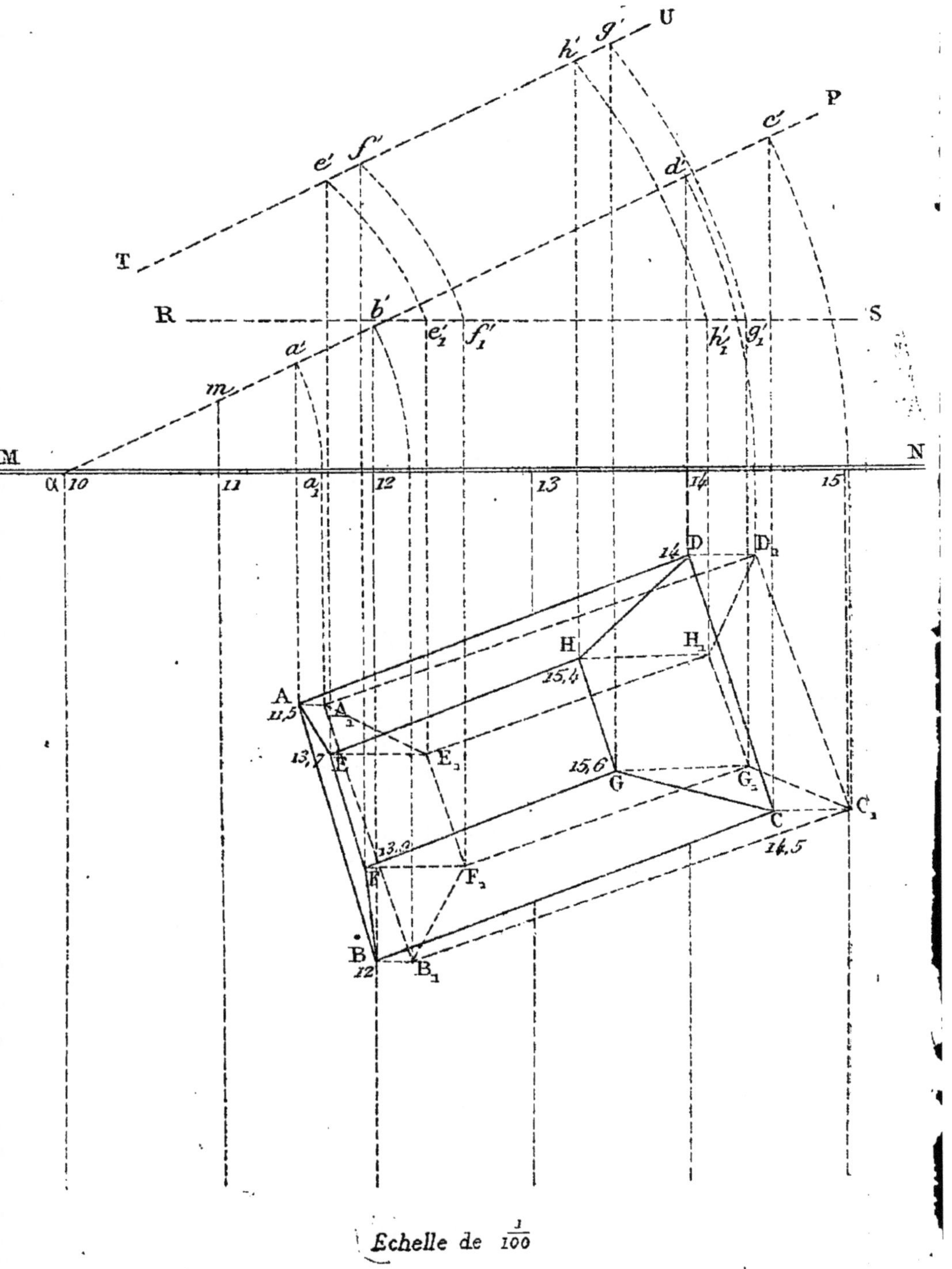

Échelle de $\frac{1}{100}$

Fig. 26 bis.

sommet A a pour cote 11,5 et le sommet B pour cote 12.) On ramène ensuite le plan à sa position primitive et l'on détermine d'abord la projection A,B,C,D des sommets de la base rabattus en $A_1 B_1 C_1 D_1$. Pour cela on imagine par la droite MN que l'on regarde comme une ligne de terre, un plan vertical que l'on rabat autour de MN pour l'appliquer sur le plan horizontal de cote 10, et l'on détermine la trace αP du plan MN sur ce plan vertical en élevant au point 11 une perpendiculaire $= 1$ dont on joint l'extrémité M au point α. On abaisse ensuite du point A_1 une perpendiculaire $A_1 a_1$ sur MN, on décrit du point α comme centre avec un rayon égal à αa_1 un arc de cercle jusqu'à sa rencontre avec αP en a' et l'on abaisse $a'A$ perpendiculaire à MN. On obtient le point A à la rencontre de cette perpendiculaire avec une parallèle à MN menée par le point A_1. Des constructions analogues donnent les points B, C et D. On a par suite en ABCD la projection de la base du solide.

Pour déterminer la projection d'un point de la base supérieure, celui représenté en E'_1 par exemple, on mène RS parallèle à MN et distante de cette droite de 2^m00 (hauteur du solide) et aussi TU parallèle à αP et distante également de 2^m00 de cette ligne. On abaisse $E_1 e'_1$ perpendiculaire sur MN jusqu'à la rencontre de RS ; du point α comme centre, avec $\alpha e'_1$ comme rayon on décrit un arc de cercle rencontrant TU en e' et l'on abaisse $e'E$ perpendiculaire sur MN : le point E d'intersection de cette perpendiculaire avec la parallèle à MN menée par le point E_1 donne la projection du sommet E de la face supérieure du solide et l'on obtient de la même manière les projections F,G,H des autres sommets de cette face Il reste à joindre ces points entre eux et aux sommets de la base inférieure pour avoir la projection du solide. Les cotes des sommets C et D s'obtiennent à l'aide de l'échelle de pente MN ; celles des sommets E, F, G, H se déterminent en ajoutant à 10 les distances des points e', f', g', h' à la ligne MN, évaluées à l'échelle du plan $\left(\dfrac{1}{100^e} \right)$.

32. Exercice G. *Représenter une rampe ou chemin de pente, donnée tracée sur un plan incliné, reliant deux plans horizontaux ou paliers.*

Soient (fig. 27) deux plans horizontaux ou paliers PP',

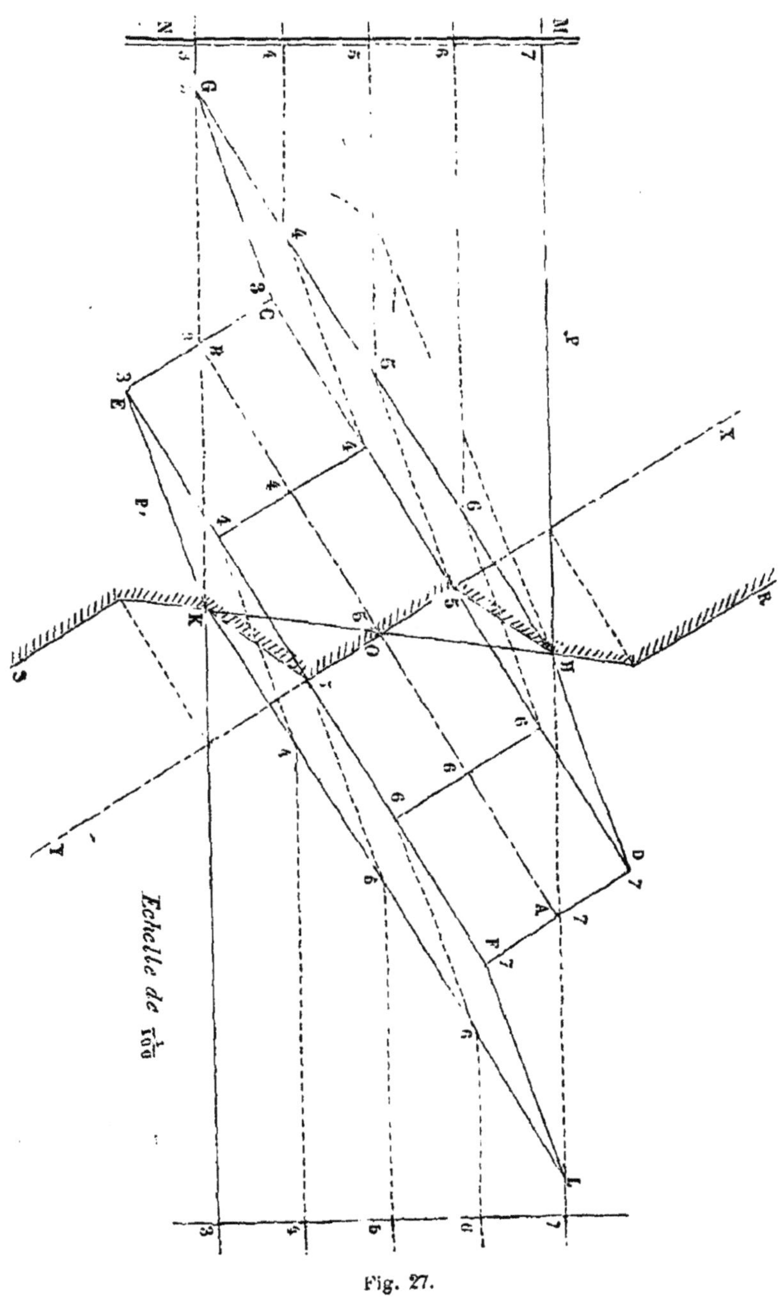

Fig. 27.

ayant pour cotes respectives 7 et 3, et supposons ces deux

plans reliés par un troisième plan ayant MN pour échelle de pente. On veut pratiquer sur ce troisième plan une rampe ou chemin ayant une pente donnée, $\frac{1}{2}$ par exemple. On détermine par la reation l $\frac{1}{2} = \frac{7-3}{b}$, d'où $b = 8$, la longueur de la projection de la rampe comprise entre les horizontales 7 et 3, et décrivant du point A de l'horizontale 7 comme centre avec un rayon égal à la longueur b réduite à l'échelle du plan, un arc de cercle qui coupe l'horizontale 3 en B, on a en AB l'axe de la rampe demandée. On prend de chaque côté des longueurs BC, BE, égales à la moitié de la largeur que l'on veut lui donner, 2 mètres par exemple, et en menant CD, EF, parallèles à AB et CE, DF, perpendiculaires sur la même droite, on a en CDEF un rectangle représentant la projection de la rampe.

Il est aisé de voir que les points de CD sont situés au-dessous du plan MN, tandis que les points de EF sont au-dessus. On devra donc, pour construire la rampe, déblayer le terrain, c'est-à-dire l'entamer du côté de CD, pour le remblayer, c'est-à-dire le recharger du côté de EF. La forme du terrain étant ainsi modifiée, il faudra ensuite raccorder les bords de la rampe avec le terrain primitif au moyen de plans inclinés ou talus dont nous supposerons la pente égale à 8/3. On obtient la représentation CDGH du talus aboutissant à CD, en menant par cette droite CD un plan de pente $= 8/3$ (problème 10), et en déterminant l'intersection GH de ce plan avec celui du terrain (problème 11). Répétant la même construction pour l'autre talus, on l'obtient en EFKL.

On a représenté en RS le profil du terrain, des talus et de la rampe, obtenu en menant un plan vertical suivant l'horizontale XY de cote 5, et en faisant tourner la section autour de XY pour la rabattre sur le plan horizontal ayant pour cote 5.

33. Exercice 7. *Étant donné un terrain plan incliné limité à un plan horizontal ou palier, représenter une plate-forme horizontale établie sur le terrain, partie en déblai, partie en remblai, ainsi qu'une rampe d'accès, descendant jusqu'au palier et ayant une pente donnée.*

M
H
11
11
11
G
B
10
A
11
E
10
F
10
10
10
10
10
9
9
9
C
Q
L
10
9
D
O
9
K
Y
8
8
8
8
9
X
8
I
8
7
7
7
7
7
7
6
6
T
V
6
N
6
6
S
R
P

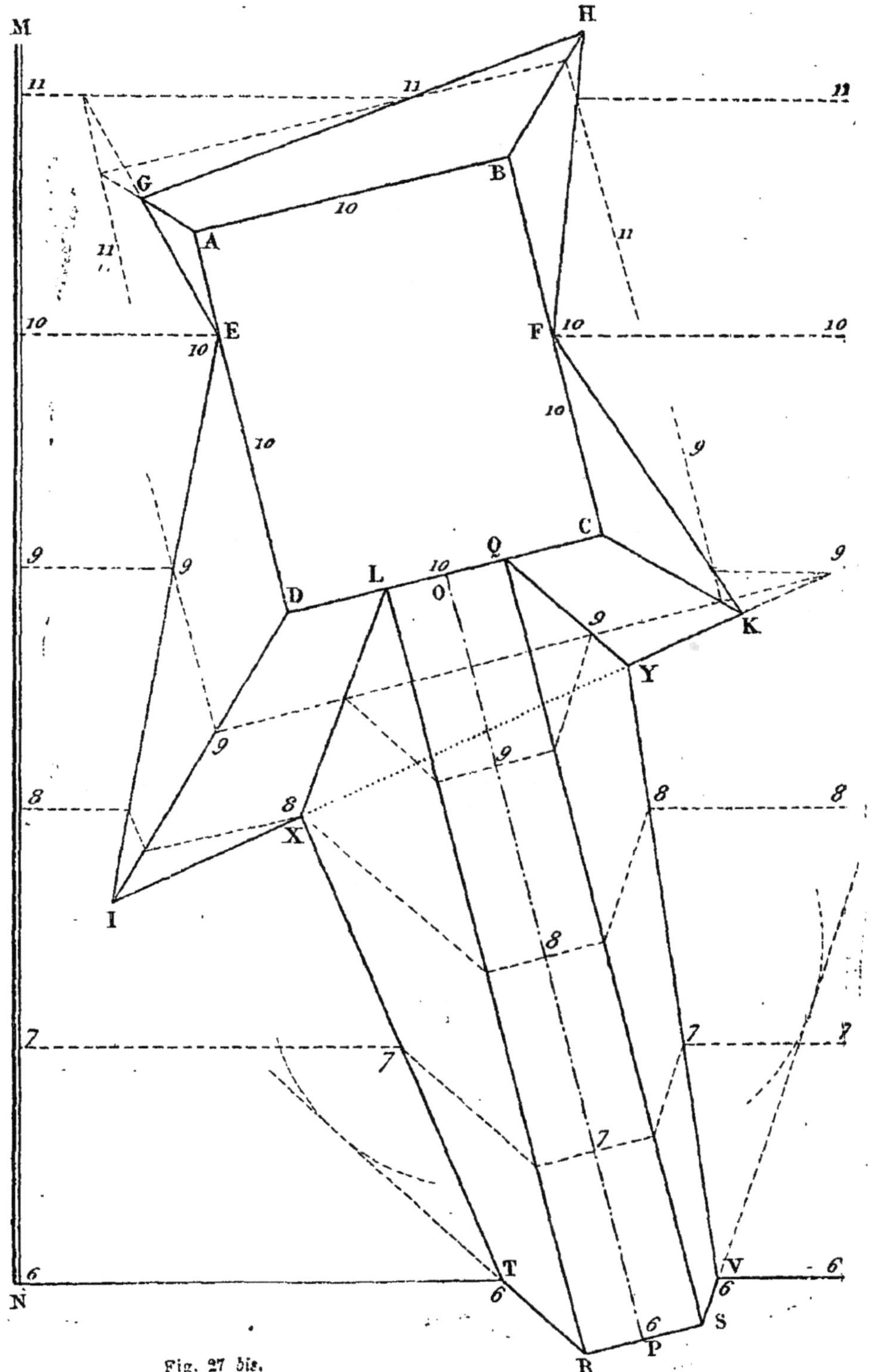

Fig. 27 bis.

Soient (Fig. 27 *bis*) MN l'échelle de pente du plan donnés 6 la cote du palier et 10 celle de la plate-forme que l'on suppose rectangulaire et ayant pour dimensions 5^m et 4^m. On construit le rectangle ABCD avec les dimensions données réduites à l'échelle du plan $\left(\dfrac{1}{100}\right)$ et l'on a ainsi la projection de la plate-forme que l'on affecte de la cote 10. La partie EABF est inférieure au terrain et la partie EDCF lui est supérieure : donc la première devra être déblayée et la seconde remblayée. Chacune de ces parties sera raccordée avec le terrain au moyen de plans inclinés ou talus dont la pente sera prise égale à $\dfrac{1}{1}$ par exemple pour les talus de déblai et à $\dfrac{4}{5}$ pour les talus de remblai.

Pour construire les talus de déblai, on mène les horizontales de cote 11 des plans de pente $=\dfrac{1}{1}$ passant par AE, AB, BF (Problème 10), puis on détermine les intersections de ces plans entre eux et avec le plan du terrain (Problème 11). On obtient ainsi en EGHF le contour extérieur du déblai.

On construit ensuite les horizontales de côte 9 des plans de pente $=\dfrac{4}{5}$ passant par les droites ED, DC, CF, puis les intersections de ces plans entre eux et avec le plan du terrain. On trouve ainsi en EIKF le contour extérieur du remblai.

Supposons maintenant la largeur de la rampe d'accès égale à 1^m50, l'axe de cette rampe perpendiculaire sur le milieu de DC et sa pente $=\dfrac{2}{5}$: on calcule la longueur l de sa projection au moyen de la relation $\dfrac{10-6}{l}=\dfrac{2}{5}$, d'où l'on tire $l=10$. On porte cette longueur réduite à l'échelle du plan sur OP perpendiculaire au milieu de DC et prenant les longueurs OL, OQ égales chacune à 0^m75, on construit le rectangle LRSQ qui est la projection de la rampe. Il reste pour raccorder cette rampe avec le terrain, à faire passer par LR et par SQ des talus de remblai de pente donnée, $\dfrac{3}{4}$ par exemple, dont on détermine les intersections avec le palier, le terrain et le talus IDCK. On obtient ainsi le contour extérieur RTXLQYVS de ces talus.

On a indiqué sur l'épure les horizontales de même cote du terrain, du talus et de la rampe.

NOTIONS ÉLÉMENTAIRES SUR LES SURFACES TOPO-GRAPHIQUES — COURBES DE NIVEAU — LIGNES DE PLUS GRANDE PENTE — LIGNES D'ÉGALE PENTE.

34. On nomme *surfaces topographiques* les surfaces qui, comme celles d'un terrain quelconque, ne sont pas susceptibles d'être définies géométriquement.

On représente ces surfaces au moyen de courbes, dites *courbes de niveau,* qui ne sont autres que les intersections de la surface par une série de plans horizontaux équidistants les uns des autres. Chaque courbe est donnée par sa projection et une cote qui est celle commune à tous ses points. L'intervalle qui sépare verticalement deux plans horizontaux consécutifs se nomme *équidistance.* Cet intervalle s'obtient graphiquement en réduisant sa valeur réelle à l'échelle du plan.

Lorsque la surface d'un terrain est représentée au moyen de courbes de niveau, celles-ci, par leurs sinuosités, figurent les mouvements du sol dans le sens horizontal: de plus elles donnent par leurs distances des indications relatives à la pente du terrain, car il est aisé de concevoir que plus elles sont rapprochées, plus la pente ou déclivité du terrain augmente, tandis que cette pente devient plus faible lorsque les courbes s'écartent les unes des autres. On peut, d'ailleurs, se rendre compte graphiquement de la forme affectée par un terrain suivant une direction donnée, en faisant passer par

cette direction un plan vertical que l'on rabat ensuite sur un
plan horizontal en le faisant tourner autour de sa trace sur ce plan.

Ainsi soit (fig. 28) une portion de terrain représentée par les courbes 4, 5,

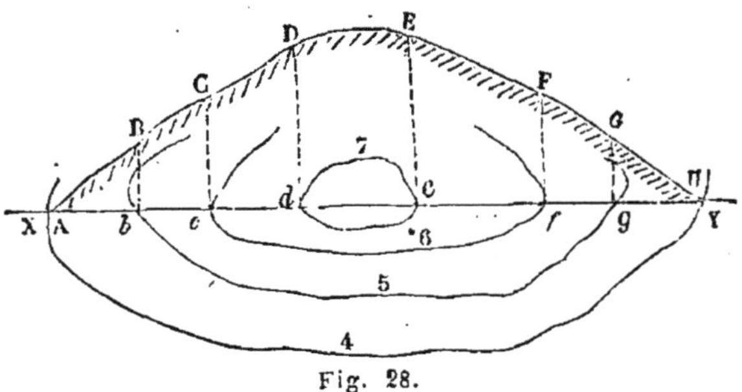

Fig. 28.

6, 7 et un plan vertical mené suivant XY. Si l'on
suppose que ce plan se rabatte sur le plan horizontal de
cote 4, en tournant autour de sa trace sur ce plan, les points
où il rencontre les courbes viendront se placer en B, C, D...
sur des perpendiculaires à XY ayant pour longueurs respec-
tives 1, 2, 3. $\left(\text{L'échelle a été prise ici de } \dfrac{1}{200}\right)$. Joignant ces
points entre eux, on aura en ABC...H le profil du terrain sui-
vant la direction XY.

35 Lignes de plus grande pente. On nomme *ligne
de plus grande pente* d'une surface toute ligne tracée sur la surface, de telle sorte que si l'on considère un point quelconque *a*
de cette surface par lequel passe la ligne, l'élément de celle ci
coïncide au point *a* avec l'élément de la ligne de plus grande
pente du plan tangent à la surface mené en ce point *a*. Si l'on
suppose les courbes de niveau qui représentent un terrain,
suffisamment rapprochées les unes des autres, on pourra regarder la normale menée à l'une de ces courbes comme étant
sensiblement normale à la suivante, de telle sorte que la ligne
de plus grande pente du terrain sera normale dans l'espace
et en projection aux courbes de niveau qu'elle rencontre. On
pourra par suite se servir de cette propriété pour tracer sur
une surface une ligne de plus grande pente partant d'un point
donné sur la surface.

36. Lignes d'égale pente. Lorsqu'une ligne tracée

sur une surface est telle que tous ses éléments ont même pente, on la nomme *ligne d'égale pente.*

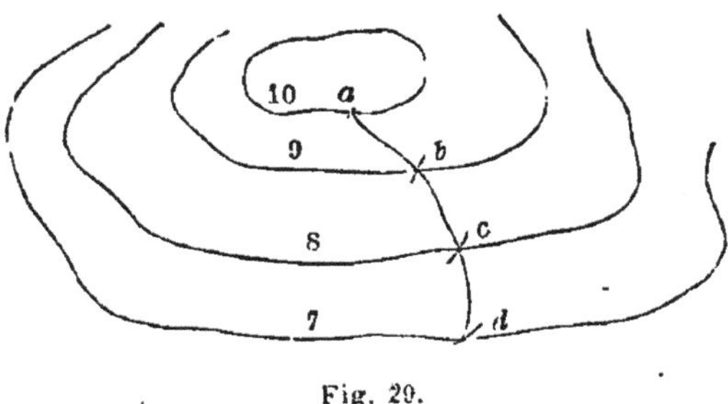

Fig. 29.

Soit à tracer sur un terrain représenté par les courbes 7, 8, 9, 10 (fig. 29) une ligne d'égale pente partant du point *a* et dont la pente est égale à *p*. La longueur *l* de la projection de la partie de la ligne demandée comprise entre les courbes 10 et 9 sera donnée par la formule

$$p = \frac{1}{l}.\ 6),$$

d'où l'on tire $l = \frac{1}{p}$. On décrira donc du point *a* comme centre avec un rayon égal à $\frac{1}{p}$, cette longueur étant réduite à l'échelle du plan, un arc de cercle qui coupera la courbe 9 en un point *b*, on joindra *ab* et l'on partira du point *b* pour tracer dans les mêmes conditions la partie de la projection de la ligne demandée, comprise entre les courbes 9 et 8. On procédera de même pour tracer *cd*. La ligne *abcd* sera la ligne demandée.

En général, l'arc décrit d'un point d'une des courbes comme centre avec le rayon calculé, coupe la courbe suivante en deux points, de sorte qu'il existe la plupart du temps, entre deux courbes consécutives, deux tracés satisfaisant à la question.

Le problème devient impossible lorsque la longueur calculée de la projection du chemin comprise entre deux courbes consécutives est telle que l'arc de cercle décrit du point déterminé sur la première courbe comme centre, avec cette longueur pour rayon, ne rencontre pas la courbe suivante.

SUJETS DE COMPOSITION

DONNÉS

AUX EXAMENS DE L'ÉCOLE DE SAINT-CYR

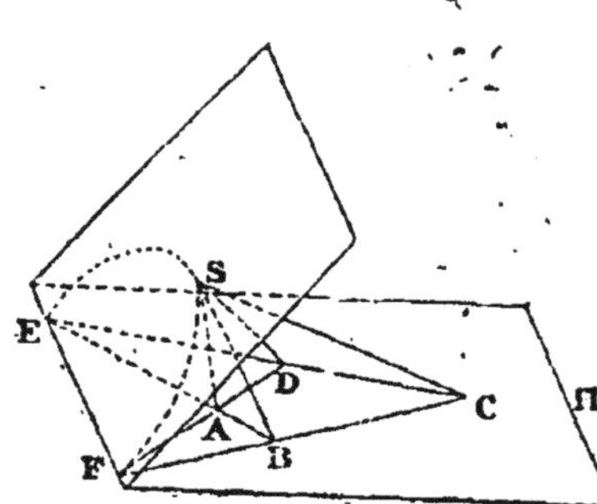

1. On donne sur un plan horizontal un quadrilatère ABCD et par la droite EF qui joint les points de concours des côtés opposés, on fait passer un plan incliné sur le plan horizontal d'un angle donné. Dans ce nouveau plan, on décrit sur EF comme diamètre une circonférence, et l'on prend un point S de cette circonférence pour sommet d'un angle polyèdre formé par les quatre plans SAB, SBC, SCD, SAD. On propose de déterminer la projection horizontale et la vraie grandeur d'une section faite dans cet angle polyèdre par un plan parallèle au plan ESF et passant par un point donné.

Nota. On rendra compte de la forme remarquable que présente la section.

Données numériques. Distances en millimètres :
AB = 83. BC = 71. AD = 22. ES = 96.
Angle ABC = 109°. Angle BAD = 120°.
Inclinaison du plan ESF sur le plan horizontal = 75°.

On prendra le point par lequel on doit conduire le plan sécant sur la verticale du point B et à une hauteur de 86^{mm} au-dessus du plan horizontal. (1862.)

2. Dans la pyramide quadrangulaire SABCD dont le sommet est en S, on donne SA = SB = SD = 88^{mm}; AB = 79^{mm}; AD = 58^{mm}. Angle DAB = 90°; angle ADC = 111°; angle ABC = 69°, et l'on demande de construire les projections du solide en plaçant à volonté la base ABCD sur le plan horizontal.

On déterminera ensuite :

1° L'angle des faces SAB, ABCD et celui des faces SBC, SCD; ces angles seront mesurés à l'aide du rapporteur ;

2° Les projections et la vraie grandeur de la section faite dans le solide par le plan bissecteur de l'angle dièdre dont AB est l'arête ;

3° Le rayon de la sphère qui passe par les quatre points S, A, B, C, et l'on démontrera que cette sphère passe aussi par le point D (1863) [1].

3. Construire les projections d'une pyramide hexagonale régulière dont une des faces latérales SAB est située dans le plan horizontal. Déterminer la hauteur de la pyramide et construire la section faite dans le solide par un plan passant par l'arête AB et le milieu de l'arête SD. La droite AB a pour longueur 6 centimètres et fait avec la ligne de terre un angle de 45°. L'arête latérale SA = 12 centimètres (1863) [2].

4. Dans un tronc de pyramide régulière à base hexagonale, le côté de la grande base = 50^{mm}, chaque arête latérale = 65^{mm}, et les angles que font les arêtes latérales avec les côtés adjacents de la grande base valent chacun 80° : déterminer les projections du tronc en l'appuyant par la grande base sur le plan horizontal. Ce tronc étant supposé réduit à sa surface, et la base supérieure étant enlevée, on déterminera les parties visibles de la surface intérieure du tronc en supposant l'œil placé à une hauteur de 71^{mm} au-dessus du plan horizontal sur la verticale menée par l'un des sommets de la grande base (1864.)

5. Dans un prisme ABCD à base triangulaire ABC on donne

AB = AC = CB = 32^{mm} ; angle DAB = DAC = 45° ; AD = 160^{mm} : 1° déterminer les projections du prisme; 2° construire les projections et la vraie grandeur de la section déterminée par un plan mené perpendiculairement à AD et en son milieu (échelle $^1/_2$); 3° le tronc de prisme étant supposé réduit à sa surface et la partie supérieure du prisme étant enlevée, on déterminera les parties visibles de la surface intérieure du tronc en supposant l'œil placé à une hauteur double de celle du prisme total sur la verticale menée par le point A. (1864.)

6. Trouver les projections de l'intersection d'une pyramide régulière pentagonale dont la base est sur le plan horizontal avec un plan perpendiculaire au plan vertical. Le côté du pentagone de base = $0^m,07$; l'un des côtés est situé sur une parallèle à la ligne de terre menée à une distance de $0^m,30$. La hauteur de la pyramide est $0^m,1$. Le plan sécant fait un angle de 30° avec le plan horizontal et est à une distance de $0^m,05$ du sommet de la pyramide.

Après avoir déterminé les projections de l'intersection, on cherchera l'angle de deux faces de la pyramide (1865.)

7. Un prisme droit a pour base un hexagone régulier ABCDEF dont le côté vaut $0^m,034$. Sur les arêtes latérales qui partent des sommets A,B,C de la base, on prend des longueurs AG = $0^m,068$; BH = $0^m,053$; CI = $0^m,025$. Par les trois points G, H, I, on fait passer un plan p qui détermine le tronc de prisme compris entre ce plan et la base ABCDEF et l'on demande de construire :

1° Les projections horizontale et verticale de ce tronc en posant la base sur le plan horizontal de manière que le côté AB soit perpendiculaire à la ligne de terre ;

2° La partie du plan horizontal cachée par le tronc de prisme, l'œil étant placé au-dessus du plan p à la distance de $0^m,122$ sur la perpendiculaire à ce plan menée par le point où l'axe du prisme le rencontre (1866.)

8. Un tétraèdre régulier SABC, dont les arêtes ont pour valeur commune 58^{mm} repose par sa base ABC sur le plan horizontal de manière que l'arête AB est parallèle à la ligne de terre, et le

sommet C en avant de AB. Sur chacune des faces latérales
SAB, SAC, SBC comme base, on construit un prisme droit dont
la hauteur est égale à l'arête du tétraèdre. On obtient ainsi un
polyèdre p composé de l'ensemble du tétraèdre et des trois pris-
mes et l'on demande de construire :

1° Les deux projections de ce polyèdre p ;

2° La section du polyèdre p par un plan horizontal mené par
le centre de gravité du tétraèdre (1867.)

9. Une pyramide régulière SABC... à base octogonale s'appuie par sa base ABC... sur le plan horizontal de manière que
le côté AB placé à sa gauche est perpendiculaire à la ligne de
terre. Chaque côté de la base vaut 37^{mm} et chaque arête latérale 119^{mm}. Par le sommet S on mène une parallèle à la ligne de
terre et l'on prend sur cette parallèle vers la droite une longueur ST $= R \times 2, 6$; R étant le rayon du cercle circonscrit
au polygone ABC... On joint le point T aux sommets A,B,C,...
de manière à former une seconde pyramide TABC... de même
base que la première. Ceci posé, on demande de construire :

1° Les projections de ces deux pyramides en ayant soin de
bien distinguer les parties visibles et invisibles ;

2° Les projections de la sphère circonscrite à la pyramide
SABC.... ainsi que celles du point, autre que le point C, où
cette sphère est rencontrée par l'arête TC de la pyramide
TABC (1868.)

10. Le triangle ABC situé dans le plan horizontal est donné
par ses trois côtés.

$$AB = 0^m,080 \qquad BC = 0^m,095 \qquad AC = 0^m,065 ;$$

et le côté AB est parallèle à la ligne de terre.

Ce triangle sert de base à une pyramide SABC ; on donne
trois angles dièdres de ce tétraèdre, savoir :

Angle de la face SAB avec la base ABC $= 32°$;
    »   SBC   » $= 37°$;
    »   SAC   » $= 40°$;

On demande: 1° de construire les projections de la pyramide ;
2° de construire l'angle dièdre des deux faces SAC, SBC. (1868.)

11. 1° Un prisme droit a pour base un hexagone régulier. Le côté de la base égale 31^{mm} et la hauteur du prisme est quintuple du côté de la base. Une face latérale coïncide avec le plan horizontal de projection, les arêtes latérales faisant avec la ligne de terre un angle de 30°. On demande de construire les projections horizontale et verticale de ce prisme.

2° Soit O le point milieu de celle des deux arêtes latérales supérieures qui est le plus en avant du plan vertical de projection : considérez les points situés sur les arêtes latérales et qui sont à la même distance du point O, distance égale au double du côté de la base ; joignez chacun de ces points au point voisin situé sur l'arête suivante ; vous obtiendrez ainsi une ligne polygonale tracée sur la surface du prisme. Ceci posé, on demande de construire les projections de cette ligne. (1869.)

12. Une pyramide regulière dont le sommet est S a pour base l'hexagone régulier ABCDEF. Chaque arête latérale vaut 127^{mm} et chaque côté de la base 53^{mm}. La face latérale SAB est appliquée sur le plan horizontal de projection de telle sorte que AB est perpendiculaire à la ligne de terre et le point A plus près de cette ligne que le point B. Ceci posé on demande de construire :

1° Les projections de cette pyramide ;

2° Les projections d'une seconde pyamide régulière de même base que la première et dont les arêtes latérales sont les $^2/_3$ de celles de la premiere, le sommet de cette seconde pyramide étant placé au delà de la base commune par rapport au sommet S.

3° Les projections et la vraie grandeur de la section faite dans l'ensemble des deux pyramides par un plan vertical mené par le point B et le point situé aux deux tiers de l'arête SA à partir du point S. (1870.)

13. Une pyramide triangulaire SABC a sa base ABC appliquée sur le plan horizontal de manière que BC est parallèle à la ligne de terre et le point A en avant de BC.

AB = 0^m,116, AC = 0^m,099, BC = 0^m,091.

SA = SB = SC 0^m,109.

1° Construire les projections du tétraèdre, et trouver les angles dièdres ayant pour arêtes BC et SA.

2° Construire la sphère circonscrite au tétraèdre et l'intersection avec cette sphère d'une droite horizontale faisant un angle de 60° avec le plan vertical et passant au quart de la hauteur de la pyramide à partir du sommet. (1870.)

14. Une pyramide triangulaire SABC a sa base ABC appliquée sur la partie antérieure du plan horizontal. L'arête AB est parallèle à la ligne de terre et le sommet C en avant de l'arête AB. On donne en millimètres $AB = AC = 116$, $BC = 147$, $SA = SB = SC = 104$. Cela posé, on demande de construire : 1° les projections de la pyramide ; 2° les projections de la section faite par un plan perpendiculaire à l'arête SA mené par le point de cette arête situé au quart de sa longueur à partir du sommet S ; 3° les projections des points situés sur l'arête SA d'où l'on voit l'arête BC sous un angle droit. (1872.)

15. Deux cônes circulaires droits et égaux ont même sommet S et se touchent extérieurement suivant la génératrice SA, de manière à adhérer l'un à l'autre. Le rayon de base vaut 38 millimètres et la génératrice est double du rayon. La base de l'un des cônes est appliquée sur la partie antérieure du plan horizontal, sa circonférence touchant la ligne de terre et la génératrice SA étant parallèle au plan vertical de projection. Cela posé, on demande :

1° De construire les projections du solide formé par l'ensemble des deux cônes ;

2° De construire la partie invisible du plan vertical de projection supposé relevé, l'œil étant placé sur la perpendiculaire à la ligne de terre menée par le point A, et à une distance en avant de cette ligne de terre égale à deux fois le diamètre de base de l'un des cônes. — On ombrera la partie invisible demandée en n'y comprenant pas la projection verticale des cônes. (1873.)

16. Une pyramide régulière a pour sommet le point S et pour base l'hexagone régulier ABCDEF. La face SAB est appliquée sur le plan horizontal de manière que le côté AB est perpendiculaire à la ligne de terre.

On donne $AB = 45^{mm}$ et SA est le double de AB. Ceci posé, on demande : 1° de construire les projections de la pyramide ;

2° de construire les projections du cercle circonscrit à la face latérale SDE. (1873.)

17. Un cylindre circulaire droit a sa base appliquée sur le plan horizontal de projection. La circonférence de cette base touche la ligne de terre, et son rayon R est égal à 40 millimètres. La hauteur du cylindre est égale au rayon R. Un cône circulaire droit, de même base et de même hauteur que le cylindre, est superposé à ce dernier de manière que la base du cône coïncide avec la base supérieure du cylindre. L'arête SA du cône, S étant le sommet, est parallèle au plan vertical de projection. Cela posé, on demande de construire :

1° Les projections de l'ensemble des deux solides ;

2° Les projections et la vraie grandeur de la section faite par un plan perpendiculaire à l'arête SA en son milieu ;

3° Les parties du plan horizontal de projection cachées par l'ensemble des deux solides, l'œil étant placé sur la verticale du point A au-dessus de ce point d'une quantité égale à $\frac{5}{3}$ R. (1874.)

18. Un cône droit a sa base circulaire placée sur le plan horizontal de projection. Le centre de cette base est situé à 6 centimètres de la ligne de terre, et son rayon R est égal à 4 centimètres ; la hauteur du cône est égale à 2R. Un tronc de cône est placé en sens inverse, sa petite base coïncidant avec la base du premier cône et ses génératrices étant parallèles aux génératrices dudit cône ; la hauteur de ce tronc est égale à $\frac{3}{4}$ R. Ceci posé, on demande :

1° De construire les projections de l'ensemble des deux corps ;

2° De mener par le milieu de l'arête SA, parallèle au plan vertical de projection, un plan perpendiculaire à ce plan vertical et faisant un angle de 45° avec l'horizon ;

3° De construire les projections et la vraie grandeur des sections faites par ce plan dans les deux corps ;

4° De construire en projection et en vraie grandeur l'angle des deux courbes d'intersection au moyen des tangentes menées à ces courbes par leur point commun M. (1874.)

19. Un tronc de cône droit s'appuie par sa grande base circulaire sur le plan horizontal de projection. Le rayon R de cette grande base vaut 70 millimètres et son centre C est à une distance de 80 millimètres de la ligne de terre. L'arête latérale du tronc a une longueur égale au rayon R et fait un angle de 45° avec le plan horizontal. Dans l'intérieur de ce tronc de cône et sur le même axe est placé un petit cône renversé dont le sommet est au point C et dont la base coïncide avec la base supérieure du tronc.

Soit AB l'arête latérale du tronc de cône qui est parallèle au plan vertical de projection, le point A étant sur la grande base et le point B sur la petite base. On demande :

1° De construire les projections de l'ensemble des deux corps ;

2° De construire les projections des sections faites dans les deux corps par un plan perpendiculaire à l'arête AB au point B ;

3° De mener par le point où la verticale du point A perce le plan sécant une tangente à la section faite dans le petit cône ;

4° De trouver le point où cette tangente perce le tronc de cône. (1875.)

20. Deux cônes droits ayant même axe reposent par leurs bases circulaires sur le plan horizontal de projection. Le centre de ces deux bases concentriques est à 80^{mm} de la ligne de terre. Le premier cône a un rayon de base R $=$ 75^{mm} et une hauteur $=$ R ; le second cône a un rayon de base R′ $=$ 50^{mm} et une hauteur $=$ 2R′. Ceci posé, on demande :

1° De construire les projections de l'ensemble des deux corps ;

2° De construire les projections des sections faites dans les deux corps par un plan vertical faisant un angle de 45° avec le plan vertical de projection et passant à 10^{mm} de l'axe des cônes ;

3° De construire les tangentes aux deux courbes d'intersection aux points où ces courbes percent le plan horizontal de projection ;

4° De trouver l'angle de ces deux tangentes. (1875.)

21. Une pyramide triangulaire SABC repose par sa base

ABC sur le plan horizontal de projection. Le triangle ABC est équilatéral ; son sommet A, le plus rapproché de la ligne de terre, est à une distance de 25^{mm} de cette ligne, et le côté AB fait avec ladite ligne de terre un angle de 45°. Le côté du triangle équilatéral a une longueur de 90^{mm}, et les trois arêtes SA, SB, SC de la pyramide, dont S est le sommet, ont les longueurs suivantes, savoir :

$$SA = 100^{mm}, SB = 86^{mm}, SC = 92^{mm}.$$

Ceci posé, on demande :

1° De construire les projections de la pyramide ;

2° De circonscrire une sphère a cette pyramide ;

3° De mener, parallèlement à la face SAC de la pyramide, un plan tangent à la sphère. (1876)

22. On donne un point S dans l'espace, situé à 45^{mm} au-dessus du plan horizontal et à 60^{mm} en avant du plan vertical de projection. Ce point est le sommet de deux cônes droits à base circulaire. Le premier de ces deux cônes repose par sa base sur le plan horizontal de projection, son axe est en conséquence vertical ; le second cône a son axe perpendiculaire au plan vertical de projection contre lequel il s'appuie par sa base. Le rayon de base de chacun de ces deux cônes est de 36^{mm}. On donne aussi un point O, situé sur l'axe du second cône entre la base et le sommet S et à 17^{mm} de ce sommet.

Cela posé, on demande :

1° De construire les projections de l'ensemble des deux corps;

2° De mener, par le point O, un plan vertical faisant un angle de 45° avec le plan vertical de projection et de construire les projections des sections faites dans les deux cônes par ce plan ;

3° De mener, par l'un des points où la trace horizontale du plan sécant rencontre la base du premier cône, un plan tangent à ce premier cône ;

4° Enfin de mener un plan tangent au second cône perpendiculairement à ce premier plan tangent. (1877.)

23. On donne deux sphères O et O' tangentes l'une et l'autre aux deux plans de projection dans le premier dièdre. La sphère

O a un rayon$= 45^{mm}$, la sphère O′ un rayon $= 32^{mm}$; la distance des centres OO′$= 60^{mm}$.

Ceci posé, on demande :

1° De construire les projections des deux sphères ;

2° De construire les projections de la courbe intersection des deux solides ;

3° De mener un plan tangent commun aux deux sphères coupant la verticale du centre de la sphère O à 50^{mm} au-dessous du plan horizontal de projection. (1878.)

24. On donne un plan PαP′, dont les traces font avec la ligne de terre des angles Pα$x= 45°$,P′α$x =36°$. (Le point α étant situé à droite et à 100^{mm} du point m, milieu de la ligne de terre.) On donne en outre un point S, situé dans le plan P′αP, à 42^{mm} en avant du plan vertical de projection et à 45^{mm} au-dessus du plan horizontal. Ce point est le sommet d'un tétraèdre SABC qui s'appuie par sa base ABC sur le plan horizontal de projection. L'angle solide S est trirectangle, le plan de la face SAB du tétraèdre est parallèle à la ligne de terre, et la face BSC est située dans le plan P′αP. Cela posé, on demande :

1° De construire les projections du tétraèdre ;

2° De prendre les points O et I milieux des arêtes opposées AC et SB, et de tirer la droite OI ;

3° De mener par cette droite OI un plan faisant un angle de 33° avec l'arête SB ;

4° De construire les projections de la section faite dans le tétraèdre par ce plan. (1878.)

25. On donne deux points α et β situés sur la ligne de terre distants entre eux de 175^{mm}, et deux plans passant par ces points : l'un PαP′, dont les traces font avec la ligne de terre des angles Pα$x = 36°$, P′α$x = 48°$; l'autre QβQ′ qui est perpendiculaire au plan vertical de projection, et qui fait un angle de 42° avec le plan horizontal. Cela posé, on demande :

1° De prendre dans le plan PαP′ un point S situé à 100^{mm} au-dessus du plan horizontal et à 42^{mm} en avant du plan vertical de projection ;

2° De construire les projections d'un cône circulaire droit

ayant le point S pour sommet, et s'appuyant par sa base sur le plan QβQ′ ; le diamètre de base de ce cône étant égal à sa hauteur ;

3° De mener les plans tangents à ce cône parallèles à l'intersection des deux plans PαP′ et QβQ′. (1879.)

26. On donne deux points, l'un O situé sur la ligne de terre, l'autre M situé dans le plan horizontal de projection à 50^{mm} en avant de la ligne de terre et à 80^{mm} du point O : Ceci posé on demande :

1° De faire passer par la droite MO qui joint les points donnés deux plans, l'un MOP′ faisant un angle de 45° avec le plan horizontal de projection, l'autre MOQ′ faisant le même angle avec le plan vertical de projection ;

2° De trouver un point C de l'espace situé à égale distance des deux plans MOP′, MOQ′, à égale distance des deux plans de projection et à 90^{mm} du point O ;

3° De construire les projections de la sphère ayant pour centre le point C et tangente aux plans MOP′, MOQ′.

On indiquera les points de tangence. (1879.)

27. On donne : 1° Un plan PαP′ dont les traces font avec la ligne de terre des angles Pxy = 45° , P′xy = 36° et 2° un point S situé dans ce plan à 42^{mm} en avant du plan vertical de projection et à 54^{mm} au-dessus du plan horizontal. Ceci posé, on demande :

1° De construire les projections d'une pyramide triangulaire SABC ayant pour sommet le point S et s'appuyant sur le plan horizontal par sa base ABC (le point A étant le plus éloigné de la ligne de terre), au moyen des données suivantes : le plan de la face ASC est perpendiculaire au plan PαP et fait un angle de 72° avec le plan horizontal ; la face ASB est située dans le plan PαP′ ; l'angle plan ASC = 75° ; l'angle plan ASB = 66° ;

2° De mener par le centre de gravité G de la pyramide un plan perpendiculaire à la droite SG qui joint ce centre de gravité au sommet S, et de construire les projections de la section faite par ce plan dans le solide. (1880.)

28. Étant donnés : 1° un point O situé à 45^{mm} au-dessus du plan horizontal et à 75^{mm} en avant du plan vertical, et 2° le plan passant par le point O et la ligne de terre, on demande :

1° De construire les projections d'un tétraèdre régulier s'appuyant par sa base sur le plan donné de telle sorte que le centre de cette base soit au point O, la longueur de l'arête étant 70^{mm} ;

2° De faire tourner le plan donné d'un angle de 90° autour de la verticale passant par le sommet du tétraèdre ;

3° De construire les projections du solide dans cette nouvelle position. (1880.)

29. On donne un plan P'αP incliné de 40° sur le plan horizontal et dont la trace horizontale fait avec la ligne de terre un angle de 36°. Un cercle située sur ce plan, dans le 1er dièdre, est tangent aux deux traces αP et αP', et a pour diamètre 54^{mm}. Ce cercle est la base d'un cône droit, situé au-dessus du plan P'αP et dont la hauteur égale 108^{mm}. — On demande :

1° De construire les projections de ce cône;

2° De trouver les points de rencontre de ce cône avec la parallèle à la ligne de terre menée par le milieu de la hauteur ;

3° De mener le plan tangent au cône par le point de rencontre situé à droite. (1881.)

FIN.

TABLE DES MATIÈRES

FIN DE LA TABLE DES MATIÈRES

Sceaux. — Imprimerie Charaire et Cie